计算机

科学与技术丛书

Spring Framework 6 开发实战
Spring+Spring Web MVC+MyBatis

肖海鹏　　耿卫江 ◎ 主编

王荣芝　　张天怡　　张志慧 ◎ 副主编

清华大学出版社

北京

内 容 简 介

本书基于框架 Spring 6.x，按照"理论讲解+贯穿案例"的模式详细讲解了 SSM 框架的应用技术。本书共 10 章，第 1 章对 Spring 框架进行简单介绍；第 2~4 章结合员工系统分别讲解 Spring 框架的核心功能 IoC、AOP、声明性事务等内容；第 5 章引入当当书城企业项目案例，结合具体项目讲解 Spring 整合 JDBC；第 6 章讲解 Spring MVC 框架；第 7 章讲解使用 Spring MVC 实现当当书城项目；第 8 章讲解 MyBatis 框架的使用技术；第 9、10 章结合当当书城项目，讲解 SSM 框架统一整合。

本书适合具备 Java 基础的 SSM 初学者和进阶开发人员阅读，也适合 Java Web 开发工程师阅读，同时也可作为高等院校计算机、软件工程专业高年级本科生、研究生相关课程的教材。

本书封面贴有清华大学出版社防伪标签。无标签者不得销售。

版权所有，侵权必究。举报：010-62782989，beiqinquan@tup.tsinghua.edu.cn。

图书在版编目（CIP）数据

Spring Framework 6 开发实战：Spring+Spring Web MVC+MyBatis / 肖海鹏，耿卫江主编. —北京：清华大学出版社，2023.10

（计算机科学与技术丛书）

ISBN 978-7-302-64217-6

Ⅰ. ①S⋯ Ⅱ. ①肖⋯ ②耿⋯ Ⅲ. ①JAVA 语言－程序设计 Ⅳ. ①TP312.8

中国国家版本馆 CIP 数据核字（2023）第 135324 号

责任编辑：刘　星
封面设计：吴　刚
责任校对：郝美丽
责任印制：宋　林

出版发行：清华大学出版社
　　　　　网　　　　　址：http://www.tup.com.cn, http://www.wqbook.com
　　　　　地　　　　　址：北京清华大学学研大厦 A 座　　　　邮　　编：100084
　　　　　社　总　　机：010-83470000　　　　邮　　购：010-62786544
　　　　　投稿与读者服务：010-62776969，c-service@tup.tsinghua.edu.cn
　　　　　质　量　反　馈：010-62772015，zhiliang@tup.tsinghua.edu.cn
　　　　　课　件　下　载：http://www.tup.com.cn,010-83470236
印　装　者：涿州汇美亿浓印刷有限公司
经　　　销：全国新华书店
开　　本：186mm×240mm　　　印　　张：18.5　　　字　　数：449 千字
版　　次：2023 年 10 月第 1 版　　　印　　次：2023 年 10 月第 1 次印刷
印　　数：1～1500
定　　价：79.00 元

产品编号：101579-01

前 言
FOREWORD

在 Java 平台开发中，Java 开源框架一直占据着重要的地位，以前流行的是 SSH（Spring+Struts 2+Hibernate），当前阶段的主流框架为 SSM（Spring+Spring Web MVC+MyBatis）。

2019 年 12 月 31 日，著名的云计算及安全软件提供商 VMware 宣布，它已经完成了以 27 亿美元收购 Pivotal 软件公司的交易。Spring Framework 和 Spring Boot 项目就是 Pivotal 公司的著名产品，这也意味着 Spring 项目开始加速向云端发力。

2022 年 11 月 16 日，VMware 正式发布了 Spring Framework 6.0，它的依赖环境是 JDK17+、Jakarta EE 9+(Tomcat 10 / Jetty 11)、Spring Boot 3（参考 Spring Framework 5.3.x 的环境为 Java 8~Java 16、Java EE 7 和 Java EE 8），这标志着在甲骨文的全新运行环境基础上，Spring Framework 和 Spring Boot 项目也进行了全面升级。

Spring 项目现在已经成长为一个庞大的家族，我们熟知的有 Spring Framework、Spring Boot、Spring Data、Spring Cloud、Spring Security、Spring Batch、Spring LDAP、Spring AMQP、Spring REST、Spring WebFlow、Spring Web Services、Spring Shell 等，本书重点讲解的是 Spring Framework 框架（简称 Spring），这是所有其他 Spring 项目的基础。

Spring MVC 框架从属于 Spring Framework，Spring Framework 的核心功能是 IoC、AOP、事务整合等，而 Spring MVC 的核心功能是 MVC 和 REST 服务，因此习惯上会把 Spring 与 Spring MVC 作为两个框架分别讲解。

MyBatis 是持久层框架，它与 Hibernate 的定位是一致的。现在 Hibernate 在企业项目的开发中仍然很有生命力，而 MyBatis 则在互联网项目开发中更有优势。

本书采用"理论讲解+贯穿案例"相结合的阐述方式，先进行理论讲解，再用小的案例进行演示，然后分别使用员工系统和当当书城项目作为本书的贯穿案例，把理论知识与项目实践有机地结合在一起。这样读者不仅能掌握理论知识，而且能掌握相关理论的应用场景。

配套资源

- **程序代码、开发环境等资源**：扫描目录上方的"配套资源"二维码下载。
- **课件等资源**：扫描封底的"书圈"二维码在公众号下载，或者到清华大学出版社官方网站本书页面下载。

注：请先扫描封底刮刮卡中的文泉云盘防盗码进行绑定后再获取配套资源。

Java 开源框架 SSM 的学习是一个漫长的过程，一蹴而就是不可能的，尤其是 SSM 的原

理、SSM 与 Java EE 平台的关系、如何用 SSM 搭建高并发系统等，需要长时间的消化。因此，本书的读者不限于刚入门的大学生，对于有 3~5 年开发经验的熟练开发人员，仍然可以从本书中有所收益。

　　限于编者的水平和经验，错误或者不妥之处在所难免，敬请广大读者批评指正和提出宝贵意见。

肖海鹏

2023 年 4 月

目 录
CONTENTS

配套资源

第 1 章

Spring 入门

1.1 Rod Johson 与 Spring

Rod Johson 是 Spring Framework 创始人，著名学者。令人吃惊的是，Rod 在悉尼大学主修音乐，并获得音乐学博士学位，计算机仅是副业。

Rod Johson 还是 JSR-154（Servlet 2.4）和 JDO2.0 规范专家、JCP 的积极成员，是 Java development community（Java 开发社区）中的杰出人物。

Rod Johnson 似乎天生缺少一样东西：幽默感。一本正经的讲座和采访虽然让人听起来很爽，但是让人找不到听 Ted Neward 或 Marc Fleury 时的那种激情和快感。因为讽刺 JBoss 那帮家伙戴着面具穿着小丑衣出席会议，Rod 和 Gavin King 彻底结下了"梁子"。

Gavin King 也是 Java 界鼎鼎大名的技术专家，他是 Hibernate 框架创始人（见图 1-1）。有人说 Rod Johson 是英国绅士，Gavin King 则是美国牛仔。有趣的是，Gavin King 和 Rod Johson 曾经在网上对骂，成为计算机史上的趣谈。

图 1-1　牛仔 Gavin King（左图）和绅士 Rod Johson（右图）

Rod Johnson 的成名之作，源于下面的这两本书：2002 年出版的 *J2EE Design And Development*（见图 1-2）和 2004 年出版的《J2EE Development without EJB（中文版）》（见图 1-3）。

图 1-2　*J2EE Design And Development*　　　　图 1-3　《J2EE Development without EJB（中文版）》

这两本书的影响力非常深远，它彻底打破了 Java EE 开发的传统模式，使 Java 平台从世界 500 强的大型企业定位，快速向中小型企业进行了蔓延。

另外，想要了解 Rod Johson，一定要记住它的轮子理论，这源于一条西方著名谚语：不要重复发明轮子（Don't Reinvent the Wheel）。Rod 深受这句谚语的启发，励志独辟蹊径，不走常人之路。别的计算机专家都想在某一领域独占鳌头，Rod 想的是如何把五花八门的框架整合在一起工作。

Spring Framework 的开发思想，首先就是基于轮子理论，即通过提供统一的抽象接口，让各种框架可以优雅地协同工作。当然，著名的 IoC 和 AOP 思想也是石破天惊，这些都是 Rod Johson 向霸主 EJB 勇敢挑战的利器。

1.2　Spring 与 Jakarta EE 的关系

Spring Framework 是 Java 平台的明星框架，Spring Framework 必须依赖 Java EE；同时也要看到，Spring Framework 对 Java EE 的核心模型提出了挑战。

下面要了解一下：

- 什么是 Java EE（后期改名为 Jakarta EE）？
- Spring 与 Jakarta EE 到底是什么关系？

1.2.1　Java EE 与 Jakarta EE

Java EE 是 Java Enterprise Edition 的缩写，它是甲骨文提出的一套完整的开发规范。Java 平台最早由 Sun 公司开发，后来甲骨文兼并了 Sun。

Java EE 以前一直由甲骨文维护，直到 2018 年 3 月，Java EE 被更名为 Jakarta EE，以后由开源组织 Eclipse 基金会来维护。

2022 年 11 月，VMware 发布了 Spring Framework 6.0，它的依赖环境是 JDK17+、Jakarta EE 9+（Tomcat 10/Jetty 11）。JDK17 是甲骨文 2021 年 9 月 14 日发布的一个 LTS（长期支持）版。

1.2.2　Jakarta EE 是什么

Jakarta EE 是 Eclipse 基金在 Java EE 基础上发布的一套 Java 开发规范（Specification）。

规范是什么？比方说，冯·诺依曼定义了计算机架构，由输入设备、输出设备、运算器、控制器、内存、外存组成，这就可以看成一套 high-level（高级）的规范。规范就是一组约定，其他人按照约定实现。它相当于工业标准，协议也可以看成某种具体的规范。

Jakarta EE 的大量规范性文档是由一系列的 JSR 组成的。JSR 是 Java Specification Requests 的缩写，意思是 Java 规范提案。表 1-1 是 Jakarta EE 9 的规范组成。

表 1-1　Jakarta EE 9 的规范组成

名　　　称	版本	名　　　称	版本
Jakarta Activation	2.0	Jakarta JSON Processing	2.0.0
Jakarta Annotations	2.0.0	Jakarta Mail	2.0.0
Jakarta Authentication	2.0.0	Jakarta Messaging	3.0.0
Jakarta Batch	2.0.0	Jakarta Persistence	3.0
Jakarta Bean Validation	3.0	Jakarta Security	2.0
Jakarta Concurrency	2.0.0	Jakarta Server Pages	3.0
Jakarta Connectors	2.0.0	Jakarta Servlet	5.0
Jakarta Contexts and Dependency Injection	3.0	Jakarta WebSocket	2.0.0
Jakarta Expression Language	4.0.0	Jakarta XML Web Services	2.0
Jakarta Faces	3.0.0	Jakarta XML Binding	3.0
Jakarta Interceptors	2.0	Jakarta Standard Tag Library	2.0.0
Jakarta JSON Binding	2.0.0		

1.2.3　Jakarta EE 9 架构

图 1-4 为 Jakarta EE 9 架构图。Jakarta EE 与 Java EE 架构的核心：这是一套容器与组件协同的分布式工作模式。

Jakarta EE 容器：图 1-4 中的 Applet Container（容器）、Web Container、Application Client Container（应用客户端容器）、Enterprise Beans Container（企业 Beans 容器）等统称为容器。

Jakarta EE 组件：图 1-4 中的 Applet、Server Pages、Servlet、Enterprise Beans 等统称为组件。

理解 Jakarta EE 的容器与组件工作模式对于学习 Spring Framework 非常重要，因为 Spring 也是容器与组件的工作模式。

组件简称 Bean，容器如何管理 Bean 对象、Bean 的生命周期、Bean 的状态管理等，都是需要掌握的重要知识点。把 Jakarta EE 与 Spring 的 Bean 进行对比学习，是非常重要的学习方法。

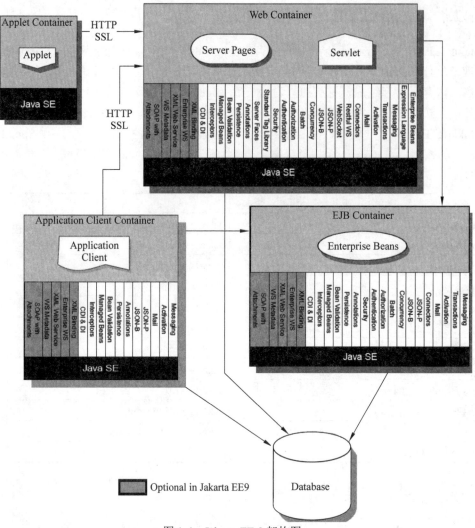

图 1-4　Jakarta EE 9 架构图

注：Applet Container（Applet 容器）、Web Container（Web 容器）、EJB Container（EJB 容器）、
Application Client Container（应用客户端容器）、Database（数据库）、Server Pages（服务器页面）。

Spring 容器与 Jakarta EE 容器如何协同工作？性能如何？也是今后需要关注的重要话题。

1.2.4　Spring 与 Jakarta EE

Spring Framework 与 Jakarta EE 对比，具有如下特点：

- Spring 是轻量级框架，Jakarta EE 中的 EJB(Enterprise Java Bean)是重量级框架。
- Spring 的出发点是用声明性事务代替 EJB，因此 Spring 和 Jakarta EE 是竞争关系。
- Spring 是第三方框架，Jakarta EE 是规范，Spring 的所有开发必须满足 Jakarta EE 平
  台的要求。

- Spring 用声明性事务替代 EJB 后，两者又成为互补关系。

Rod Johson 说：While some consider Java EE and Spring to be in competition, Spring is, in fact, complementary to Java EE（Spring 与 Java EE 既是竞争关系，又是互补关系）。

例如：Spring 的 AOP，提出了中小企业的开发方案，替代了 EJB；Spring 支持 EJB 的调用；Spring 有很多自定义的 Annotation（注解），但是也支持 JSR 中的 Annotation。

1.3　Spring Project 介绍

Spring 从 Framework 开始，现在已经发展出了很多项目。Spring 全家桶是当前非常流行的开发模式。下面了解一下 Spring 有哪些 Project（项目）。

1.3.1　Spring 官网

访问 Spring 官网，选择 Projects 菜单项，进入如图 1-5 所示页面。

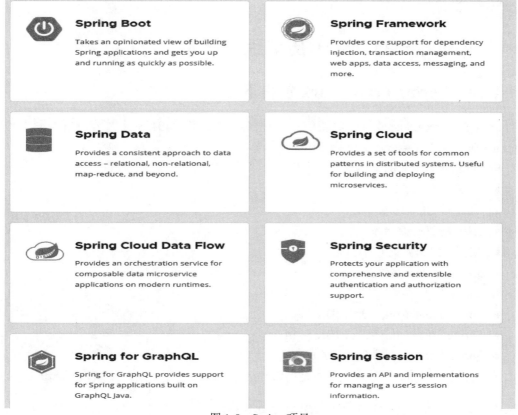

Spring Boot
Takes an opinionated view of building Spring applications and gets you up and running as quickly as possible.

Spring Framework
Provides core support for dependency injection, transaction management, web apps, data access, messaging, and more.

Spring Data
Provides a consistent approach to data access – relational, non-relational, map-reduce, and beyond.

Spring Cloud
Provides a set of tools for common patterns in distributed systems. Useful for building and deploying microservices.

Spring Cloud Data Flow
Provides an orchestration service for composable data microservice applications on modern runtimes.

Spring Security
Protects your application with comprehensive and extensible authentication and authorization support.

Spring for GraphQL
Spring for GraphQL provides support for Spring applications built on GraphQL Java.

Spring Session
Provides an API and implementations for managing a user's session information.

图 1-5　Spring 项目

从 Spring 官网可以看出，现在 Spring 主推的项目有 Spring Boot、Spring Cloud、Spring Framework 6.x 等。当然，其他项目也非常受欢迎。

Spring 所属公司是 Pivotal。我国的 12306 订票网站，在 2012 年 6 月改造方案中选择了 Pivotal GemFire 分布式内存计算平台，进行高并发峰值下的余票查询。改造后，单次查询的平均时间从之前的 15s 左右下降到 0.2s，极大地提高了用户体验。

1.3.2 Spring 热门 Project

Spring Boot 主要用于解决 Maven 资源下载的依赖问题，同时通过内嵌 Web 服务器，为用户提供了快速的开发、部署环境。Spring Framework 6.x 对应 Spring Boot 3.x 版本。

Spring Cloud 以 Netflix 公司的开源架构为基础，为中型网站提供了一套可以自由伸缩的分布式网络架构。

Spring Security 是一套完善的安全框架，可以应用于大型企业和网站。它采用 AOP 方式，提供了一套灵活的权限分配和校验机制。同时对各种可能的网络安全隐患，提出了相应的解决方案。

Spring Data 系列功能强大，简单实用。它对持久层的各种主流框架都进行了整合，是现在非常流行的持久层解决方案。

1.4 Spring Framework 历史版本比较

1.4.1 Spring Framework 资料下载

Spring Framework 最新的更新信息，已经移植到了 GitHub 上（在 GitHub 上搜索 Spring-Framework-Versions 即可找到相关资料）。

Spring Framework 的主要工作版本如下：
- 6.0.x 是 2022.11 版本。
- 5.3.x 是 2020.10 版本。
- 5.2.x 是 2019.9 版本。
- 4.3.x，2020 年之后不再更新。
- 3.2.x，后期不再维护。

JDK 的依赖版本：
- Spring Framework 6.0.x：JDK 17+。
- Spring Framework 5.3.x：JDK 8~14。
- Spring Framework 4.3x：JDK 6~11。

本书所有案例的测试环境的版本是：Spring Framework 6.0.x，JDK 17，Jakarta EE 9.0。

1.4.2 Spring 6.x 对比 Spring 5.x 的变化

从 Spring Framework 5.0 开始，依赖环境要求最低为 Java EE 7（Servlet 3.1+，JPA 2.1+，JDK 8+），同时支持所见即所得的 Java EE 8 新 API 集成。

Spring 5.x 支持如下的 JSR 规范，注意不是支持所有的 JSR：

- Servlet API(JSR 340)。
- WebSocket API(JSR 356)。
- Concurrency Utilities(JSR 236)。
- JSON Binding API(JSR 367)。
- Bean Validation(JSR 303)。
- JPA(JSR 338)。
- JMS(JSR 914)。

从 Spring Framework 6.0 开始，依赖环境要求最低为 JDK 17+、Jakarta EE 9+。

1.4.3　Spring 6.x 的趋势

Spring 6.x 和 Sping 5.x 的 Web 编程出现很大变化，它提出了反应栈（Web on Reactive Stack）模式。Spring 6.x 同时支持 spring-webmvc 和 spring-webflux。Spring Framework 的早期 Web 框架，即 Spring Web MVC，是基于 Servlet API 和 Servlet 容器进行构建的。Spring 6.x 的反应栈模式是完全非阻塞的、支持响应流的，可以运行在 Netty, Undertow 和 Servlet 3.1+ 容器中。

1.5　Spring Framework 功能总览

1.5.1　核心功能

Spring Framework 的核心功能，简单说是 IoC 与 AOP，主要功能如下。

- IoC 容器：容器管理、Bean 的管理。
- Resource：Spring 对资源的管理。
- Validation：Spring 数据校验。
- SpEL：Spring 的表达式语言。
- AOP：分为@AspectJ 与基于 XML 的 AOP。

1.5.2　数据层整合

Spring 通过提供一套统一的、抽象的接口，整合了数据层的框架。这是 Spring 最为重要的功能之一。通过 AOP 和动态代理技术，Spring 实现了声明性事务管理，这非常有效地减少了企业对 EJB 的依赖。

1.5.3　Web 层技术

Spring Framework 提供了 Web MVC 的实现，这是唯一打破 Rod Johnson 不重复发明轮子

原则的一次，理由是其他 Web MVC 框架实在是太差了。

View Technologies 部分是 Spring Web MVC 对主流视图技术的支持，JSP 仅是常用视图技术之一，还有 PDF、Velocity、FreeMarker、JasperReport 等其他视图。

1.5.4　外部系统集成

Spring Framework 与外部框架可以进行集成，如集成 EJB、JTA、JMS 和 JMX 等，这是 Spring 框架功能的有效扩展。

1.6　Spring Framework 模块组成

1.6.1　模块架构图

图 1-6 是 Spring 模块组成图。学习 Spring 开发，要求掌握 Spring Framework 有哪些模块，每个模块的主要用途是什么。

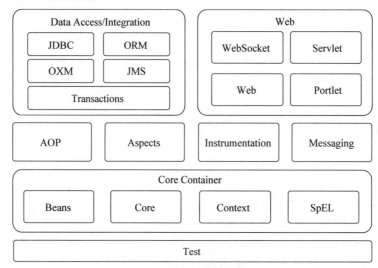

图 1-6　Spring 模块组成图

注：Data Access/Integration（数据访问与集成）、JDBC（Java 数据库连接）、ORM（对象映射关系）、OXM（对象 xml 映射）、JMS（Java 消息服务）、Transactions（事务）、Portlet（小组件）、AOP（面向切面编程）、Aspects（切面）、Instrumentation（仪表监控）、Messaging（消息）、Core（核心）、Context（环境上下文）、SpEL（Spring 表达式）、Test（测试）、Core Container（核心容器）。

整体模块划分为四部分：核心模块、测试模块、数据访问模块和 Web 模块。

1.6.2　各模块的职责

在熟悉 Spring Framework 模块的基础上，要求掌握每个模块对应的 jar 包以及各个模块的含义，见表 1-2。

表 1-2 Spring Framework 模块

组 ID(GroupId)	项目标识(ArtifactId)	模块功能描述
org.springframework	spring-aop	基于代理的 AOP 支持
org.springframework	spring-aspects	基于切面的 AspectJ
org.springframework	spring-Beans	Beans 支持，包含 Groovy
org.springframework	spring-context	Spring 应用运行环境
org.springframework	spring-context-support	支持集成第三方库到 Spring 应用环境中
org.springframework	spring-core	核心工具集，可应用于其他各个模块
org.springframework	spring-expression	SpEL 表达式
org.springframework	spring-instrument	对于 JVM bootstrapping 的服务器设备代理
org.springframework	spring-instrument-tomcat	对于 Tomcat 的设备代理
org.springframework	spring-jdbc	JDBC 支持包，包含建立数据源和 JDBC 数据访问
org.springframework	spring-jms	JMS 支持包
org.springframework	spring-messaging	对于消息架构和协议支持
org.springframework	spring-orm	ORM 支持，包含 JPA 和 hibernate 支持
org.springframework	spring-oxm	Object/XML 映射
org.springframework	spring-test	支持单元测试与 Spring 组件集成测试
org.springframework	spring-tx	事务管理基础架构，包含 DAO 支持和 JCA 集成
org.springframework	spring-web	Web 支持基础包，包含 Web 客户端与基于 Web 的远程调用
org.springframework	spring-webmvc	基于 HTTP 的 MVC 与 REST 模型支持
org.springframework	spring-webmvc-portlet	在 Portlet 环境下的 MVC 支持
org.springframework	spring-websocket	WebSocket 和 SockJS 基础

第 2 章

Spring IoC

Spring Framework 和 Jakarta EE 一样是基于"容器 + 组件"的运行模式。Spring 基于轻量级容器，Jakarta EE 中的 EJB 基于重量级容器（如 Weblogic），Jakarta EE 中的 Servlet 基于中量级容器（如 Tomcat）。

2.1 IoC 与 DI 的概念

首先介绍一下 IoC 的概念，IoC（Inversion of Control）是控制反转的意思。IoC 习惯上也被称为 DI（Dependency Injection），即依赖注入。

IoC 需要首先建立 Bean 之间的依赖关系，然后 IoC 容器创建 Bean 对象时会按照依赖关系先创建被依赖的 Bean 对象，在业务场景需要时再把 Bean 对象注入。这个处理过程与传统的对象操作相反，因此 IoC 也被称为控制反转。

IoC 是一个复杂的概念，因此，此处推荐阅读原文辅助理解：*The container then injects those dependencies when it creates the Bean. This process is fundamentally the inverse, hence the name Inversion of Control (IoC)*。

马丁福勒在 2004 年的 IoC 大会上建议重新命名 IoC 概念为 DI。

2.2 IoC 容器与 ApplicationContext

接口 org.springframework.context.ApplicationContext 代表了 IoC 容器，它同时负责配置、实例和装配 Spring 的 Bean。ApplicationContext 接口的具体描述见表 2-1。

表 2-1　ApplicationContext 接口

说　　明	IoC 容器接口和实现类
ApplicationContext 的所有父接口	ApplicationEventPublisher, BeanFactory, EnvironmentCapable, HierarchicalBeanFactory, ListableBeanFactory, MessageSource, ResourceLoader, ResourcePatternResolver
ApplicationContext 的所有已知子接口	ConfigurableApplicationContext,ConfigurablePortletApplicationContext, ConfigurableWebApplicationContext, WebApplicationContext

续表

说　　明	IoC 容器接口和实现类
ApplicationContext 的所有已知实现类	AbstractApplicationContext, AbstractRefreshableApplicationContext, AbstractRefreshableConfigApplicationContext, AbstractRefreshablePortletApplicationContext, AbstractRefreshableWebApplicationContext, AbstractXmlApplicationContext, AnnotationConfigApplicationContext, AnnotationConfigWebApplicationContext, ClassPathXmlApplicationContext, FileSystemXmlApplicationContext, GenericApplicationContext, GenericGroovyApplicationContext, GenericWebApplicationContext, GenericXmlApplicationContext, GroovyWebApplicationContext, ResourceAdapterApplicationContext, StaticApplicationContext, StaticPortletApplicationContext, StaticWebApplicationContext, XmlPortletApplicationContext, XmlWebApplicationContext

Spring Framework 的 IoC 容器操作基于如下两个包：org.springframework.Beans 和 org.springframework.context。

BeanFactory 接口是 ApplicationContext 的重要的父接口，它不仅提供了管理各种 Spring Bean 的高级配置机制，还提供了 AOP 集成、消息资源管理、事件发布、应用层注入等功能。

2.3　IoC 容器的创建与使用

2.3.1　创建 IoC 容器实例

1. 容器与配置

实例 ApplicationContext 接口的实现类，就可以创建一个 IoC 容器。创建 IoC 容器时，一般会传递 Spring 的配置文件给 IoC 容器的构造器。

示例 1：使用 ClassPathXmlApplicationContext 创建 IoC 容器。

```
ApplicationContext ctx =
        new ClassPathXmlApplicationContext("services.xml", "daos.xml");
```

示例 2：使用 FileSystemXmlApplicationContext 创建 IoC 容器。

```
ApplicationContext ctx =
        new FileSystemXmlApplicationContext("classpath:conf/appContext.xml");
```

示例 3：使用 XmlWebApplicationContext 创建 IoC 容器。

```
XmlWebApplicationContext ctx = new XmlWebApplicationContext();
ctx.setConfigLocation("/WEB-INF/spring/dispatcher-config.xml");
```

注意：XmlWebApplicationContext 只有无参构造器，它与其他容器的创建方式不同。

如图 2-1 所示，IoC 容器读取配置信息，注入业务对象（包含 POJO 对象）。配置信息中包含了容器要创建、配置、装配的对象信息，及元数据信息。一般情况下，使用简单直观的 XML 文件作为配置元数据的描述格式，还可以使用注解的方式配置信息。

示例 4：Bean 的配置。

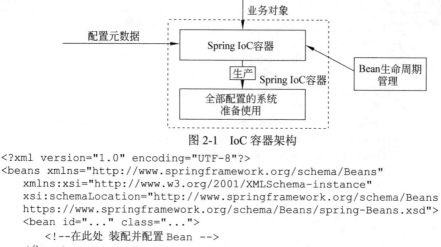

图 2-1 IoC 容器架构

```xml
<?xml version="1.0" encoding="UTF-8"?>
<beans xmlns="http://www.springframework.org/schema/Beans"
    xmlns:xsi="http://www.w3.org/2001/XMLSchema-instance"
    xsi:schemaLocation="http://www.springframework.org/schema/Beans
    https://www.springframework.org/schema/Beans/spring-Beans.xsd">
    <bean id="..." class="...">
        <!--在此处 装配并配置 Bean -->
    </bean>
    <bean id="..." class="...">
        <!--在此处 装配并配置 Bean -->
    </bean>
    <!-- 更多 Bean 定义 -->
</beans>
```

2. 从多配置文件创建 IoC 容器

在业务系统中，服务层和持久层的业务对象，Spring 框架都可以按照 Bean 来管理。配置 Bean 时可以把服务层对象放在 services.xml 中，持久层对象放在 daos.xml 中。代码示例如下所示。

（1）services.xml 配置如下：petStore 为业务层对象。

```xml
<?xml version="1.0" encoding="UTF-8"?>
<beans xmlns="http://www.springframework.org/schema/Beans"
xmlns:xsi="http://www.w3.org/2001/XMLSchema-instance"
xsi:schemaLocation="http://www.springframework.org/schema/Beans
https://www.springframework.org/schema/Beans/spring-Beans.xsd">
<!-- 服务对象 -->
<bean id="petStore" class="org.springframework.samples.jpetstore.services.
PetStoreServiceImpl">
    <property name="accountDao" ref="accountDao"/>
    <property name="itemDao" ref="itemDao"/>
    <!-- 对 Bean 的附加装配和配置信息 -->
</bean>
<!-- 对服务的更多 Bean 定义 -->
</beans>
```

（2）daos.xml 配置如下：accountDao 和 itemDao 为持久层对象。

```xml
<?xml version="1.0" encoding="UTF-8"?>
<beans xmlns="http://www.springframework.org/schema/Beans"
    xmlns:xsi="http://www.w3.org/2001/XMLSchema-instance"
    xsi:schemaLocation="http://www.springframework.org/schema/Beans
    https://www.springframework.org/schema/Beans/spring-Beans.xsd">
    <bean id="accountDao"
        class="org.springframework.samples.jpetstore.dao.jpa.JpaAccountDao">
```

```
            <!-- 对 Bean 的附加装配和配置信息 -->
    </bean>
    <bean id="itemDao"
        class="org.springframework.samples.jpetstore.dao.jpa.JpaItemDao">
            <!-- 对 Bean 的附加装配和配置信息 -->
    </bean>
    <!-- 对数据访问的更多 Bean 定义 -->
</beans>
```

（3）读取配置文件，生成 IoC 容器。

```
ApplicationContext context =
        new ClassPathXmlApplicationContext("services.xml", "daos.xml");
```

3. 组合配置文件

分别定义多个配置文件，然后组成一个配置文件，这在大型项目实践中是非常有用的一种配置方法。例如：在 spring-mvc.xml 中导入 services.xml 和 daos.xml。

```
<beans>
    <import resource="services.xml"/>
    <import resource="daos.xml"/>
    <import resource="/resources/themeSource.xml"/>
    <bean id="Bean1" class="..."/>
    <bean id="Bean2" class="..."/>
</beans>
```

Tomcat 启动时，会读取 spring-mvc.xml，同时加载 services.xml 和 daos.xml：

```
XmlWebApplicationContext appContext = new XmlWebApplicationContext();
appContext.setConfigLocation("/WEB-INF/spring-mvc.xml");
```

注意：此处资源的路径使用的是站点相对路径，还可以使用其他资源路径。

2.3.2　从 IoC 容器读取 Bean

从 IoC 容器中读取 Bean 对象的操作步骤如下。

（1）创建 IoC 容器。

```
ApplicationContext context
        = new ClassPathXmlApplicationContext("services.xml", "daos.xml");
```

（2）根据类型找到 Bean 对象。

```
PetStoreService service = context.getBean(PetStoreService.class);
```

（3）根据 Bean 的名字找到 Bean 对象。

```
PetStoreService service = context.getBean("petStore");
```

（4）使用业务对象。

```
List<String> userList = service.getUsernameList();
```

2.3.3　案例：hello 入门

前面学习了创建 IoC 容器和从容器中读取 Bean，下面看一个完整的 Spring 入门示例。其操作步骤如下。

（1）创建 Maven 项目 hello。

（2）pom.xml 的配置如下。

```
<properties>
<project.build.sourceEncoding>UTF-8</project.build.sourceEncoding>
<maven.compiler.source>17</maven.compiler.source>
<maven.compiler.target>17</maven.compiler.target>
</properties>
<dependencies>
<dependency>
    <groupId>org.springframework</groupId>
    <artifactId>spring-context</artifactId>
    <version>6.0.3</version>
</dependency>
</dependencies>
```

（3）配置 Spring 的核心配置文件 beans.xml（放在 src 目录下）。

```
<beans xmlns="http://www.springframework.org/schema/beans"
xmlns:xsi="http://www.w3.org/2001/XMLSchema-instance"
xsi:schemaLocation="http://www.springframework.org/schema/beans
https://www.springframework.org/schema/beans/spring-beans.xsd">
<bean id="helloBean" class="com.icss.biz.HelloBiz" />
</beans>
```

（4）定义 Spring 的 Bean。

```
public class HelloBiz {
    public String sayHello(String name) {
        return "hello: Mr. " + name;
    }
}
```

（5）创建 IoC 容器，然后读取 Bean。

```
public static void main(String[] args) {
    // 创建 Spring 容器，解析 XML 文件
    ApplicationContext context = new ClassPathXmlApplicationContext("beans.xml");
    // 根 Bean 的 id，查找 Bean 对象
    HelloBiz hi = (HelloBiz) context.getBean("helloBean");
    String hello = hi.sayHello("tom");
    System.out.println(hello);
}
```

测试结果：

```
org.springframework.Beans.factory.xml.XmlBeanDefinitionReader
loadBeanDefinitions
信息: Loading XML Bean definitions from class path resource [beans.xml]
hello: Mr. tom
```

2.4　Bean 管理

Spring 的 IoC 容器，可以管理一个或多个 Bean。IoC 容器读取配置元数据，然后创建 Bean 对象。由于 Bean 对象的作用域有多种情况，不能直接管理 Bean 对象的引用，因此 IoC 容器是通过 BeanDefinition 对象来管理 Bean 的。

2.4.1　BeanDefinition

参见 Sping 的 API 文档中 BeanDefinition 的描述：

org.springframework.Beans.factory.config　Interface　BeanDefinition

所有父接口：AttributeAccessor, BeanMetadataElement。

所有已知子接口：AnnotatedBeanDefinition。

所有已知实现类: AbstractBeanDefinition, AnnotatedGenericBeanDefinition, ChildBeanDefinition, GenericBeanDefinition, RootBeanDefinition, ScannedGenericBeanDefinition。

　　一个 BeanDefinition 描述一个 Bean 定义，Bean 可以有属性值、构造参数值等，更多信息由 BeanDefinition 的实现类提供。

　　BeanDefinition 中定义了如下信息。

- 包名类名：创建 Bean 实例时使用的包名类名。
- Bean 行为的定义，这些定义将决定 Bean 在容器中的行为（如作用域、生命周期回调等）。
- 对其他 Bean 的引用。这些引用关系，在 Bean 的协作和依赖操作时有用。
- 其他配置信息。比如使用 Bean 来定义数据库连接池，可以通过属性或者构造参数指定连接数以及连接池大小等。

　　表2-2是Bean的各种属性信息。另外，可以参考BeanDefinition的实现类，了解BeanDefinition中存储了哪些信息。

表 2-2　Bean 的属性定义

属 性 名 称	说　　明
class	包名类名
name	可以使用名字查找 Bean 对象
scope	Bean 有多种作用域，后面讲解
constructor arguments	依赖注入时通过构造器注入
properties	通过属性配置依赖关系
autowiring mode	自动装配模式
lazy-initialization mode	懒加载模式设置
initialization method	创建对象时先调用初始化方法
destruction method	销毁对象时在析构中释放资源

```
public abstract class AbstractBeanDefinition extends BeanMetadataAttributeAccessor
        implements BeanDefinition, Cloneable {
    private volatile Object  BeanClass;
    private String  scope = SCOPE_DEFAULT;
    private boolean  abstractFlag = false;
    private boolean  lazyInit = false;
    private int  autowireMode = AUTOWIRE_NO;
    private String[]  dependsOn;
    private boolean  autowireCandidate = true;
    private boolean  primary = false;
```

```
    private final Map<String, AutowireCandidateQualifier> qualifiers =
            new LinkedHashMap<String, AutowireCandidateQualifier>(0);
    private boolean nonPublicAccessAllowed = true;
    private boolean lenientConstructorResolution = true;
    private String factoryBeanName;
    private String factoryMethodName;
    private ConstructorArgumentValues constructorArgumentValues;
    private MutablePropertyValues propertyValues;
    private MethodOverrides methodOverrides = new MethodOverrides();
}
```

从 AbstractBeanDefinition 的属性信息中可以清楚地看到 Bean 的各种属性信息是如何存储的。Bean 的重要属性会在后面详细讲解，如 Object BeanClass，它可以为 Class<T>或 String 类型，它不是 Bean 对象，是 Bean 的类型描述。BeanClass 的赋值方式如下：

```
public void setBeanClassName(String BeanClassName) {
    this.BeanClass = BeanClassName;
}
public void setBeanClass(Class<?> BeanClass) {
    this.BeanClass = BeanClass;
}
```

2.4.2 属性 id 和 name 的区别

id 和 name 都是 Bean 的属性，很容易混淆。

id 具有唯一性，用来唯一识别一个 Bean 元素，注意是在同一个<beans>范围内唯一识别。id 识别的是 Bean 定义，不是 Bean 对象。因为 Bean 有 scope 属性，一个 id 的 Bean 定义，可能对应很多 Bean 对象。

name 也可以称为别名，它是 Bean 的识别符，但它不一定是唯一的。可以通过 getBean(name)的方式在 IoC 容器中查找 Bean 对象。

同一个 id 的 Bean 可以有多个别名；别名之间可以用空格、逗号或分号分隔。示例如下：

```
<bean id="helloBean" class="com.icss.biz.HelloBiz" name="h1,h2,h3"/>
```

id 和名字可以不指定，容器创建对象时系统会自动生成一个唯一的 name。Bean 的名字，必须以小写字母开头，使用驼峰命名法，如'accountManager', 'accountService', 'userDao', 'loginController'.

使用<alias>可以给 Bean 指定别名，对于公共组件的引用，这个方法有时很有效。

```
    <alias name="subsystemA-dataSource" alias="subsystemB-dataSource"/>
<alias name="subsystemA-dataSource" alias="myApp-dataSource" />
```

2.4.3 创建 Bean 对象

BeanDefinition 可以创建一个或多个 Bean 对象的诀窍。当需要时，IoC 容器会通过名字从 Bean 的定义列表中找到 BeanDefinition，然后通过反射创建 Bean 对象。

如果使用 xml 配置 Bean，class 属性是必需的，它会传给 BeanDefinition，这是创建 Bean 对象的关键。

典型情况下容器都是调用 Bean Class 的构造器直接创建对象，少数时候可以使用静态工厂方法创建 Bean 对象。

1. 使用默认的构造器创建 Bean 对象

在基于 XML 的配置中，可以按照如下方式指定 Bean 的信息：

```
<bean id="exampleBean" class="examples.ExampleBean"/>
<bean name="anotherExample" class="examples.ExampleBeanTwo"/>
```

Spring 读取 class 信息，然后通过反射的方式创建指定类型的对象，这会调用 Bean 的构造器（无参构造或有参构造）。反射创建对象的原理如下：

```
Object obj = Dog.class.newInstance();
Object obj = Class.forName("com.icss.biz.Dog").newInstance();
Object obj = Dog.class. getDeclaredConstructor(String.class).newInstance("旺财");
```

2. 静态 factory-method 创建 Bean 对象

IoC 容器读取 BeanDefinition，还可以使用静态工厂方法创建对象。静态工厂方法创建的 Bean 对象，没有使用反射机制。这种创建模式只有在特殊情况下才有用，它与直接用反射创建对象的区别是它直接使用了已有的静态对象。静态工厂方法创建的对象受 IoC 容器管理，这与直接调用静态方法返回一个业务对象不同。

（1）配置 Bean，传入静态工厂方法名。

```
<bean id="clientService"
    class="examples.ClientService"  factory-method="createInstance"/>
```

（2）通过静态方法创建的对象。

```
public class ClientService {
    private static ClientService clientService = new ClientService();
    private ClientService() {}
    public static ClientService createInstance() {
        return clientService;
    }
    public void doSomething() {
        System.out.println("ClientService doSomething...");
    }
}
```

（3）代码测试。

```
ApplicationContext context
    = new ClassPathXmlApplicationContext("beans.xml");
ClientService client = (ClientService) context.getBean("clientService");
client.doSomething();
```

测试结果：

```
org.springframework.Beans.factory.xml.XmlBeanDefinitionReader loadBeanDefinitions
信息: Loading XML Bean definitions from class path resource [beans.xml]
ClientService doSomething...
```

（4）修改代码，不使用静态对象。

```
public class ClientService {
    //private static ClientService clientService = new ClientService();
    private ClientService() {
    }
    public static ClientService createInstance() {
        return new ClientService();
```

```
    }
    public void doSomething() {
        System.out.println("ClientService doSomething...");
    }
}
```

代码修改后，每次调用 createInstance() 会创建一个新对象，但是这样也就失去静态工厂方法的作用了。

3. 非静态 factory-method 创建 Bean 对象

与使用静态工厂创建 Bean 对象类似，用来进行实例化的非静态实例工厂方法位于另外一个 Bean 中，容器将调用该 Bean 的工厂方法来创建一个新的 Bean 实例。为使用此机制，class 属性必须为空，而 factory-Bean 属性必须指定为当前（或其父）容器中包含的工厂方法的 Bean 的名称，而该工厂 Bean 的工厂方法本身必须通过 factory-method 属性来设定。

示例：

```
<bean id="serviceLocator" class="examples.DefaultServiceLocator"></bean>
<bean id="clientService"
    factory-Bean="serviceLocator" factory-method="createClientServiceInstance"/>
```

调用 DefaultServiceLocator 中的 createClientServiceInstance() 方法创建 ClientService 的 Bean 对象：

```
public class DefaultServiceLocator {
    private static ClientService clientService
                            = new ClientServiceImpl();
    public ClientService createClientServiceInstance() {
        return clientService;
    }
}
```

上面的例子是 Spring 官网提供的，非静态工厂方法与静态工厂方法不同，此处建议修改成如下写法：

```
public class DefaultServiceLocator {
    public ClientService createClientServiceInstance() {
        return new ClientServiceImpl();
    }
}
```

4. 案例：HelloFactoryStatic 和 HelloFactoryBean

案例 1：HelloFactoryStatic，使用静态工厂方法创建 Bean。

配置静态 factory-method：

```
<bean  id="helloBean"
    class="com.icss.biz.HelloBiz" factory-method="createInstance" />
```

静态方法为 createInstance：

```
public class HelloBiz {
    private static HelloBiz helloBiz = new HelloBiz();
    public static HelloBiz createInstance() {
        System.out.println("HelloBiz createInstance...");
        return helloBiz;
    }
    public String sayHello(String name) {
```

```
        return "hello: Mr " + name;
    }
}
```

代码测试：

```
public static void main(String[] args) {
    ApplicationContext context
            = new ClassPathXmlApplicationContext("beans.xml");
    HelloBiz hi = (HelloBiz) context.getBean("helloBean");
    String hello = hi.sayHello("tom");
    System.out.println(hello);
}
```

测试结果如下：

```
信息: Loading XML Bean definitions from class path resource [beans.xml]
HelloBiz createInstance...
hello: mr tom
```

案例2：HelloFactoryBean，使用非静态工厂方法创建 Bean。

配置如下，当使用了 factory-Bean 属性后，即使配置 class 属性，也不会有效。

```
<bean  id="helloBean"
        factory-Bean="helloFactory" factory-method="createInstance" />
<bean id="helloFactory"
    class="com.icss.biz.HelloFactory"></bean>
```

编写工厂类方法：

```
public class HelloFactory {
    public HelloBiz createInstance() {
        System.out.println("HelloFactory-->>createInstance...");
        return new HelloBiz();
    }
}
```

代码测试：

```
public static void main(String[] args) {
    ApplicationContext context
            = new ClassPathXmlApplicationContext("beans.xml");
    HelloBiz hi = (HelloBiz) context.getBean("helloBean");
    String hello = hi.sayHello("tom");
    System.out.println(hello);
}
```

测试结果如下：

```
信息: Loading XML Bean definitions from class path resource [beans.xml]
HelloFactory-->>createInstance...
hello: Mr tom
```

5. 案例：HelloFactoryBean 扩展

当业务变化需要扩展需求时，可以用面向接口编程的方式进行扩展。其操作步骤如下。

（1）新增业务类 HelloBizChina，它继承 HelloBiz。

```
public class HelloBizChina extends HelloBiz{
    public String sayHello(String name) {
        return "你好：先生  " + name;
    }
}
```

（2）新增工厂类 HelloFactoryImpl。

```java
public class HelloFactoryImpl extends HelloFactory{
    public HelloBiz createInstance() {
        System.out.println("HelloFactoryImpl-->>createInstance...");
        return new HelloBizChina();
    }
}
```

（3）修改配置文件。

```xml
<bean  id="helloBean"  factory-Bean="helloFactory"
                factory-method="createInstance" />
<bean id="helloFactory"
        class="com.icss.biz.HelloFactoryImpl"></bean>
```

（4）测试代码不变，运行结果如下：

```
信息: Loading XML Bean definitions from class path resource [beans.xml]
HelloFactoryImpl-->>createInstance...
你好: 先生  tom
```

总结：通过上述测试证明，Spring 的 factory-method 配置与设计模式的 Factory Method 的思想完全一致。

6. 工厂方法设计模式

提问：比较下面的配置，通过工厂方法产生的代码扩展，与直接配置 helloBean 的实现类，区别在哪里呢？

```xml
<bean  id="helloBean" class="HelloBizChina">
<bean  id="helloBean"
        factory-Bean="helloFactory" factory-method="createInstance" />
<bean id="helloFactory"
        class="com.icss.biz.HelloFactoryImpl"></bean>
```

参见 GOF 编写的设计模式中的对象创建模式：Factory-Method 模式。工厂方法模式的意图为定义一个用于创建对象的接口，让子类决定实例化哪一个类。Factory Method 使一个类的实例化延迟到其子类。工厂方法与多态的区别是，工厂方法用于生产一系列相关产品，而多态只是通过相同接口的不同实现而产生的变化。

如下示例为使用工厂方法创建迷宫及相关产品（其他代码参看 GOF 原文）：

```java
public abstract class MazeFactory {
    public abstract Maze makeMaze();                  //创建迷宫
    public abstract Room makeRoom(int n);             //创建屋子
    public abstract Wall makeWall();                  //创建墙
    public abstract Door makeDoor(Room r1,Room r2);   //创建门
}
```

如果只是对单一产品实现多态扩展，没有必要使用工厂方法。

2.5 案例：HelloSpringIoC

前面讲了 IoC 容器与 Bean 的创建，同时讲解了 IoC 的概念。IoC 的基本概念是控制反

转，它的本质含义是通过配置信息的变化，实现程序的多态。

下面引入一个案例，其业务需求如下：

（1）使用多种语言与他人打招呼。

（2）代码尽量体现灵活性、扩展性。

本节分别使用面向接口编程、反射技术、IoC 等方式进行不同的代码实现，可以对比一下三种实现方式哪个最灵活。

2.5.1　面向接口编程

面向接口编程的基本思想：定义接口，定义接口的调用场景，在业务场景中使用的是接口中的方法，而不是实现类的方法。实际代码运行时，传入接口的实现类。利用方法重写的设计，实现程序的动态变化，即接口不变，实现类可以自由扩展。程序运行应满足 OCP（Open Close Principle，开闭原则）的设计思想。代码示例如下：

（1）创建 Hello 项目，添加 IHello 接口。

```
public interface IHello {
    public String sayHello(String name);
}
```

（2）新建两个接口实现类。

```
public class HelloChina implements IHello{
    public String sayHello(String name) {
        return "你好: " + name + " 先生";
    }
}
public class HelloEnglish implements IHello{
    public String sayHello(String name) {
        return "hello Mr. " + name ;
    }
}
```

（3）面向接口调用。

```
public static void main(String[] args) {
    IHello hi = new HelloEnglish();     //对象 new 后，无法再改变
    String hello = hi.sayHello("tom");
    System.out.println(hello);
}
```

面向接口编程增加了程序的灵活性和扩展性，但是如何解决硬编码问题？例如"IHello hi = new HelloEnglish();"，对象更新后，无法再改变，这被称为硬编码。

解决硬编码的问题，早期方案都是用设计模式实现，即把 IHello 接口当成参数传入，这虽然增加了灵活性，但同时也增加了程序的复杂度。更好的方案是采用 IoC。

在程序执行过程中希望动态改变对象，可以使用反射技术，"反射+接口+XML 配置"就可以实现 IoC 变化，彻底解决硬编码问题。

2.5.2　XML+反射实现 IoC

使用自定义的 XML 文件配置 helloBean 的不同实现类，然后读取 XML 文件中的 class 定义，再用反射技术动态创建对象，可以实现 IoC 的动态调用。

（1）定义逻辑接口和实现类。

参见 2.5.1 节的接口和业务类的定义。

（2）使用 XML 配置 Bean。

```
<bean id="helloBean" class="com.icss.biz.HelloEnglish" />
```

（3）定义 Map 接收所有的 Bean 对象。

```
public class SpringFactory {
    //XML 文件，最好只读取一次，然后放在内存中随时读取，因此使用 static 变量
    private static Map<String,Object> Beans;
}
```

（4）DOM 解析 XML 配置文件。

```
//静态代码块，用于静态变量初始化
//当调用当前类中的任何信息时，会先调用静态代码块，而且静态代码块只调用一次
static {
    Beans = new HashMap<>();
    /*DocumentBuilderFactory 是抽象类，不能直接实例，只能从静态方法中创建。
      newInstance()创建的是 DocumentBuilderFactory 子类的对象*/
    DocumentBuilderFactory dbf = DocumentBuilderFactory.newInstance();
    //工厂模式
    DocumentBuilder bild = dbf.newDocumentBuilder();
    //查找 beans.xml 文件的路径（用反射技术查找）
    //注意：路径中不要包含中文
    String path = SpringFactory.class.getResource("/").getPath();
    File file = new File(path+"beans.xml");
    //解析 XML 文件，得到 Document 对象
    Document doc = bild.parse(file);
```

（5）反射技术创建 Bean 对象。

```
//根据 tag 查找所有 Bean
NodeList nlist = doc.getElementsByTagName("Bean");
for(int i=0;i<nlist.getLength();i++) {
    Node node = nlist.item(i);
    //先判断节点类型是否为 Element
    if(node instanceof Element) {
        Element element = (Element)node;
        //提取属性信息
        String id = element.getAttribute("id");
        String cname = element.getAttribute("class");
        //用反射技术加载类型信息
        Class cls = Class.forName(cname);
        //动态创建对象
        Object obj = cls.newInstance();
        Beans.put(id, obj);
    }
}
```

（6）封装 getBean()。

```
//根据 Bean 的名字，查找对应的 Bean 对象
public static Object getBean(String name) {
    return Beans.get(name);
}
```

（7）代码测试。

```
public static void main(String[] args) {
    IHello hi = (IHello) SpringFactory.getBean("helloBean");
    String hello = hi.sayHello("Tom");
    System.out.println(hello);
}
```

测试结果：

```
how are you,Tom
```

（8）修改配置文件。

```
<bean id="helloBean" class="com.icss.biz.HelloChina" />
```

（9）测试代码不变，输出运行结果。

```
你好： Tom 先生
```

2.5.3　Spring 实现 IoC

2.5.2 节通过“XML+反射”可以实现 IoC 功能。本节使用 Spring 框架提供的 IoC 功能，实现起来会更加简单。

其操作步骤如下。

（1）逻辑接口和实现不变，参见 2.5.1 节的接口和业务类的定义。

（2）定义 Spring 配置文件。在项目 src 下新建 beans.xml 文件，配置如下：

```
<?xml version="1.0" encoding="UTF-8"?>
<beans xmlns="http://www.springframework.org/schema/beans"
xmlns:xsi="http://www.w3.org/2001/XMLSchema-instance"
xsi:schemaLocation="http://www.springframework.org/schema/beans
https://www.springframework.org/schema/beans/spring-beans.xsd">
 <bean id="helloBean" class="com.icss.biz.HelloEnglish" />
</beans>
```

（3）实例 IoC 容器读取 Bean。

```
public static void main(String[] args) {
    //创建 Spring 容器，解析 XML 文件
    ApplicationContext context =new ClassPathXmlApplicationContext("beans.xml");
    //根据 Bean 的名字查找 Bean 对象
    IHello hi = (IHello)context.getBean("helloBean");
    String hello = hi.sayHello("Tom");
    System.out.println(hello);
}
```

输出结果：

```
org.springframework.Beans.factory.xml.XmlBeanDefinitionReader loadBeanDefinitions
信息: Loading XML Bean definitions from class path resource [beans.xml]
hello Mr.Tom
```

（4）修改配置文件。

```
<bean id="helloBean" class="com.icss.biz.HelloChina" />
```

（5）测试代码不变，输出运行结果。

信息: Loading XML Bean definitions from class path resource [beans.xml]
你好： Tom 先生

2.6　依赖注入

2.6.1　依赖注入介绍

依赖注入（Dependency Injection，DI），就是在业务系统的 Bean 之间先建立依赖关系，当 Bean 对象需要调用依赖对象时，由 IoC 容器自动把依赖对象注入当前环境中。

对象之间如何建立依赖关系？如何进行依赖注入？下面用 StaffUser（员工系统）举例说明。

2.6.2　项目案例：StaffUser 系统与 DI

这是一个真实的项目案例，是本书的贯穿案例，后面的很多知识点讲解会融入这个项目中。此项目只为功能演示，因此除必要功能外，其他业务功能暂不描述。

1. StaffUser 系统需求

StaffUser 是大型企业的员工管理系统，如 SAP 的人资管理模块。StaffUser 也可以看成是学生管理系统，如很多高校的办公系统。

员工或学生的基本信息很多，如姓名、身高、出生日期、地址、联系方式等。当把员工基本信息录入系统后，系统自动将该员工生成一个用户，以后该员工就可以登录该系统进行相关操作。

用户默认的属性信息有员工编号、用户名、密码、角色等。用户使用员工编号登录系统，该编号唯一；用户名可以看成是员工的姓名或昵称；角色根据业务制定，默认为普通用户；首次登录，提示修改密码。初始用户的别名与员工编号一致，后面可以修改。StaffUser 系统要求同时支持多种数据库，如 Oracle、MySQL 等。

2. StaffUser 表结构

本节只设计两个表，后面随着功能的深入，再增加其他表。员工表与用户表是一对一的关系，即一个员工只能有一个用户。

图 2-2 为员工系统表结构的 MySQL 设计，Oracle 表结构与之完全相同，只是数据类型稍有变化。

3. 软件三层架构

StaffUser 系统为 C/S 模式，采用软件三层架构搭建。软件三层架构是搭建业务系统的重要架构基础，需要熟练掌握。

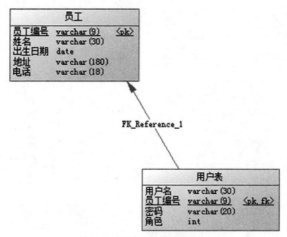

图 2-2　员工系统表结构

本书的贯穿案例当当书城项目为 B/S 模式，采用 MVC 架构搭建。MVC 是在软件三层架构的基础上扩展而来的。

图 2-3 中所示的三层架构为服务层（又称业务逻辑层）、持久层、UI 层（又称视图层）。

- 服务层定位：核心业务逻辑控制，如业务流程控制、业务规则校验等。
- 持久层定位：需要数据访问的操作，简称 DAO 层。
- 视图层定位：和用户打交道的部分，如用户输入、用户输出。

实体对象与表通常是映射关系，实体层可以被其他所有层调用，数据的跨层传递需要使用实体对象，又称 Entity、DTO、POJO 或 Model 等。

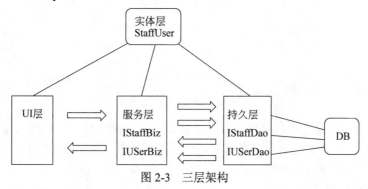

图 2-3　三层架构

4. StaffUser 接口设计

如图 2-4 所示，服务层的接口实现暂时只写一个，后面扩展。持久层同时支持 MySQL 和 Oracle，还可以扩展其他数据库。

5. UML 中的依赖关系

如图 2-5 所示，比较 UML 中的 Dependency（依赖）与 Spring 中的 Dependency 的概念有何区别？

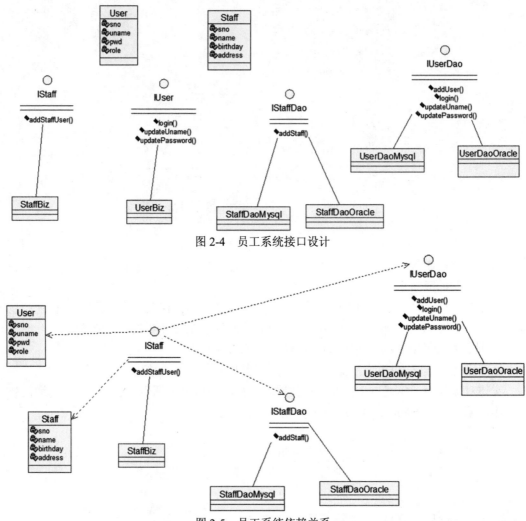

图 2-4　员工系统接口设计

图 2-5　员工系统依赖关系

在 UML 中，对象之间有组合关系、聚合关系、依赖关系，这三种关系本质完全相同，只是依赖程度不同。其中组合关系最紧密，依赖关系最强。Spring 中的 Dependency 是 UML 中三种依赖的统称，没有进行细分。

6. StaffUser 代码实现

使用 Spring 实现 StaffUser 的上述接口功能，其操作步骤如下。

（1）配置 pom.xml 文件。

```
<dependency>
<groupId>org.springframework</groupId>
<artifactId>spring-context</artifactId>
<version>6.0.3</version>
</dependency>
<dependency>
<groupId>mysql</groupId>
```

```
<artifactId>mysql-connector-java</artifactId>
<version>8.0.27</version>
</dependency>
```

（2）Spring 配置文件。把服务层和持久层对象都当成 Bean，注入业务系统中。注意，UI 和实体对象无须注入。

```
<bean id="userDao" class="com.icss.dao.impl.UserDaoMysql"/>
<bean id="staffDao" class="com.icss.dao.impl.StaffDaoMysql"/>
<bean id="staffBiz" class="com.icss.biz.impl.StaffBiz"/>
    <bean id="userBiz" class="com.icss.biz.impl.UserBiz"/>
```

（3）持久层调用（先用伪代码，后期连数据库）。

```
public User login(String sno, String pwd) throws Exception {
    User user = null;
    System.out.println("UserDaoMysql...login...");
    // 用伪代码模拟用户登录
    … //详细代码参见本书配套资源
    return user;
}
```

（4）服务层代码调用。服务层调用 DAO 层，此处 IUserDao 从 IoC 容器中读取。

```
public User login(String sno, String pwd) throws Exception {
    User user;
    System.out.println("UserBiz...login...");
    // 入参校验
    if (sno == null || pwd == null || sno.trim().equals("") || pwd.trim().equals("")){
        throw new Exception("用户名或密码为空");
    }
    try {
        ApplicationContext app = new ClassPathXmlApplicationContext("beans.xml");
        IUserDao dao = (IUserDao) app.getBean("userDao");
        user = dao.login(sno, pwd);
    } finally {
        // 释放数据库连接
    }
    return user;
}
```

（5）代码测试。

```
public static void main(String[] args) {
    ApplicationContext app = new ClassPathXmlApplicationContext("beans.xml");
    IUser u = (IUser)app.getBean("userBiz");
    try {
        User user = u.login("admin", "123");
        if(user != null) {
            System.out.println("登录成功,身份是" + user.getRole());
        }else {
            System.out.println("登录失败");
        }
    } catch (Exception e) {
        System.out.println(e.getMessage());
    }
}
```

程序实现了 Spring IoC，运行结果如下：

```
信息: Loading XML Bean definitions from class path resource [beans.xml]
UserBiz...login...
org.springframework.context.support.ClassPathXmlApplicationContext
信息: Loading XML Bean definitions from class path resource [beans.xml]
UserDaoMysql...login...
登录成功, 身份是 1
```

提问：现在的 UI 层和服务层，分别调用 new ClassPathXmlApplicationContext 各自创建了一个 IoC 容器，这么做存在什么问题？

7. 单例封装 IoC 容器

前面的 StaffUser 系统使用了两个 IoC 容器，程序运行时并没有错误。但是从性能上考虑，双容器模式完全是浪费（Bean 对象会加载两次），因此习惯上把 IoC 容器封装为单例模式。

```java
public abstract class SpringFactory {
    private static ApplicationContext ctx;
    static {
        ctx = new ClassPathXmlApplicationContext("beans.xml");
    }
    public static ApplicationContext getApplicationContext() {
        return ctx;
    }
    public static <T> T getBean(Class<T> requiredType) throws BeansException{
        return ctx.getBean(requiredType);
    }
    public static Object getBean(String name) throws BeansException{
        return ctx.getBean(name);
    }
}
```

单例封装后，UserBiz 中调用代码如下：

```java
IUserDao dao = (IUserDao) SpringFactory.getBean("userDao");
```

或

```java
IUserDao dao = (IUserDao) SpringFactory.getBean(IUserDao.class);
```

单例封装后，UI 层调用代码如下：

```java
IUser u = (IUser) SpringFactory.getBean("userBiz");
User user = u.login("admin", "123");
```

2.6.3　构造器注入

通过配置 Bean 对象与依赖的 Bean 对象之间的关系，如逻辑对象 IUser 与依赖的 IUserDao 之间的关系，可以实现依赖注入。依赖注入的方式有三种，分别为构造器注入、Set 方法注入和 Autowire 注入。

1. 构造器注入概念

构造器注入是指 IoC 容器可以动态调用 Bean 的带参构造器，注入依赖对象。构造器的每个参数可以作为一个依赖对象的引用。

在 Bean 的构造器中，传入要依赖的其他 Bean 对象引用或简单类型参数。构造器注入可以明确地表明依赖者与被依赖者的关系。

2. 案例：构造器注入 StaffUser 持久层对象

构造器注入持久层对象的操作步骤如下。

（1）设置服务层依赖关系。

IStaff 依赖 IUserDao 和 IStaffDao：

```
public class StaffBiz implements IStaff{
    private IUserDao userDao;
    private IStaffDao staffDao;
    public StaffBiz(IUserDao userDao,IStaffDao staffDao) {
        this.userDao = userDao;
        this.staffDao = staffDao;
    }
}
```

IUser 依赖 IUserDao：

```
public class UserBiz implements IUser {
    private IUserDao userDao;
    public UserBiz(IUserDao userDao) {
        this.userDao = userDao;
    }
}
```

（2）配置构造器依赖注入。**staffBiz** 对象因为要同时依赖 IUserDao 和 IStaffDao，所以构造器传入两个对象的引用。

```
<bean id="userDao" class="com.icss.dao.impl.UserDaoMysql"/>
<bean id="staffDao" class="com.icss.dao.impl.StaffDaoMysql"/>
<bean id="staffBiz" class="com.icss.biz.impl.StaffBiz">
        <constructor-arg ref="staffDao"/>
        <constructor-arg ref="userDao"/>
</bean>
```

userBiz 对象需要依赖 IUserDao，因此在构造器中传入 IUserDao 的对象引用。

```
<bean id="userDao" class="com.icss.dao.impl.UserDaoMysql"/>
    <bean id="userBiz" class="com.icss.biz.impl.UserBiz">
        <constructor-arg ref="userDao"/>
    </bean>
```

（3）服务层代码调用。**UserBiz** 中使用的持久层对象不再从 SpringFactory 中查找，而是直接使用注入的 userDao 对象。

```
public User login(String sno, String pwd) throws Exception {
    User user;
    … // 入参校验
    //IUserDao dao = (IUserDao) SpringFactory.getBean("userDao");
    //此处直接使用注入的 userDao 对象
    user = userDao.login(sno, pwd);
    return user;
}
```

（4）UI 层代码调用。**LoginTest** 中的逻辑对象没有使用 DI，因此仍旧从 SpringFactory 中提取。实际上，把服务层对象注入视图层也是可以的。

```
public static void main(String[] args) {
    IUser biz = (IUser) SpringFactory.getBean("userBiz");
    User user = biz.login("admin", "123");
    … //详细代码参见本书配套资源
}
```

测试结果如下：

```
信息: Loading XML Bean definitions from class path resource [beans.xml]
UserDaoMysql...login...
登录成功，身份是1
```

3. 简单类型构造器注入

上面使用的是 Bean 对象的引用注入，因此 Bean 的引用类型信息 IoC 容器必须知道。但对于非引用的简单类型，IoC 容器无法知道，因此需要显示指定类型后注入。

示例：

```
package examples;
public class ExampleBean {
    private int years;
    private String ultimateAnswer;
    public ExampleBean(int years, String ultimateAnswer) {
        this.years = years;
        this.ultimateAnswer = ultimateAnswer;
    }
}
```

ExampleBean 的构造器参数为 int 和 String，这些类型需要在配置文件中显示指定类型。

```
<bean id="exampleBean" class="examples.ExampleBean">
    <constructor-arg type="int" value="7500000"/>
    <constructor-arg type="java.lang.String" value="42"/>
</bean>
```

当构造器包含多个入参且使用相同类型时，按照 type 的方式赋值会出现问题，此时就需要使用 index 按照参数顺序给构造器赋值。

```
<bean id="exampleBean" class="examples.ExampleBean">
    <constructor-arg index="0" value="7500000"/>
    <constructor-arg index="1" value="42"/>
</bean>
```

直接使用 name 赋值，也可以解决 type 赋值冲突的问题。

```
<bean id="exampleBean" class="examples.ExampleBean">
    <constructor-arg name="years" value="7500000"/>
    <constructor-arg name="ultimateAnswer" value="42"/>
</bean>
```

4. 案例：构造器注入 User 对象

User 是实体类，它有很多的属性，把 User 对象注入系统中的操作步骤如下。

（1）User 类的构造器如下。

```
public class User {
    private String uname;
    private String sno;
    private String pwd;
    private int role;
    public User(String uname,String sno,String pwd,int role) {
        this.uname = uname;
        this.sno = sno;
        this.pwd = pwd;
        this.role = role;
    }
```

```
}
```

（2）配置构造器注入。

User 依赖的属性信息都是简单类型，具体如下。

```
<bean id="user" class="com.icss.entity.User">
        <constructor-arg name="uname" value="tom"/>
        <constructor-arg name="pwd" value="123456"/>
        <constructor-arg name="role" value="2"/>
          <constructor-arg name="sno" value="001"/>
</bean>
```

（3）代码测试。

```
public static void main(String[] args) {
    User user = (User)SpringFactory.getBean("user");
    System.out.println(user.getSno());
    System.out.println(user.getUname());
    System.out.println(user.getPwd());
    System.out.println(user.getRole());
}
```

测试结果：

```
信息: Loading XML Bean definitions from class path resource [beans.xml]
001
tom
123456
2
```

（4）修改配置文件为索引顺序模式，测试索引配置效果。

```
<bean id="user" class="com.icss.entity.User">
  <constructor-arg index="0" value="tom"/>
  <constructor-arg index="2" value="123456"/>
      <constructor-arg index="3" value="2"/>
      <constructor-arg index="1" value="001"/>
</bean>
```

注意：实体类作为 Bean 对象，需要考虑系统性能问题。实体类一般都是非单例对象，不同的实例有不同的属性信息，因此 Spring 的 IoC 容器作为轻量级容器，一般不会管理实体对象。

2.6.4　Set 方法注入

IoC 容器通过无参构造实例化 Bean 对象后，继续调用 Bean 的 Set 方法，可以注入依赖对象到运行环境。

1. 案例：Set 注入 StaffUser 持久层对象

使用 Set 方法注入持久层对象的操作步骤如下。

（1）配置依赖关系：StaffBiz 依赖 UserDao 和 StaffDao，UserBiz 依赖 UserDao。

```
<bean id="userDao" class="com.icss.dao.impl.UserDaoMysql"/>
<bean id="staffDao" class="com.icss.dao.impl.StaffDaoMysql"/>
<bean id="staffBiz" class="com.icss.biz.impl.StaffBiz">
    <property name="userDao" ref="userDao"></property>
    <property name="staffDao" ref="staffDao"></property>
```

```
</bean>
<bean id="userBiz" class="com.icss.biz.impl.UserBiz">
    <property name="userDao" ref="userDao"></property>
  </bean>
```

（2）通过 Set 方法注入持久层对象。

StaffBiz 中注入 IUserDao 和 IStaffDao 对象：

```
public class StaffBiz implements IStaff{
    private IUserDao userDao;
    private IStaffDao staffDao;
    public void setUserDao(IUserDao userDao) {
        this.userDao = userDao;
    }
    public void setStaffDao(IStaffDao staffDao) {
        this.staffDao = staffDao;
    }
}
```

UserBiz 中注入 IUserDao 对象：

```
public class UserBiz implements IUser {
    private IUserDao userDao;
    public void setUserDao(IUserDao userDao) {
        this.userDao = userDao;
    }
}
```

注意：Set 方法的命名应该尽量规范。上面配置中 userBiz 对象的属性名是 userDao，因此 Set 方法的名字为 setUserDao()。

测试结果如下：

信息: Loading XML Bean definitions from class path resource [beans.xml]
UserDaoMysql...login...
登录成功，身份是 1

2. property 配置说明

配置文件不变，UserBiz 中的属性名修改为 userDao2，参数名修改为 userDao3，代码如下：

```
public class UserBiz implements IUser {
    private IUserDao userDao2;
    public void setUserDao(IUserDao userDao3) {
        this.userDao2 = userDao3;
    }
}
```

测试结果正常，没有出现错误。注意：property 元素如果没有 name 属性会报错。

修改配置文件中的 name="userDao2"：

```
<bean id="userBiz" class="com.icss.biz.impl.UserBiz">
    <property name="userDao2" ref="userDao"></property>
  </bean>
```

测试出现异常：

```
Caused by: org.springframework.Beans.NotWritablePropertyException: Invalid
property 'userDao2' of Bean class [com.icss.biz.impl.UserBiz]: Bean property
'userDao2' is not writable or has an invalid setter method. Did you mean 'userDao'?
```

修改 Set 方法名为 setUserDao2 后，测试通过。

```
public class UserBiz implements IUser {
    private IUserDao userDao;
    public void setUserDao2(IUserDao userDao) {
        this.userDao = userDao;
    }
}
```

总结：配置文件中的<property name="##">中 name，与 Set 方法的名字对应，与 UserBiz 中的成员变量 userDao 的名字无关，与 Set 方法的参数名字也无关。

3. Set 方法注入与构造器注入对比

Set 方法注入与构造器注入各有优点，简单对比如下：

- Set 方法注入模式代码更加简洁。
- 构造器注入对依赖关系的表达更加清楚。
- Set 方法注入可以避免循环依赖问题。

2.6.5　XML 依赖配置详解

本节将详细讲解 XML 依赖配置中的各种参数设置，如 property 赋值、p:namespace 赋值、c:namespace 赋值、depends-on、lazy-init 等。

1. 直接赋值

1）property 直接赋值

可以使用 Bean 的<property>子元素给 Bean 的属性直接赋值。示例如下：

```
<bean id="myDataSource"
    class="org.apache.commons.dbcp.BasicDataSource" destroy-method="close">
    <property name="driverClassName" value="com.Mysql.jdbc.Driver"/>
    <property name="url" value="jdbc:Mysql://localhost:3306/mydb"/>
    <property name="username" value="root"/>
    <property name="password" value="masterkaoli"/>
</bean>
```

注意：对比 Set 方法注入中的示例，property 的值对应的是 Set 方法，不是直接给属性赋值。property 如何转换，靠的是 Spring 的转换服务机制。参考官方描述：*Spring's conversion service is used to convert these values from a String to the actual type of the property or argument*。

2）案例：property 给 User 属性赋值

把实体类 User 配置成 Bean，并用 property 赋值。前面演示过通过构造器给 User 对象赋值，这次使用的是 Set 方法。

（1）User 实体的属性必须要有 Set 方法。

```
public class User {
    private String uname;
    private String sno;
    private String pwd;
    private int role;
    public void setUname(String uname) {
        this.uname = uname;
    }
```

```
    … //其他属性的 Set 方法
}
```

（2）用<property>给属性赋值。

```
<bean id="user" class="com.icss.entity.User">
    <property name="uname" value="tom"></property>
    <property name="sno" value="001"></property>
    <property name="pwd" value="123456"></property>
</bean>
```

（3）测试。

```
public static void main(String[] args) {
    ApplicationContext app = new ClassPathXmlApplicationContext("beans.xml");
    User user = (User)app.getBean("user");
    System.out.println(user.getSno());
    System.out.println(user.getUname());
}
```

测试结果：

```
信息: Loading XML Bean definitions from class path resource [beans.xml]
001
tom
```

3）property 给集合属性赋值

示例：邮件服务有一个邮箱列表，可以通过 property + list 给集合赋值。

（1）EmailService 的属性 blackList 为集合。

```
public class EmailService implements ApplicationEventPublisherAware{
    private ApplicationEventPublisher publisher;
    private List<String> blackList;
    public void setBlackList(List<String> blackList) {
        this.blackList = blackList;
    }
}
```

（2）在配置文件中，用户通过<property>给集合赋值。

```
<bean id="emailService" class="com.icss.biz.EmailService">
    <property name="blackList">
      <list>
        <value>tom1@qq.com</value>
        <value>tom2@qq.com</value>
        <value>tom3@qq.com</value>
        <value>jack1@qq.com</value>
        <value>jack2@qq.com</value>
      </list>
    </property>
</bean>
```

4）p:namespace 直接赋值

使用"p:属性名"格式直接给 Bean 的属性赋值。这种赋值方式，效果等同于<property>。注意：schema 必须要支持 p 命名空间。

示例：使用两种属性赋值方式赋值，第一种为标准的 xml 属性赋值，第二种为使用 p:namespace 进行简化赋值。

```
<bean name="classic" class="com.example.ExampleBean">
```

```
      <property name="email" value="foo@bar.com"/>
</bean>
<bean name="p-namespace" class="com.example.ExampleBean"
      p:email="foo@bar.com"/>
```

5）案例：p:namespace 给 User 属性赋值

把员工系统中的实体类 User 配置成 Bean，并用 p:namespace 赋值。示例如下：

```
<bean id="user"
      class="com.icss.entity.User" p:uname="tom" p:sno="001">
</bean>
```

2. 引用赋值

使用<property>的 ref 属性可以引用其他 Bean 对象。

示例：txManager 和 sqlSessionFactory 都引用了 dataSource。

```
<bean id="dataSource"
      class="org.springframework.jdbc.datasource.DriverManagerDataSource">
    <property name="driverClassName" value="com.Mysql.cj.jdbc.Driver" />
    <property name="url" value="jdbc:Mysql://localhost:3306/staff" />
    <property name="username" value="root" />
    <property name="password" value="123456" />
</bean>
<bean id="sqlSessionFactory"
      class="org.MyBatis.spring.SqlSessionFactoryBean">
    <property name="configLocation" value="classpath:myBatis.xml" />
    <property name="dataSource" ref="dataSource" />
</bean>
<bean id="txManager"
      class="org.springframework.jdbc.datasource.DataSourceTransactionManager">
    <property name="dataSource" ref="dataSource" />
</bean>
```

3. c:namespace 简化配置

类似于 p:namespace，c:namespace 也是一种简化配置的方式，它可以简化构造器的配置。

1）c:namespace 的作用

c:namespace 的作用是简化构造器注入的操作。使用 c:namespace 代替构造器，需要引入
xmlns:c 的 schema。如果是对象引用，需要使用“c:属性名-ref=""”格式。简单类型直接使
用“c:属性名=""”格式。

示例：如下代码，使用了两种给构造器赋值的方式，第一种为传统赋值方式，第二种为
使用 c:namespace 进行简化赋值。

```
<beans xmlns="http://www.springframework.org/schema/Beans"
    xmlns:xsi="http://www.w3.org/2001/XMLSchema-instance"
    xmlns:c="http://www.springframework.org/schema/c"
    xsi:schemaLocation="http://www.springframework.org/schema/Beans
    https://www.springframework.org/schema/Beans/spring-Beans.xsd">
    <bean id="bar" class="x.y.Bar"/>
    <bean id="baz" class="x.y.Baz"/>
    <bean id="foo" class="x.y.Foo">
       <constructor-arg ref="bar"/>
       <constructor-arg ref="baz"/>
       <constructor-arg value="foo@bar.com"/>
    </bean>
```

```xml
    <bean id="foo" class="x.y.Foo" c:bar-ref="bar" c:baz-ref="baz"
        c:email="foo@bar.com"/>
</beans>
```

使用"c:_序号"也可以按照构造器的参数顺序赋值。

```xml
<bean id="foo" class="x.y.Foo" c:_0-ref="bar" c:_1-ref="baz"/>
```

2）案例：构造器注入 User 对象简化配置

使用 c:namespace 可以简化构造器赋值，操作示例如下。

User 实体中有一个多参构造器：

```java
public class User {
    private String uname;
    private String sno;
    private String pwd;
    private int role;
    public User(String uname,String sno,String pwd,int role) {
        … //详细代码参见本书配套资源
    }
}
```

可以使用传统的构造器赋值方式给 User 设置初始值。

```xml
<bean id="user" class="com.icss.entity.User">
    <constructor-arg index="0" value="tom"></constructor-arg>
    <constructor-arg index="1" value="010111"></constructor-arg>
    <constructor-arg index="2" value="123456"></constructor-arg>
    <constructor-arg index="3" value="2"></constructor-arg>
</bean>
```

用 c:namespace 简化构造器赋值的配置如下：

```xml
<?xml version="1.0" encoding="UTF-8"?>
<beans xmlns="http://www.springframework.org/schema/Beans"
    xmlns:xsi="http://www.w3.org/2001/XMLSchema-instance"
    xmlns:c="http://www.springframework.org/schema/c"
    xsi:schemaLocation="http://www.springframework.org/schema/Beans
        https://www.springframework.org/schema/Beans/spring-Beans.xsd">
    <bean id="user" class="com.icss.entity.User"
            c:uname="tom" c:pwd="1234" c:sno="001" c:role="2">
    </bean>
</beans>
```

4. depends-on

通常情况下，一个 Bean 依赖于另外一个 Bean 可以通过属性设置来实现。但有时两个 Bean 之间的依赖关系缺少明确指定，使用 depends-on 属性可以明确告诉 IoC 容器，在调用某个 Bean 的初始化之前，必须要先初始化它依赖的 Bean 对象。

1）depends-on 介绍

示例：jedis 连接池配置。

```xml
<!-- redis 配置信息 -->
<bean id="jedisPoolConfig" class="redis.clients.jedis.JedisPoolConfig">
    <property name="maxActive" value="20"></property>
    <property name="maxIdle" value="10"></property>
    <property name="maxWait" value="1000"></property>
</bean>
```

```
<!-- jedis 连接池信息 -->
<bean id="jedisPool"
        class="redis.clients.jedis.JedisPool" depends-on="jedisPoolConfig">
    <constructor-arg ref="jedisPoolConfig"></constructor-arg>
    <constructor-arg value="127.0.0.1"></constructor-arg>
    <constructor-arg type="int" value="6358"></constructor-arg>
</bean>
```

如上面 jedisPool 定义 depend-on="jedisPoolConfig"，这意味着 Spring 总会保证 jedisPoolConfig 在 jedisPool 之前实例化，在 jedisPool 之后被销毁。

2）案例：StaffUser 服务层对实体依赖

员工系统中 UserBiz 和 UserDao 之间的关系在 UML 中被称为聚合，这种聚合关系是强依赖关系，即使删除 depends-on 配置，执行顺序也是一样的。如图 2-6 所示，IStaff 在 addStaffUser()中需要依赖实体 User 和 Staff，这是弱依赖。弱依赖必须配置 depends-on 才能在 Bean 对象之间建立真正的依赖关系。

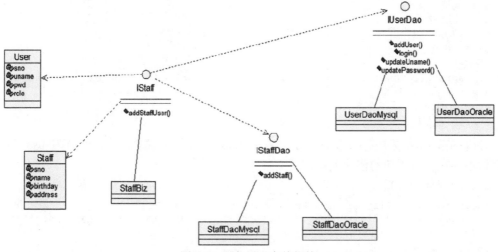

图 2-6　服务层对实体依赖

示例如下：

```
public interface IStaff {
    // 添加员工信息时，系统自动创建一个默认用户
    public void addStaffUser(Staff staff, User user) throws Exception;
}
```

如图 2-6 所示，在 IStaff::addStaffUser()中，IStaff 对 User 和 Staff 实体产生了依赖，这是一种弱依赖关系。

下面测试一下 IStaff 与 User 和 Staff 的依赖关系。

（1）Staff 和 User 必须要配置成 Bean。

```
<bean id="staffBiz" class="com.icss.biz.impl.StaffBiz"
                init-method="init" destroy-method="destroy">
    </bean>
<bean id="user" class="com.icss.entity.User"
        init-method="init" destroy-method="destroy">
```

```
    </bean>
    <bean id="staff" class="com.icss.entity.Staff"
              init-method="init" destroy-method="destroy">
    </bean>
```

（2）未配置 depends-on 依赖关系前，测试如下：

```
public static void main(String[] args)throws Exception{
    ApplicationContext app
          = new ClassPathXmlApplicationContext("beans.xml");
    IUser u = (IUser)app.getBean("userBiz");
    u.login("admin", "123");
    ((ClassPathXmlApplicationContext) app).close();
}
```

测试结果：

```
信息: Loading XML Bean definitions from class path resource [beans.xml]
StaffBiz 构造...
StaffBiz 初始化...
user 构造...
user 初始化...
Staff 构造...
Staff 初始化...
用户登录...
org.springframework.context.support.AbstractApplicationContext doClose
Staff 析构...
user 析构...
StaffBiz 析构...
```

分析：在测试结果中，StaffBiz 先于 user 和 Staff 对象构造成功，后于 Staff 和 user 释放，即它们不存在生命周期的依赖关系。

（3）配置依赖关系。

```
<bean id="staffBiz" class="com.icss.biz.impl.StaffBiz"
     init-method="init" destroy-method="destroy" depends-on="user,staff">
</bean>
```

增加依赖配置后，执行结果如下：

```
信息: Loading XML Bean definitions from class path resource [beans.xml]
user 构造...
user 初始化...
Staff 构造...
Staff 初始化...
StaffBiz 构造...
StaffBiz 初始化...
用户登录...
org.springframework.context.support.AbstractApplicationContext doClose
StaffBiz 析构...
Staff 析构...
user 析构...
```

总结：配置 depends-on 后，user 与 Staff 先于 StaffBiz 创建，后于 StaffBiz 释放，产生了弱依赖关系。

5. 延迟初始化

1）lazy-init 介绍

ApplicationContext 实例在启动过程中，默认将所有单例 Bean 提前进行实例化，作为容器初始化过程的一部分。

ApplicationContext 实例创建并配置所有单例 Bean，通常情况下这是件好事，因为这样在配置中的任何错误会即刻被发现。但有时候这种默认处理可能并不是你想要的。如果不想让一个单例 Bean 在容器初始化时被提前实例化，那么可以将 Bean 设置为延迟实例化。一个延迟初始化配置将告诉 IoC 容器是在启动时还是在第一次被用到时实例化 Bean。示例如下：

```
<bean id="lazy" class="com.foo.ExpensiveToCreateBean" lazy-init="true"/>
<bean name="not.lazy" class="com.foo.AnotherBean"/>
```

系统默认配置是 lazy-init="false"。如果配置为 lazy-init="true"，则当第一次调用 Bean 对象时才进行实例。参考官方描述：*A lazy-initialized bean tells the IoC container to create a bean instance when it is first requested, rather than at startup*。

2）案例：观察 StaffUser 系统 Bean 的创建时间

下面通过代码观察 StaffUser 系统中 Bean 的创建时间，具体操作步骤如下。

（1）系统默认配置是 lazy-init="false"，在容器启动时创建所有单例 Bean。

```
<bean id="userDao" class="com.icss.dao.impl.UserDaoMysql"
                 init-method="init"/>
<bean id="userBiz" class="com.icss.biz.impl.UserBiz"
                 init-method="init" lazy-init="false">
    <property name="userDao" ref="userDao"></property>
</bean>
```

（2）代码测试。

```
public static void main(String[] args)throws Exception{
    ApplicationContext app = new ClassPathXmlApplicationContext("beans.xml");
    System.out.println("IoC 容器创建完毕...");
    System.out.println("开始 getBean 对象...");
    IUser u = (IUser)app.getBean("userBiz");
    User user = u.login("admin", "123");
    if(user != null) {
        System.out.println("登录成功，身份是" + user.getRole());
    }else {
        System.out.println("登录失败");
    }
}
```

测试结果：

```
信息: Loading XML Bean definitions from class path resource [beans.xml]
UserDaoMysql 构造...
UserDaoMysql 初始化...
UserBiz 构造...
UserBiz 初始化...
IoC 容器创建完毕...
开始 getBean 对象...
UserDaoMysql...login...
```

登录成功，身份是 1

分析：测试结果显示，容器创建完毕前，UserDaoMysql 和 UserBiz 的构造和初始化就已完成了，即没有懒加载初始化的特征。

（3）增加配置 lazy-init="true"。

```
<bean id="userDao" class="com.icss.dao.impl.UserDaoMysql"
                init-method="init" lazy-init="true"/>
<bean id="userBiz" class="com.icss.biz.impl.UserBiz"
                init-method="init"  lazy-init="true" >
    <property name="userDao" ref="userDao"></property>
</bean>
```

（4）观察修改配置后的运行结果。

```
信息: Loading XML Bean definitions from class path resource [beans.xml]
IoC 容器创建完毕...
开始 getBean 对象...
UserBiz 构造...
UserDaoMysql 构造...
UserDaoMysql 初始化...
UserBiz 初始化...
UserDaoMysql...login...
登录成功，身份是 1
```

总结：若配置为 lazy-init="true"，则所有单例 Bean 不是在容器启动时创建 Bean 对象，而是在第一次调用 getBean()时被实例。

2.6.6　Autowire 注入

Autowire 注入模式是 Spring 企业级开发中用途最广的 DI 模式。相比 XML 配置模式，使用 Autowire 注入，代码量少，应用灵活。虽然这个模式也存在一些不便之处，但这些并不妨碍 Autowire 注入模式的广泛应用。

1. 案例：Autowire 注入 StaffUser 持久层对象

使用 Autowire 方式注入对象的操作步骤如下。

（1）pom.xml 配置不变，Autowire 适配注入需要 AOP 包支持。

（2）配置组件扫描位置。Spring 会扫描查找配置的包和它的所有子包是否包含组件注解。

```
<?xml version="1.0" encoding="UTF-8"?>
<beans xmlns="http://www.springframework.org/schema/beans"
xmlns:xsi="http://www.w3.org/2001/XMLSchema-instance"
xmlns:context="http://www.springframework.org/schema/context"
xsi:schemaLocation="http://www.springframework.org/schema/beans
https://www.springframework.org/schema/beans/spring-beans.xsd
http://www.springframework.org/schema/context
https://www.springframework.org/schema/context/spring-context.xsd">
    <context:component-scan base-package="com.icss.biz"/>
        <context:component-scan base-package="com.icss.dao"/>
 </beans>
```

（3）配置组件注解。@Component 是通用的组件注解，@Service 是服务层组件注解，@Repository 是持久层组件注解。

```
@Repository("staffDao")
public class StaffDaoMysql implements IStaffDao{}
@Repository("userDao")
public class UserDaoMysql implements IUserDao {}
@Service("staffBiz")
public class StaffBiz implements IStaff{}
@Service("userBiz")
public class UserBiz implements IUser {}
```

（4）Autowire 注入持久层对象。使用@Autowired 注解，在当前环境中注入依赖对象的引用。

```
@Service("userBiz")
public class UserBiz implements IUser {
    @Autowired
    private IUserDao userDao;
}
@Service("staffBiz")
public class StaffBiz implements IStaff{
    @Autowired
    private IUserDao userDao;
    @Autowired
    private IStaffDao staffDao;
}
```

（5）如果持久层的两个类使用相同名字，则报错。

```
@Repository("userDao")
public class UserDaoMysql implements IUserDao {}
@Repository("userDao")
public class UserDaoOracle implements IUserDao{}
```

错误信息如下：

```
Caused by:
 org.springframework.context.annotation.ConflictingBeanDefinitionException:
Annotation-specified Bean name 'userDao' for Bean class
[com.icss.dao.impl.UserDaoOracle] conflicts with existing, non-compatible Bean
definition of same name and class [com.icss.dao.impl.UserDaoMysql]
```

解决方式如下：上面的两个 Bean(UserDaoMysql 与 UserDaoOracle)，选一个使用
@Repository("userDao")，或者 Bean 的命名不要相同。

2. AutoWire 注入模式

1）注入模式

自动适配（AutoWire）注入有几种模式，见表 2-3，默认模式为 no。

表 2-3 自动适配模式

模　　式	解　　释
no	默认模式，没有自动装配，Bean 之间的引用必须定义 ref。对于大型业务系统，不建议改变默认配置
byName	通过属性名进行自动装配，Spring 按照属性名查找所有的 Bean 定义
byType	通过属性类型进行自动装配，如果容器中存在一个与指定属性类型相同的 Bean，那么将与该属性自动装配，否则抛出异常
constructor	类似于 byType，但是应用于构造器参数。如果在容器中没有找到与构造器参数类型一致的 Bean，则会抛出异常

2）byType 优先

使用@Autowired 注入依赖对象时，自动优先使用 byType 模式。

（1）定义持久层对象。

```
@Repository("userDao")
public class UserDaoMysql implements IUserDao {}
```

（2）服务层依赖注入 IUserDao，如果注入对象名字为 userDao，与@Repository("userDao")中的命名相同，测试运行正常。

```
@Service("userBiz")
public class UserBiz implements IUser {
    @Autowired
    private IUserDao userDao;
}
```

（3）修改注入对象的名字为 userDao2，然后测试。

```
@Service("userBiz")
public class UserBiz implements IUser {
    @Autowired
    private IUserDao userDao2;
}
```

测试结果未报错：

```
信息: Loading XML Bean definitions from class path resource [beans.xml]
UserDaoMysql...login...
登录成功，身份是1
```

总结：通过测试发现，服务层注入的 IUserDao 对应的对象名字可以任意，因为优先使用 byType 进行类型匹配。

3）案例：byType 测试

（1）UserDaoMysql 和 UserDaoOracle 使用不同名字的注解测试。

```
@Repository("userDao2")
public class UserDaoMysql implements IUserDao {}
@Repository("userDao3")
public class UserDaoOracle implements IUserDao{}
```

（2）业务类中同时注入两个 IUserDao 对象。

```
@Service("userBiz")
public class UserBiz implements IUser {
    @Autowired
    private IUserDao userDao2;
    @Autowired
    private IUserDao userDao3;
}
```

运行结果报错：

```
Caused by: org.springframework.Beans.factory.NoUniqueBeanDefinitionException:
No qualifying Bean of type 'com.icss.dao.IUserDao' available: expected single
matching Bean but found 2: userDao2,userDao3
```

总结：因为是 byType 优先，Spring 无法区分 IUser 的两个实现对象，所以提示错误信息：期望唯一匹配 Bean 对象，但是发现了 userDao2 和 userDao3 两个同类型对象。

（3）删除 UserDaoOracle 的注解，只保留 userDao2。

```
@Repository("userDao2")
public class UserDaoMysql implements IUserDao {}
```

服务层注入不变：

```
@Service("userBiz")
public class UserBiz implements IUser {
    @Autowired
    private IUserDao userDao2;
    @Autowired
    private IUserDao userDao3;
}
```

代码测试：服务层 UserBiz 中输出 userDao2 与 userDao3 的哈希值。

```
user = userDao2.login(sno, pwd);
System.out.println("userDao2 哈希值: " + userDao2.hashCode());
System.out.println("userDao3 哈希值: " + userDao3.hashCode());
```

测试结果：

```
信息: Loading XML Bean definitions from class path resource [beans.xml]
UserDaoMysql...login...
userDao2 哈希值: 25022727
userDao3 哈希值: 25022727
登录成功，身份是 1
```

总结：通过 byType 模式注入，userDao2 和 userDao3 的哈希值相同，它们是同一对象的两个不同引用。

4）案例：byName 测试

（1）IUserDao 的两个实现类都设置了名字。

```
@Repository("userDaoMysql")
public class UserDaoMysql implements IUserDao {}
@Repository("userDaoOracle")
public class UserDaoOracle implements IUserDao{}
```

（2）为了防止注入错误，要用@Qualifier 指明使用哪一个。

```
@Service("userBiz")
public class UserBiz implements IUser {
    @Autowired
    @Qualifier("userDaoMysql")
    private IUserDao userDao;
}
@Service("staffBiz")
public class StaffBiz implements IStaff{
    @Autowired
    @Qualifier("userDaoMysql")
    private IUserDao userDao;
    @Autowired
    private IStaffDao staffDao;
}
```

总结：当存在同一接口的多个实现类注入时，byType 无法区分使用哪个，这时需要用@Qualifier 调用 byName 模式。

5）Autowire 注入模式的缺陷

下面总结几点 Autowire 注入模式的不足之处。

（1）对于 Java 基本类型和 String 等简单类型，无法使用 Autowire 方式注入。

参见官方描述：*You cannot autowire so-called simple properties such as primitives, Strings, and Classes (and arrays of such simple properties)*。

（2）当业务变化引发注入的配置项必须改变时，没有 XML 配置修改容易。例如，原来使用的是 MySQL 数据库，现在要切换到 Oracle 库，需要修改很多注解。

```
@Repository("userDaoMysql")
public class UserDaoMysql implements IUserDao {}
```

（3）同一接口的多个实现类同时使用时，容易引发冲突。

```
@Repository("userDaoMysql")
public class UserDaoMysql implements IUserDao {}
@Repository("userDaoOracle")
public class UserDaoOracle implements IUserDao{}
@Service("userBiz")
public class UserBiz implements IUser {
@Autowired
private IUserDao userDao;      //IoC 容器无法选择注入哪个 IUserDao 的实现
```

（4）对于那些根据 Spring 配置文件生成文档的工具来说，Autowire 模式会使这些工具没法生成依赖信息。

2.6.7 方法注入

在绝大多数的业务场景中，IoC 容器中的 Bean 都是单例模式。一个单例 Bean 通常依赖其他单例 Bean，或者一个非单例 Bean 依赖其他非单例 Bean。

一个严重的问题是，如果依赖与被依赖的 Bean 对象，生命周期不一致怎么办？比如单例 BeanA 依赖非单例 BeanB，会发生什么事？

IoC 容器创建 BeanA 只有一次，然后设置它的依赖对象 BeanB。在以后 BeanA 的方法调用中，BeanA 对于 BeanB 的对象依赖不会发生变化，即始终使用同一个 BeanB 对象。

1. UserBiz 与 UserDao 生命周期不一致问题

测试 1：UserDaoMysql 为 prototype 模式，使用 getBean()方法调用。

（1）UserDaoMysql 配置成非单例模式。

```
@Repository("userDao")
@Scope("prototype")
public class UserDaoMysql implements IUserDao {
    public UserDaoMysql() {
        System.out.println("UserDaoMysql 构造...");
    }
}
```

（2）多次调用 getBean("userDao")。

```
public static void main(String[] args) {
    for(int i=0;i<3;i++) {
        SpringFactory.getBean("userDao");
```

```
    }
}
```

（3）结果显示每次 getBean("userDao") 都会创建新对象。三次 getBean("userDao") 共调用了四次构造器，说明 IoC 容器创建时也调用了一次 UserDaoMysql 的构造。

```
信息: Loading XML Bean definitions from class path resource [beans.xml]
UserDaoMysql 构造...
UserDaoMysql 构造...
UserDaoMysql 构造...
UserDaoMysql 构造...
```

测试 2：UserDaoMysql 为 prototype 模式，服务层对象为单例，服务层依赖 userDao。

（1）服务层注入 userDao，服务层对象 userBiz 默认为单例模式。

```
@Service("userBiz")
public class UserBiz implements IUser {
    @Autowired
    private IUserDao userDao;
    public UserBiz() {
        System.out.println("UserBiz 构造...");
    }
    public User login(String sno, String pwd) throws Exception {
        User user;
        user = userDao.login(sno, pwd);
        return user;
    }
}
```

（2）多次调用 userBiz 的 login() 方法。

```
public static void main(String[] args)throws Exception{
    for(int i=0;i<3;i++) {
        IUser u = (IUser)SpringFactory.getBean("userBiz");
        u.login("admin", "123");
    }
}
```

（3）运行结果如下，userDao 只被实例了一次。

```
信息: Loading XML Bean definitions from class path resource [beans.xml]
UserBiz 构造...
UserDaoMysql 构造...
login...
login...
login...
```

提问：如上所示，userBiz 与 UserDao 生命周期不一致，期望 userBiz 的每一次 login() 调用，都能用新的 userDao 对象去执行，怎么办？

2. 解决方案：抛弃 DI 注入

UserBiz 中注入 ApplicationContext 环境，同时删除成员 userDao。

```
@Service("userBiz")
public class UserBiz implements IUser,ApplicationContextAware{
    private ApplicationContext context;
    @Override
    public void setApplicationContext(ApplicationContext arg0)
                            throws BeansException       {
```

```
        this.context = arg0;
    }
    public UserBiz() {
        System.out.println("UserBiz 构造...");
    }
}
```

不采用自动注入 userDao 的方式，使用 userDao 时通过 getBean()获取。

```
public User login(String sno, String pwd) throws Exception {
    User user;
    IUserDao userDao = (IUserDao)context.getBean("userDao");
    user = userDao.login(sno, pwd);
    return user;
}
```

运行结果如下：

```
信息: Loading XML Bean definitions from class path resource [beans.xml]
UserBiz 构造...
login...
UserDaoMysql 构造...
login...
UserDaoMysql 构造...
login...
UserDaoMysql 构造...
```

总结：这种方法非常简单，其实就是把 Autowire 注入的对象抛弃了，每次都从 IoC 容器中获取新的 userDao 对象。

3. 解决方案：Lookup

Lookup 方法注入的内部机制是 Spring 利用了 CGLIB 库在运行时生成二进制代码的功能，通过动态创建 Lookup 方法中 Bean 的子类而达到重写 Lookup 方法的目的（*The Spring Framework implements this method injection by using bytecode generation from the CGLIB library to generate dynamically a subclass that overrides the method.*）。

示例如下：

（1）新增如下接口。

```
@Component("lookDao")
public interface ILookDao {
    @Lookup
    public IUserDao lookUserDao();
}
```

（2）注入 lookDao，而不是 userDao。

```
@Service("userBiz")
public class UserBiz implements IUser {
    @Autowired
    private ILookDao lookDao;
    public UserBiz() {
        System.out.println("UserBiz 构造...");
    }
}
```

（3）调用业务方法。

```
IUserDao userDao = lookDao.lookUserDao();
user = userDao.login(sno, pwd);
```

（4）代码测试。

```
public static void main(String[] args) throws Exception{
    for(int i=0;i<3;i++) {
        IUser u = (IUser)SpringFactory.getBean("userBiz");
        u.login("admin", "123");
    }
}
```

测试结果如下：

```
信息：Loading XML Bean definitions from class path resource [beans.xml]
UserBiz 构造...
login...
UserDaoMysql 构造...
login...
UserDaoMysql 构造...
login...
UserDaoMysql 构造...
```

总结：每次调用接口方法 lookUserDao()都动态返回了一个新的 IUserDao 对象实例。

2.6.8　依赖注入总结

1. DI 与 IoC 的关系

有人说 IoC 就是 DI，我觉得 IoC ="Bean 的依赖管理 + IoC 容器创建 Bean 对象 + Bean 对象依赖注入"。强依赖关系通过成员聚合建立，弱依赖关系通过 depends-on 配置，而注入的概念是从 IoC 容器中查找对象，并把 Bean 对象的引用注入当前环境中，因此依赖和注入是两个概念。

IoC 示例：服务层对象 A 依赖持久层对象 B，正常的代码创建顺序是先创建 A 对象，然后在 A 调用 B 对象时，再去创建 B 对象。IoC 的创建顺序正好相反，会先创建持久层对象 B，再去创建服务层对象 A，因此说是控制反转了。Bean 依赖对象的释放顺序与普通 Java 对象的释放顺序也是相反的，会先释放 Bean 对象 A，然后再释放 Bean 对象 B。

2. 注入方式总结

图 2-7 总结了各种注入方式，但是不包含方法注入，因为方法注入只应用于特殊场景的问题解决。

3. 构造器循环注入问题

如果 BeanA 通过构造器注入 BeanB，同时 BeanB 需要通过构造器注入 BeanA，会发生什么？IoC 容器检测到构造器循环注入问题，会抛出 BeanCurrentlyInCreationException 异常。

解决：当循环引用注入无法避免时，建议使用 Set 方法注入模式，不要使用构造器注入。

4. 实体类需要注入吗

实体都是有属性信息的，因此每个实体对象都有自己的特性，不能使用 singleton 配置。

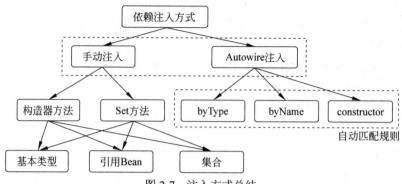

图 2-7　注入方式总结

EJB 中实体对象的管理，使用 Entity Bean。每个实体 Bean 与数据库中的一条表记录形成映射关系。Entity Bean 是轻易不释放的，生命周期很长。

EJB 是重量级容器，由应用服务器支持，因此可以管理有状态的实体 Bean。而 Spring 是轻量级容器，很难管理大量有状态的实体对象。

在 Spring 中，如果把实体配置成 Bean，且 scope="prototype"，这样做是可以的，但是价值并不高，因为在服务器并发环境下，非单例对象的频繁垃圾回收会消耗服务器很多性能，因此要根据业务场景谨慎处理。

5. 依赖注入处理方式

IoC 容器按照如下方式处理依赖注入：

- ApplicationContext 的创建和初始化依赖于配置信息。配置信息可以源于 XML、Java 代码或注解。
- 每个 Bean 的依赖将以属性、构造器参数或静态工厂方法参数的形式出现。当这些 Bean 被实际创建时，这些依赖也将提供给该 Bean 对象。
- 每个属性或构造器参数既可以是一个实际的值，也可以是对该容器中另一个 Bean 的引用。
- 每个指定的属性或构造器参数值，必须能够被转换成特定的格式或构造参数所需类型。默认情况下，Spring 可以将 String 类型转换成其他各种内置类型，如 int、long、boolean 等。

2.7　Bean 对象的范围

创建一个 Spring Bean 定义，其实就是使用配方（recipe）创建实际的 Bean 对象。把 Bean 定义看成一个配方很有意义，它与 class 很类似，只根据一张配方就可以创建多个实例。

不仅可以配置 Bean 的依赖关系和属性值，还可以配置 Bean 的作用范围。Spring Framework 支持 7 种作用范围，见表 2-4，不同的作用范围适用于不同的业务层。

- singleton：推荐应用于服务层和持久层对象。
- prototype：推荐应用于实体对象和有状态的业务对象。

- request：推荐应用于控制层对象。
- session：推荐应用于控制层对象。
- globalSession：典型应用于 Portlet 环境。
- application：推荐应用于控制层对象。
- websocket：典型应用与 WebSocket 环境。

表 2-4　Bean 的作用范围

作 用 范 围	描　　　　述
singleton	默认设置。在每个 IoC 容器中，一个 Bean 定义只能有唯一的一个 Bean 对象实例
prototype	一个 Bean 定义对应无数的 Bean 对象实例
request	一个 Bean 定义对应一次 HTTP 请求生命周期。每次 HTTP 请求，都有一个自己的 Bean 对象实例。仅在 ApplicationContext 织入的 Web 环境下有效
session	一个 Bean 定义对应一次 HTTP 会话生命周期。仅在 ApplicationContext 织入的 Web 环境下有效
globalSession	一个 Bean 定义对应一次全局 HTTP 会话生命周期。典型应用于 Portlet 环境。仅在 ApplicationContext 织入的 Web 环境下有效
application	一个 Bean 定义对应一个 ServletContext 环境。仅在 ApplicationContext 织入的 Web 环境下有效
websocket	一个 Bean 定义对应一个 WebSocket 环境。仅在 ApplicationContext 织入的 Web 环境下有效

2.7.1　配置 Bean 的范围

如下两种形式均可用来配置 Bean 的范围。

示例 1：在定义 Bean 的配置文件中使用。

```
<bean id="userDao" class="com.icss.dao.impl.UserDaoMysql"
                    scope="prototype"> </bean>
```

示例 2：在 Java 类上使用注解声明范围。

```
@Repository("userDao")
@Scope("prototype")
public class UserDaoMysql implements IUserDao {}
```

2.7.2　singleton 和 prototype

属性 scope="singleton"和 scope="prototype"，可以应用于各种 ApplicationContext 容器，这是 Bean 范围应用最常见的两个。

1. singleton 范围

```
<bean id="userDao" class="com.icss.dao.impl.UserDaoMysql"></bean>
<bean id="staffDao" class="com.icss.dao.impl.StaffDaoMysql"></bean>
```

如上代码 Bean 的默认设置是 singleton，即单例。注意：Spring 中 Bean 的单例对应的是每个 IoC 容器里有唯一的 Bean 对象，这与设计模式中的单例不同。设计模式的单例使用静态变量存储，它是指在 JVM 范围内，只有一个唯一的对象。Spring 的单例 Bean 是存储于 cache 中的，不是 JVM。参见原文：*his single instance is stored in a cache of such singleton Beans, and all subsequent requests and references for that named Bean return the cached object.*

如图 2-8 所示，多个 Bean 引用了 accountDao，但是 accountDao 的 scope="singleton"，因此 accountDao 始终只有一个对象实例。

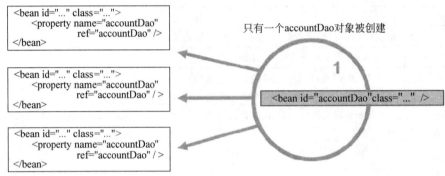

图 2-8　单例对象引用

2. prototype 范围

```
<bean id="userDao" class="com.icss.dao.impl.UserDaoMysql" scope="prototype"/>
```

当 scope="prototype"时，每次调用 getBean("userDao")，都会生成一个新的对象。这与 GOF 设计模式中 prototype 含义基本一致。

如图 2-9 所示，多个 Bean 引用了 accountDao，而 accountDao 的 scope="prototype"，因此每个引用的 Bean 都可以获得不同的 accountDao 实例。

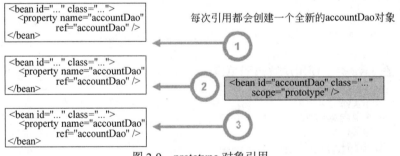

图 2-9　prototype 对象引用

2.7.3　案例：HelloSpringAction

scope="singleton"配置应用最广，也是最简单的，本节不再举例说明。

scope="prototype"配置只在少数场景使用，下面通过真实案例来了解一下它的应用场景。

1. 功能说明

参见 2.5 节的 HelloSpringIoC 项目，它只允许某个人与其他人打招呼。在原项目代码基础上，新增一个 HelloAction 类，即允许多人同时打招呼，而且把打招呼的人和被打招呼的人都描述清楚。例如"张三说：'你好，李四'"。

2. 带属性的 HelloAction

编写打招呼人的类 HelloAction，它有一个 pname 的属性，表示打招呼的人名。

```
public class HelloAction {
    private String pname;
    private IHello helloBiz;
    public String getPname() {
        return pname;
    }
    public void setPname(String pname) {
        this.pname = pname;
    }
    public void setHelloBiz(IHello helloBiz) {
        this.helloBiz = helloBiz;
    }
    public void sayHello(String name) {
        String info = helloBiz.sayHello(name);
        System.out.println(pname + "说: " + info);
    }
}
```

配置 Bean，使用默认的 scope，即 helloAction 为单例。

```
<bean id="helloBiz" class="com.icss.biz.HelloEnglish"/>
    <bean id="helloAction" class="com.icss.action.HelloAction">
        <property name="helloBiz" ref="helloBiz"></property>
    </bean>
```

3. 多用户并发环境测试

并发测试，每个线程模拟一个打招呼的人。

```
public static void main(String[] args) {
 ApplicationContext context = new ClassPathXmlApplicationContext("beans.xml");
 ExecutorService pool = Executors.newCachedThreadPool();
 for(int i=0;i<5;i++) {
     pool.execute(new Runnable() {
         public void run() {
             HelloAction  action = (HelloAction)context.getBean("helloAction");
             action.setPname("t-" +Thread.currentThread().getId());
             int rand = (int)(Math.random()*100);
             action.sayHello("tom" + rand);
         }
     });
 }
 pool.shutdown();
}
```

因为 helloAction 是单例的，在高并发环境中后面线程调用 setPname 赋值会替换前面线程的 pname 值，因此测试结果显示为一个人同多人打招呼。

```
信息: Loading XML Bean definitions from class path resource [beans.xml]
t-19 说: how are you,tom20
t-19 说: how are you,tom17
t-19 说: how are you,tom65
t-19 说: how are you,tom11
```

t-19 说: how are you,tom44

修改配置文件，增加 scope="prototype"。

```
<bean id="helloBiz" class="com.icss.biz.HelloEnglish"/>
 <bean id="helloAction" class="com.icss.action.HelloAction" scope="prototype">
     <property name="helloBiz" ref="helloBiz"></property>
 </bean>
```

测试结果如下，显示效果为多人与其他人同时打招呼。

```
信息: Loading XML Bean definitions from class path resource [beans.xml]
t-18 说: how are you,tom0
t-15 说: how are you,tom5
t-16 说: how are you,tom67
t-17 说: how are you,tom36
t-19 说: how are you,tom58
```

总结：在 Struts 框架中，使用带属性的 Action 是最常见的场景，为了使 Action 可以正常工作，其 scope 属性必须配置成 prototype。带属性的业务对象可以称为有状态的 Bean，这些对象也应该配置成 scope="prototype"。此外，实体也是有属性的，实体作为 Bean 管理，也需要配置 scope="prototype"。

提问：如下示例中，userDao 成为 UserBiz 的成员变量，它们的 scope 如何配置最合理？注意：此处的 userDao 为 UserBiz 的属性，但是与前面不同的是它为引用。

```
@Service("userBiz")
public class UserBiz implements IUser {
    @Autowired
    private IUserDao userDao;
}
```

2.7.4　Bean 的 Web 应用

Request、Session、GlobalSession、Application 和 WebSocket，这几个 scope 作用范围都只能应用在具有 Web 环境的 ApplicationContext 中，如 XmlWebApplicationContext 容器。

如果在非 Web 环境下使用上述 scope，如在 ClassPathXmlApplicationContext 环境中使用，就会抛出 IllegalStateException 异常。

示例 1：定义 request 作用域的 Bean。request 作用域与 HTTP 的每一次请求绑定。在配置文件中，可以用 scope="request"声明 Bean 的作用域为 request，还可以使用@RequestScope注解声明。

```
<bean id="loginAction" class="com.foo.LoginAction" scope="request"/>
```

或

```
@RequestScope
@Component
public class LoginAction {
    // ...
}
```

示例 2：定义 session 作业域的 Bean。session 作用域与一次 HTTP 会话绑定，它也有两种声明方式。

```
<bean id="userPreferences" class="com.foo.UserPreferences" scope="session"/>
```

或

```
@SessionScope
@Component
public class UserPreferences {
    // ...
}
```

示例3：每个会话中的用户都是唯一的，因此定义 User 类为 session 作用域。

```
@Component
@SessionScope
public class User {...}
@Controller
@SessionScope
public class HelloAction {
    @Autowired
    User user;
    @RequestMapping("/hello")
    public String sayHello(String name,Model model,
                HttpServletRequest request,HttpSession session) {
        model.addAttribute("name",name);
        int rand = (int)(Math.random() * 100);
        user.setRole(rand);
        user.setUname(session.getId());
        System.out.println("Hello=" + this.hashCode());
        return "/main/hello.jsp";
    }
}
```

示例4：globalSession 与 http session 类似，只能应用于 portlet 环境。

```
<bean id="userPreferences" class="com.foo.UserPreferences" scope="globalSession"/>
```

示例5：application 的作用范围是 ServletContext，这与 JSP 内置对象 application 类似。

```
<bean id="appPreferences" class="com.foo.AppPreferences" scope="application"/>
@ApplicationScope
@Component
public class AppPreferences {
    // ...
}
```

总结：Bean 与 Web 环境结合，设置各种不同的生命周期范围，可以让开发人员更为高效地组织项目，程序也更加灵活。

提问：带有状态属性的登录 LoginAction，其 scope 是设置为 request 好，还是 prototype 好呢？购物车 Action，其 scope 是设置为 session 好，还是 singleton 好呢？全局计数器，是直接存储在 ServletContext 中好，还是设置一个 scope="application"的 Bean 好呢？

2.7.5　Bean 的依赖

在 2.6.8 节讲过，使用方法注入的方式可以解决 Bean 生命周期不一致的依赖问题。现在 Bean 的作用域更多了，尤其是在 Web 环境下，如何更好地解决依赖范围不一致的问题？

答案是使用<aop:scoped-proxy />。

示例：

```
<bean id="userPreferences" class="com.foo.UserPreferences" scope="session">
        <aop:scoped-proxy/>
</bean>
<bean id="userService" class="com.foo.SimpleUserService">
    <property name="userPreferences" ref="userPreferences"/>
</bean>
```

userService 的 scope 是 singleton，如果不使用<aop:scoped-proxy/>，每次调用 userService 中注入的 userPreferences 对象时，userPreferences 对象都是唯一的，这与期望每个会话拥有一个唯一的 userPreferences 对象不符。

设置<aop:scoped-proxy/>后，userService 持有的是 userPreferences 的代理对象引用，不是实际对象的引用。每次调用，代理对象都会按照会话的识别方式，判断是否需要创建新的 userPreferences 对象。

注意：<aop:scoped-proxy/> 不能和作用域为 singleton 或 prototype 的 Bean 一起使用。为 singleton Bean 创建一个 scoped proxy，将抛出 BeanCreationException 异常。

2.7.6　Java Bean 的属性范围

前面学习了 Spring 的 Bean 有 7 种作用域（见表 2-4），本节了解一下 Java Bean 的作用域。Java Bean 可以简单划分为给 Java EE Web 服务器使用的普通 Bean 和给应用服务器使用的 EJB。

EJB 分为三种，分别是会话 Bean、实体 Bean 和消息 Bean，EJB 的生命周期各不相同，可以参考 EJB 官方文档，此处不再赘述。

这里简单介绍一下给 Web Server 使用的普通 Java Bean 的生命周期。

- @RequestScoped：与一次 HTTP 请求对应。
- @SessionScoped：与一次 HTTP 会话对应。
- @ApplicationScoped：与 ServletContext 对应。
- @ConversationScoped：在每次的 Servlet 请求期间被激活，与传统的 session 类似，可以跨越 HTTP 请求存在；在浏览器的 tab 间共享状态信息。
- @Singleton：单例模式。

总结：本书开发环境是 Jakarta EE 9+，在企业开发中，Spring 的 Bean 与 Jakarta EE 的 Bean 可能同时存在。如何协调 IoC 容器与 Jakarta EE 容器的关系？如何协调 Spring 的 Bean 与 Jakarta EE 的 Bean 之间的关系？这些都是棘手的问题。

2.8　定制 Bean 的特性信息

可以使用初始化方法、析构方法、注册钩子函数等定制 Bean 的特性信息。

2.8.1 Bean 的生命周期回调处理

实现 InitializingBean 和 DisposableBean 接口，允许 IoC 容器管理 Bean 的生命周期。容器会调用前者的 afterPropertiesSet() 方法和后者的 destroy() 方法，实现 Bean 的初始化和析构。

使用 JSR-250 中的注解 @PostConstruct 和 @PreDestroy 是对 Bean 对象生命周期回调处理的最好方式。使用 Spring 的 InitializingBean 和 DisposableBean 接口也可以，但使用接口的弊端是回调管理与 Spring 的代码产生了耦合，带来了不必要的麻烦。

Spring 在内部使用 BeanPostProcessor 实现来处理它能找到的任何标志接口并调用相应的方法。如果需要自定义特性或者生命周期行为，可以实现自己的 BeanPostProcessor。

1. Bean 的初始化与析构

在 Spring 的 Bean 配置文件中，使用 init-method 和 destroy-method 属性可以非常简单地设置 Bean 的初始化和析构方法。

1）init-method 与 destroy-method 属性

配置 UserBiz 的 init-method 和 destroy-method 如下：

```
<bean id="userBiz" class="com.icss.biz.impl.UserBiz"
              init-method="init" destroy-method="destroy"></bean>
```

编写初始化和析构方法：

```
public class UserBiz implements IUser{
    public UserBiz() {
        System.out.println("UserBiz 构造...");
    }
    public void destroy() {
        System.out.println("UserBiz 析构 ...");
    }
    public void init() {
        System.out.println("UserBiz 初始化...");
    }
}
```

代码测试：

```
public static void main(String[] args) {
    ClassPathXmlApplicationContext context
            = new ClassPathXmlApplicationContext("beans.xml");
    System.out.println("run...");
    context.close();
}
```

测试结果如下：

```
信息: Loading XML Bean definitions from class path resource [beans.xml]
UserBiz 构造...
UserBiz 初始化...
run...
org.springframework.context.support.AbstractApplicationContext doClose
org.springframework.context.support.ClassPathXmlApplicationContext
UserBiz 析构 ...
```

2）@PostConstruct 和@PreDestroy 注解

无须配置文件，直接使用@PostConstruct 和@PreDestroy 注解最为简单。示例如下：

```
@Service
public class UserBiz implements IUser {
    public UserBiz() {
        System.out.println("UserBiz 构造...");
    }
    @PreDestroy
    public void destroy() {
        System.out.println("UserBiz 析构 ...");
    }
    @PostConstruct
    public void init() {
        System.out.println("UserBiz 初始化...");
    }
}
```

3）InitializingBean 和 DisposableBean 接口

使用接口 InitializingBean 和 DisposableBean 也可以进行 Bean 的初始化和析构，但这种模式对 Spring 的代码产生了耦合，不推荐使用。示例如下：

```
@Service
public class UserBiz implements IUser,InitializingBean,DisposableBean {
    public UserBiz() {
        System.out.println("UserBiz 构造...");
    }
    @Override
    public void destroy() {
        System.out.println("UserBiz 析构 ...");
    }
    @Override
    public void afterPropertiesSet() throws Exception {
        System.out.println("UserBiz 初始化...");
    }
}
```

2. Java Bean 的初始化与析构

前面讲了 Spring 的 Bean 的初始化与析构，Java Bean 也存在类似的处理。两种方式对比学习，理解会更深入。先参考一下 Servlet 的设计：

```
package javax.servlet;
public interface Servlet {
    public void init(ServletConfig config) throws ServletException;
        public ServletConfig getServletConfig();
        public void destroy();
        public void service(ServletRequest req, ServletResponse res)
                    throws ServletException, IOException;
}
```

Servlet 是中量级的组件，EJB 是重量级组件，这些组件都有初始化（init）与析构方法（destroy）。

简单信息，如属性的初始值，一般在构造器中设置。而复杂信息需要消耗较多的时间处理、可能出现的异常处理，一般建议在初始化方法中进行设置。如 Servlet 可以在初始化方法中读取启动参数，在构造器中无法读取。

3. 案例：测试数据库连接的有效性

案例说明：编写一个 Bean 管理数据库，在系统启动时校验数据库连接是否有效。若发现错误，及时提醒管理人员。由于测试数据连接有效性的操作耗时较多，在构造器中处理显然不合适，因此放在 Bean 的初始化方法中。

Spring 配置信息如下：

```
<context:component-scan base-package="com.icss.biz"/>
<context:component-scan base-package="com.icss.dao"/>
<bean id="dbFactory" class="com.icss.util.DbFactory">
    <property name="driver" value="com.Mysql.cj.jdbc.Driver"></property>
    <property name="url"
            value="jdbc:Mysql://localhost:3306/staff?useSSL=false">
</property>
    <property name="username" value="root"></property>
    <property name="password" value="123456"></property>
</bean>
```

测试数据库连接：使用@PostConstruct 设置初始化方法。

```
public class DbFactory {
    private String driver;
    private String url;
    private String username;
    private String password;
    @PostConstruct
    public void init() {
        try {
            Class.forName(this.driver);
            DriverManager.getConnection(url, username, password);
            System.out.println("数据库配置信息正确...");
        }catch(ClassNotFoundException e) {
            System.out.println("...加载数据库驱动错误，请检查...");
        } catch (SQLException e) {
            System.out.println("...数据库连接失败，请检查...");
        }
    }
}
```

代码测试：

```
public static void main(String[] args) {
    ClassPathXmlApplicationContext context
            = new ClassPathXmlApplicationContext("beans.xml");
    System.out.println("run...");
    context.close();
}
```

测试结果：

```
信息: Loading XML Bean definitions from class path resource [beans.xml]
UserBiz 构造...
UserDaoMysql 构造...
UserBiz 初始化...
数据库配置信息正确.....
run...
```

```
信息: Closing org.springframework.context.support.ClassPathXmlApplicationContext
UserBiz 析构 ...
```

4.钩子函数

在非 Web 环境下使用钩子函数，可以确保非托管资源被安全回收。

传统注册钩子函数的方法：不管系统是正常退出，还是异常退出，在独立线程中运行的钩子函数都会主动回收非托管资源，如数据库连接关闭、文件关闭、socket 关闭等。

```
public static void main(String[] args) {
    //注册钩子函数
    Runtime.getRuntime().addShutdownHook(new Thread(){
        public void run() {
            System.out.println("主动回收非托管资源...");
        }
    });
    try {
        //···正常业务操作
        System.exit(1);       //系统异常退出，不影响钩子函数的执行
    } catch (Exception e) {
    }
    System.out.println("系统正常退出...");
}
```

在 IoC 容器中也可以注册钩子函数。通过调用 ConfigurableApplicationContext 接口中的 registerShutdownHook()方法可以实现非托管资源的垃圾回收。

（1）给 UserBiz 和 UserDaoMysql 两个 Bean 添加析构函数。

```
@Service("userBiz")
public class UserBiz implements IUser {
    @Autowired
    private IUserDao userDao;
    @PreDestroy
    public void close() {
        System.out.println("UserBiz 析构函数，回收非托管资源");
    }
    ...
}
@Repository
public class UserDaoMysql implements IUserDao {
    @PreDestroy
    public void close() {
        System.out.println("UserDao 析构函数，回收非托管资源");
    }
    ...
}
```

（2）创建 IoC 容器，然后调用 registerShutdownHook()注册钩子函数，不管系统是正常退出，还是异常退出，都会调用 IoC 容器中所有 Bean 对象的析构函数，回收非托管资源。

```
public static void main(String[] args)throws Exception {
    ApplicationContext app = SpringFactory.getApplicationContext();
    ConfigurableApplicationContext ctx = (ConfigurableApplicationContext)app;
    ctx.registerShutdownHook();  //注册钩子函数
    IUser u = (IUser)app.getBean("userBiz");
    User user = u.login("admin", "123");
```

```
if(user != null) {
    System.out.println("登录成功，身份是" + user.getRole());
}else {
    System.out.println("登录失败");
}
System.out.println("系统崩溃，强制退出...");
System.exit(1);      //系统异常退出，不影响钩子函数调用
ctx.close();
System.out.println("系统正常退出...");
}
```

2.8.2 Aware 接口

1．Aware 接口介绍

Spring 提供了很多 Aware 接口，用于向 Bean 对象提供 IoC 容器下的基础环境依赖，即在 Bean 对象内获取各种环境信息数据（见表 2-5）。

表 2-5 Aware 接口汇总

名 称	依 赖 注 入
ApplicationContextAware	声明 ApplicationContext 环境
ApplicationEventPublisherAware	注入 ApplicationEventPublisher
BeanClassLoaderAware	注入 ClassLoader，用于装载 Bean classes
BeanFactoryAware	声明 BeanFactory
BeanNameAware	声明 Bean 的名字
BootstrapContextAware	声明资源适配器 BootstrapContext
LoadTimeWeaverAware	定义织入器，用于处理类的定义
MessageSourceAware	配置消息解析策略
NotificationPublisherAware	Spring JMX 的通知发布器
PortletConfigAware	容器运行时的当前 PortletConfig，仅在 Web 环境下有效
PortletContextAware	容器运行时的当前 PortletContext，仅在 Web 环境下有效
ResourceLoaderAware	配置访问低级资源的装载器
ServletConfigAware	容器运行时的当前 ServletConfig，仅在 Web 环境下有效
ServletContextAware	容器运行时的当前 ServletContext，仅在 Web 环境下有效

2．向 Bean 中注入环境

Bean 实现 ApplicationContextAware 接口，即可在 Bean 运行时获得 IoC 容器的环境信息。一个 Bean 可以实现多个 Aware 接口，这是 Bean 获取 IoC 容器环境非常方便的办法。注意：只能向 Bean 中注入 IoC 环境，普通的业务类不可以。

示例：在 UserBiz 中注入多种 IoC 环境。

```
@Service
public class UserBiz implements IUser,ApplicationContextAware,
                    MessageSourceAware,ApplicationEventPublisherAware {
    private ApplicationContext context;
```

```
        private MessageSource messageSource;
        private ApplicationEventPublisher publisher;
        @Override
        public void setApplicationContext(ApplicationContext arg0)
                                        throws BeansException {
                this.context = arg0;
        }
        @Override
        public void setMessageSource(MessageSource arg0) {
            this.messageSource = arg0;
        }
        @Override
        public void setApplicationEventPublisher(ApplicationEventPublisher arg0) {
            this.publisher = arg0;
        }
    }
```

2.9　IoC 容器扩展

典型情况下，开发人员无须通过继承 ApplicationContext 的子类来进行功能扩展，IoC 容器可以通过插入各种集成接口来进行扩展。

2.9.1　BeanPostProcessor 接口

1. BeanPostProcessor 接口介绍

IoC 容器创建 Bean 对象后，在 Bean 初始化前后，可以通过 BeanPostProcessor 接口定制业务逻辑，如日志跟踪等。

配置 BeanPostProcessor 后 Bean 的使用过程如图 2-10 所示，在初始化方法前，做 BeanPostProcessor 的前置处理；在初始化方法之后，做 BeanPostProcessor 的后置处理。

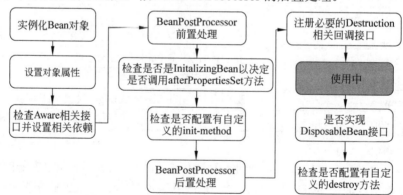

图 2-10　配置 BeanPostProcessor 后 Bean 的使用过程

2. 案例：Bean 实例日志跟踪

（1）日志跟踪所有 Bean 对象的创建过程。

```
@Component
public class LogBean implements BeanPostProcessor{
    @Override
```

```
    public Object postProcessAfterInitialization
            (Object Bean, String BeanName) throws BeansException {
        System.out.println("Bean: '" + BeanName
                + "' after init : " + Bean.toString());
        return Bean;
    }
    @Override
    public Object postProcessBeforeInitialization
            (Object Bean, String BeanName) throws BeansException {
        System.out.println("Bean: '" + BeanName
                + "' befor init : " + Bean.toString());
        return Bean;
    }
}
```

（2）配置业务 Bean。UserBiz 设置了构造方法和初始化方法，UserDaoMysql 只有构造方法。

```
@Service
public class UserBiz implements IUser {
    @Autowired
    private IUserDao userDao;
    public UserBiz() {
        System.out.println("UserBiz 构造...");
    }
    @PostConstruct
    public void init() {
        System.out.println("UserBiz 初始化...");
    }
}
@Repository("userDao")
public class UserDaoMysql implements IUserDao {
    public UserDaoMysql() {
        System.out.println("UserDaoMysql 构造...");
    }
}
```

（3）代码测试。

```
public static void main(String[] args) {
    ClassPathXmlApplicationContext context
            = new ClassPathXmlApplicationContext("beans.xml");
    System.out.println("run...");
    context.close();
}
```

测试结果：

```
信息: Loading XML Bean definitions from class path resource [beans.xml]
UserBiz 构造...
UserDaoMysql 构造...
Bean: 'userBiz' befor init : com.icss.biz.impl.UserBiz@285225
UserBiz 初始化...
Bean: 'userBiz' after init : com.icss.biz.impl.UserBiz@285225
run...
org.springframework.context.support.AbstractApplicationContext doClose
```

总结：观察日志输出，程序运行结果与流程图一致。因为 UserBiz 有初始化方法，所以在初始化前后都有日志输出。

2.9.2　FactoryBean 接口

1. FactoryBean 介绍

一般情况下，IoC 容器通过反射机制实例 Bean 对象的过程比较复杂，尤其是逻辑复杂的 Bean 对象。org.springframework.Beans.factory.FactoryBean 接口给 IoC 容器实例 Bean 对象提供了可定制逻辑（不要与 BeanFactory 接口混淆）。

FactoryBean 就是可以对一个复杂 Bean 的包装在 FactoryBean 中进行初始化，然后把初始化的值传给它包装的 Bean。

FactoryBean 接口在 Spring framework 源代码中有大量的实现，如用于创建动态代理对象的 ProxyFactoryBean，及 ConcurrentMapCacheFactoryBean、ConnectorServerFactoryBean、ConversionServiceFactoryBean 等。

实现 FactoryBean 中的 getObject()方法，可以返回真正需要的被包装的 Bean 对象。

2. 案例：FactoryBean 包装 DbFactory

参见 DbFactory 用于测试数据库连接有效性的案例。在这个案例中，可以使用 Spring 的数据源 DataSource 来测试数据库，然后把测试结果传给 DbFactory。

（1）配置数据源。

```
<context:component-scan base-package="com.icss.biz"/>
<context:component-scan base-package="com.icss.dao"/>
<context:component-scan base-package="com.icss.util"/>
<bean id="dataSource"
      class="org.springframework.jdbc.datasource.DriverManagerDataSource">
<property name="driverClassName" value="com.Mysql.cj.jdbc.Driver" />
<property name="url"
          value="jdbc:Mysql://localhost:3306/staff?useSSL=false" />
<property name="username" value="root" />
<property name="password" value="123456" />
</bean>
```

（2）DbFactoryBean 实现 FactoryBean 接口，本类的真实目的是包装 DbFactory。数据库的连接测试源于注入的 dataSource 对象。

```
@Component("dbFactoryBean")
public class DbFactoryBean
      implements InitializingBean,FactoryBean<DbFactory> {
@Autowired
private DriverManagerDataSource dataSource;
private DbFactory dbFactory;
@Override
public void afterPropertiesSet() throws Exception {
    dataSource.getConnection();        //打开数据库测试
    dbFactory = new DbFactory();
    dbFactory.setUrl(this.dataSource.getUrl());
    dbFactory.setPassword(this.dataSource.getPassword());
    dbFactory.setUsername(this.dataSource.getUsername());
}
}
```

（3）重写 getObject()方法，返回 DbFactory 对象。

```
public class DbFactoryBean
        implements InitializingBean,FactoryBean<DbFactory> {
    @Override
    public DbFactory getObject() throws Exception {
        return this.dbFactory;
    }
    @Override
    public Class<?> getObjectType() {
        return DbFactory.class;
    }
    @Override
    public boolean isSingleton() {
        return true;
    }
}
```

（4）代码测试。

```
public static void main(String[] args) {
    ClassPathXmlApplicationContext context
        = new ClassPathXmlApplicationContext("beans.xml");
    DbFactory db = (DbFactory)context.getBean("dbFactoryBean");
    System.out.println(db.getUsername());
    System.out.println(db.getUrl());
    context.close();
}
```

测试结果：

```
信息: Loaded JDBC driver: com.Mysql.cj.jdbc.Driver
DbFactory 构造...
root
jdbc:Mysql://localhost:3306/staff?useSSL=false&serverTimezone=UTC
```

分析：代码测试中，下面这行代码是关键，getBean()中输入的是 dbFactoryBean，但是返回类型不是 DbFactoryBean，而是它包装后的 DbFactory 对象。

```
DbFactory db = (DbFactory)context.getBean("dbFactoryBean");
```

注意：只有 DbFactoryBean 有@Component 注解，DbFactory 没有使用@Component 注解，那么，DbFactory 是不是 Spring 的 Bean 对象？

测试：使用日志 LogBean 跟踪 DbFactory 的创建过程。

```
public class DbFactory {
    private String driver;
    private String url;
    private String username;
    private String password;
    public DbFactory() {
        System.out.println("DbFactory 构造...");
    }
    @PostConstruct
    public void init() {
        System.out.println("DbFactory init...");
    }
}
@Component
```

```
public class LogBean implements BeanPostProcessor{
    @Override
    public Object postProcessAfterInitialization
                (Object Bean, String BeanName) throws BeansException {
        System.out.println("Bean: '" + BeanName
                            + "' after init : " + Bean.toString());
        return Bean;
    }
    @Override
    public Object postProcessBeforeInitialization
            (Object Bean, String BeanName) throws BeansException {
        System.out.println("Bean: '" + BeanName
                            + "' before init : " + Bean.toString());
        return Bean;
    }
}
```

测试结果：

```
Bean: 'dbFactoryBean' before init : com.icss.util.DbFactoryBean@1e4c80f
DbFactory 构造...
Bean: 'dbFactoryBean' after init : com.icss.util.DbFactoryBean@1e4c80f
```

总结：测试发现，DbFactory 的初始化方法未被执行，而且 LogBean 日志也没有跟踪到 DbFactory 的构造，因此可以断定，DbFactoryBean 是 Spring 的 Bean，DbFactory 不是 IoC 容器管理的 Bean。

2.10　注解配置

Spring Framework 支持很多注解，其中有 Spring 自定义的注解，还有 Spring 支持的某些 Jakarta EE 注解。

2.10.1　JSR 相关注解

JSR 属于 Jakarta EE 规范，并定义了很多注解，这些注解 Jakarta EE 容器都需要支持，Spring Framework 只支持其中的部分注解。

Spring Framework 的任何地方都支持如下注解：

- @Autowired。
- @Qualifier。
- @Resource (javax.annotation) if JSR 250 is present。
- @ManagedBean (javax.annotation) if JSR 250 is present。
- @Inject (javax.inject) if JSR-330 is present。
- @Named (javax.inject) if JSR-330 is present。
- @PersistenceContext (javax.persistence) if JPA is present。
- @PersistenceUnit (javax.persistence) if JPA is present。
- @Required。

- @Transactional。

1. JSR 330 与 Spring 对应的注解

JSR 相关注解都定义在 javax.inject.*下面。表 2-6 给出了 Spring 与 JSR 功能相近的注解，但即使是相近注解，细节也会有区别。

表 2-6　Spring 与 JSR 注解对比

Spring 注解	JSR 注解	说　　明
@Autowired	@Inject	@Inject 没有 required 属性。 @Autowired 的 required 属性值默认为 true
@Component	@Named / @ManagedBean	JSR 330 没有提供组合模式，只能使用一种方法识别命名组件
@Scope("singleton")	@Singleton	JSR 330 也有@Scope，默认是 prototype，在 Spring 中默认是 singleton。因此@Singleton 无须使用，@Scope("prototype")可以用
@Qualifier	@Qualifier / @Named	javax.inject.Qualifier 仅仅是一个定制 qualifiers 的元数据。在 Spring 中可以用于 byName 依赖注入
@Value	—	无对应项
@Required	—	无对应项
@Lazy	—	无对应项

2. @Inject 与@Autowired

1）@Inject 代替@Autowired

@Inject 是 JSR 330 的注解，在使用@Autowired 地方，可以使用 @Inject 代替。示例如下：

（1）习惯上使用 Spring 的@Autowired 注入 userDao。

```
@Service("userBiz")
public class UserBiz implements IUser {
    @Autowired
    private IUserDao userDao;
}
```

（2）使用@Inject 代替@Autowired。

首先需要导入 javaee-api-7.0.jar，所有 JSR 注解都在这个包下。

```
@Service("userBiz")
public class UserBiz implements IUser {
    @Inject
    private IUserDao userDao;
}
```

测试结果：

```
信息: JSR-330 'javax.inject.Inject' annotation found and supported for autowiring
userBiz login...
userDao login...
tom 登录成功
```

2）required 属性

@Autowired 注解有 required 属性，@Inject 没有这个属性。配置 required=false，表示依赖的对象可以为 null。

（1）逻辑层注入 IUserDao 依赖。

```
@Service("userBiz")
public class UserBiz implements IUser {
    @Inject
    private IUserDao userDao;
}
```

（2）持久层删除@Repository("userDao")注解，即 UserDao 不是 Bean。

```
@Repository("userDao")
public class UserDaoMysql implements IUserDao {}
    //删除注解
public class UserDaoMysql implements IUserDao {}
```

测试：出现异常。

```
Caused by:
org.springframework.Beans.factory.NoSuchBeanDefinitionException:
 No qualifying Bean of type 'com.icss.dao.IUserDao' available: expected at least
1 Bean which qualifies as autowire candidate.
```

（3）使用@Autowired 的 required 属性，设置为 false。

```
@Service("userBiz")
public class UserBiz implements IUser {
    @Autowired(required=false)
    private IUserDao userDao;
}
```

required=false 表示注入的 userDao 可以为 null，因此使用 userDao 时需要判断。

```
public User login(String sno, String pwd) throws Exception {
    User user = null;
    //此处需要判断 userDao 是否为 null
    if(userDao != null) {
        user = userDao.login(sno, pwd);
    }
    return user;
}
```

代码测试：

```
public static void main(String[] args)throws Exception{
ApplicationContext ctx = new ClassPathXmlApplicationContext("beans.xml");
IUser biz = (IUser)ctx.getBean("userBiz");
User user = biz.login("tom", "123");
if(user != null) {
    System.out.println("tom 登录成功");
}else {
     System.out.println("tom 登录失败");
  }
}
```

测试结果：

```
信息: Loading XML Bean definitions from class path resource [beans.xml]
```

tom 登录失败

总结：增加了 required 属性后，@Autowired 比@Inject 代码更加灵活，功能更加强大。

3）@Autowired 注解 Set 方法

@Autowired 注解可以用于 Bean 的 Set 方法，示例如下：

```
public class SimpleMovieLister {
    private MovieFinder movieFinder;
        @Autowired
    public void setMovieFinder(MovieFinder movieFinder) {
        this.movieFinder = movieFinder;
    }
}
```

将@Autowired 注解用于 Set 方法，有些场景是非常有用的。如下示例中父类为第三方已包装好的类，此处将@Autowired 注解用于 Set 方法，给父类的 dataSource 属性赋值。

```
public abstract class BaseDao extends JdbcDaoSupport {
    @Autowired
    public void setDataSource(DriverManagerDataSource dataSource){
        super.setDataSource(dataSource);
    }
}
```

3. @Named 与@ManagedBean

使用@Named 或@ManagedBean 可以代替@Component。Managed Bean 的概念源于 Java EE 的 JSF 部分。

示例：用@Named 替代原来的@Service 和@Repository。

```
@Named("userBiz")
public class UserBiz implements IUser {
    @Autowired(required=false)
    private IUserDao userDao;
}
@Named("userDao")
public class UserDaoMysql implements IUserDao {}
```

测试结果：

信息: JSR-330 'javax.inject.Inject' annotation found and supported for autowiring
userDao login...
tom 登录成功

把@Named()修改为@ManagedBean()，代码如下：

```
@ManagedBean("userBiz")
public class UserBiz implements IUser {
    @Autowired(required=false)
    private IUserDao userDao;
}
@ManagedBean("userDao")
public class UserDaoMysql implements IUserDao {}
```

测试结果：

信息: JSR-330 'javax.inject.Inject' annotation found and supported for autowiring
userDao login...
tom 登录成功

总结：在 Spring 中，可以使用@Component 注解 Bean，还可以按照层的划分进行注解，如@Controller 为控制层 Bean，@Service 为服务层 Bean，@Repository 为持久层 Bean。而使用 JSR 的@Named 或@ManagedBean，所有层的 Bean 注解是相同的。很明显，Spring 的 Bean 注解更加清晰。

4. @Scope

Spring Bean 可以直接使用如下 JSR 的范围注解：

- @RequestScoped。
- @SessionScoped。
- @Singleton。
- @ApplicationScoped。

若不使用@Scope，也不使用 JSR 范围注解，所有 Bean 的默认作用范围都是 singleton。

```
@Service("userBiz")
public class UserBiz implements IUser {
    @Inject
    private IUserDao userDao;
}
@Repository("userDao")
public class UserDaoMysql implements IUserDao {}
```

代码测试：

```
public static void main(String[] args) {
    ApplicationContext ctx = new ClassPathXmlApplicationContext("beans.xml");
    for(int i=0;i<3;i++) {
        IUser biz = (IUser)ctx.getBean("userBiz");
        IUserDao dao = (IUserDao)ctx.getBean("userDao");
        System.out.println(biz.hashCode()  + "," + dao.hashCode());
    }
}
```

测试结果：

```
信息: Loading XML Bean definitions from class path resource [beans.xml]
信息: JSR-330 'javax.inject.Inject' annotation found and supported for autowiring
7438855,20388653
7438855,20388653
7438855,20388653
```

分析：测试结果显示，多次 getBean()获取的对象哈希不变，说明 userBiz 和 userDao 都是单例对象。

下面设置 UserBiz 的 Scope("prototype")：

```
@Service("userBiz")
@Scope("prototype")
public class UserBiz implements IUser {
    @Autowired
    private IUserDao userDao;
}
```

测试结果：

```
信息: JSR-330 'javax.inject.Inject' annotation found and supported for autowiring
25694321,7381976
```

```
10296322,7381976
15658987,7381976
```

总结：测试结果显示，UserBiz 使用了@Scope("prototype")注解后，每次 getBean()都获得了新的 userBiz 对象。

5. @PostConstruct 与@PreDestroy

javax.annotation.PostConstruct 和 javax.annotation.PreDestroy 两个注解前面已经测试过，在 Bean 的初始化和析构时，优先推荐使用。

6. @Resource 与@Qualifier

1）@Resource 介绍

Spring 支持使用 JSR-250 @Resource 注入数据。@Resource 可以应用在 Bean 的属性、Set 方法上。可以使用@Resource 代替@Inject、@Autowired。与@Autowired 相反，@Resource 默认的方式是 byName。示例如下：

```
@Service("userBiz")
public class UserBiz implements IUser {
    @Resource
    private IUserDao userDao;
}
```

或

```
@Service("userBiz")
public class UserBiz implements IUser {
    @Resource(name="userDao")
    private IUserDao userDao;
}
```

代码测试：

```
public static void main(String[] args)throws Exception{
    ApplicationContext ctx = new ClassPathXmlApplicationContext("beans.xml");
    IUser biz = (IUser)ctx.getBean("userBiz");
    User user = biz.login("tom", "123");
}
```

测试结果：

```
信息: JSR-330 'javax.inject.Inject' annotation found and supported for autowiring
userBiz login...
userDao login...
```

2）案例：@Resource 解决冲突

当同时定义了两个 IUserDao 类型时：

```
@Repository("userDaoMysql")
public class UserDaoMysql implements IUserDao {}
@Repository("userDaoOracle")
public class UserDaoOracle implements IUserDao {}
```

服务层注入持久层对象时报错：

```
@Service("userBiz")
public class UserBiz implements IUser {
    @Resource
    private IUserDao userDao;
}
```

```
Caused by: org.springframework.Beans.factory.NoUniqueBeanDefinitionException:
No qualifying Bean of type 'com.icss.dao.IUserDao' available: expected single
matching Bean but found 2: userDaoMysql,userDaoOracle.
```

上述冲突解决方法：使用@Resource 通过 byName 的方式，指明注入哪个 userDao。

```
@Service("userBiz")
public class UserBiz implements IUser {
    @Resource(name="userDaoMysql")
    private IUserDao userDao;
}
```

3）@ Qualifier 解决冲突

使用@Qualifier()也可以解决 Bean 注入冲突问题。

示例 1：@Qualifier()与@Autowired 联合使用解决 Bean 注入冲突。

```
@Service("userBiz")
public class UserBiz implements IUser {
    @Autowired
    @Qualifier("userDaoMysql")
    private IUserDao userDao;
}
```

示例 2：@Qualifier()用于为构造器指明使用哪个 Bean，无须额外配置，这与构造器注入不同。

```
@Service("userBiz")
public class UserBiz implements IUser {
    private IUserDao userDao;
    public UserBiz(@Qualifier("userDaoMysql") IUserDao userDao) {
        this.userDao = userDao;
    }
}
```

7. @Required

@Required 注解只能应用在 Set 方法上，不能应用在属性上。如下设置会出现错误提示：

```
@Service("userBiz")
 public class UserBiz implements IUser {
    @Required
    private IUserDao userDao;
}
```

@Required 应用于 Set 方法注入对象，强制要求使用 XML 方式配置，如果使用注解方式创建 Bean 对象，会报错。

（1）配置属性注入。

```
<context:component-scan base-package="com.icss.dao"/>
<bean id="userBiz" class="com.icss.biz.impl.UserBiz">
    <property name="userDao" ref="userDao"></property>
</bean>
```

（2）Set 方法注入，使用@Required。

```
public class UserBiz implements IUser {
    private IUserDao userDao;
    @Required
    public void setUserDao(IUserDao userDao) {
        this.userDao = userDao;
```

```
    }
}
```

总结：@Required 使用过于死板，不推荐使用。

2.10.2　Spring 相关注解

1. @Component

@Component 是 Bean 的通用注解，在不同的层可以使用不同的注解。

@Service、@Repository、@Controller 与@Component 等效。

- @Service：用于标注服务层 Bean。
- @Repository：用于标注持久层 Bean。
- @Controller：用于标注控制层 Bean。
- @Component：用于 Bean 的通用注解，当 Bean 所属层不明确时，用这个注解。

2. @Bean 和@Configuration

@Bean 注解方法会通知 IoC 容器，把方法返回的对象当成 Bean 处理。@Bean 与@Configuration 配合使用，是声明 Bean 的一种常用形式。

（1）在 com.icss.util 包中定义 AppConfig。

```
public class AppConfig {
    @Bean("userDao")
    public IUserDao myUserDao() {
        return new UserDaoMysql();
    }
    @Bean("userBiz")
    public IUser myUserBiz() {
        return new UserBiz();
    }
}
```

（2）定义业务 Bean 的依赖。UserBiz 与 UserDaoMysql 无须使用任何注解。

```
public class UserBiz implements IUser {
  @Autowired
  private IUserDao userDao;
}
public class UserDaoMysql implements IUserDao {}
```

（3）加载 AppConfig。

```
public static void main(String[] args)throws Exception{
    ApplicationContext ctx =
          new AnnotationConfigApplicationContext(AppConfig.class);
    IUser biz = (IUser)ctx.getBean("userBiz");
    User user = biz.login("tom", "123");
}
```

运行结果：

```
org.springframework.Beans.factory.annotation.AutowiredAnnotationBeanPostProcess
信息: JSR-330 'javax.inject.Inject' annotation found and supported for autowiring
userBiz login...
userDao login...
```

总结：声明 Bean 的五种方式汇总如下。

（1）在 XML 文件中配置<bean id="" class="" />。

（2）使用@Component、@Service、@Repository、@Controller 声明 Bean。

（3）@Bean 与@Configuration 配合，声明 Bean。

（4）@Named 声明 Bean。

（5）@ManagedBean 声明 Bean。

3. @Primary

当使用 Autowire 注入对象时，可能会遇到同一个类型存在多个对象的情况。使用@Primary 可以提示优先注入哪个对象。示例如下：

```
@Repository("userDaoMysql")
public class UserDaoMysql implements IUserDao {}

@Repository("userDaoOracle")
public class UserDaoOracle implements IUserDao {}

@Service("userBiz")
public class UserBiz implements IUser {
    @Autowired
    private IUserDao userDao;
}
```

测试结果：

```
Caused by: org.springframework.Beans.factory.NoUniqueBeanDefinitionException:
No qualifying Bean of type 'com.icss.dao.IUserDao' available: expected single
matching Bean but found 2: userDaoMysql,userDaoOracle
```

总结：下面三种方法都可以解决注入对象不明确的问题。

（1）使用@Primary 注解准备优先注入的对象。

```
@Repository("userDaoMysql")
@Primary
public class UserDaoMysql implements IUserDao {}
```

（2）用@Resource 标记依赖对象。

```
@Service("userBiz")
public class UserBiz implements IUser {
    @Resource(name="userDaoMysql")
    private IUserDao userDao;
}
```

（3）使用@Qualifier 标记依赖对象。

```
@Service("userBiz")
public class UserBiz implements IUser {
    @Autowired
    @Qualifier("userDaoMysql")
    private IUserDao userDao;
}
```

2.11 标准事件与自定义事件

ApplicationContext 基于 Observer（观察者）模式提供了针对 Bean 的事件传播功能。通过 ApplicationContext 的 publishEvent 方法，可以将事件通知系统内所有的 ApplicationListener。Spring 事件注册与发布如图 2-11 所示。

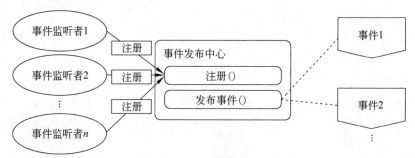

图 2-11 Spring 事件注册与发布

2.11.1 标准事件

Spring Framework 提供了表 2-7 所示的标准事件。

表 2-7 Spring 标准事件

事 件	解 释 说 明
ContextRefreshedEvent	当 ApplicationContext 初始化或刷新时发送的事件。这里的初始化意味着所有的 Bean 被装载，singleton 被预实例化，ApplicationContext 已就绪可用
ContextStartedEvent	当容器调用 ConfigurableApplicationContext 的 Start()方法开始/重新开始容器时触发该事件
ContextStoppedEvent	当容器调用 ConfigurableApplicationContext 的 Stop()方法停止容器时触发该事件
ContextClosedEvent	当使用 ApplicationContext 的 close()方法结束上下文时发送的事件。这里的结束意味着 singleton Bean 被销毁
RequestHandledEvent	一个与 Web 相关的事件，告诉所有的 Bean 一个 HTTP 请求已经被响应了（也就是在一个请求结束后会发送该事件）。注意，只有在 Spring 中使用了 DispatcherServlet 的 Web 应用时才能使用

2.11.2 案例：邮件黑名单

用户发送邮件时，会判断目标地址是否在黑名单中。如果在黑名单里，就发送消息通知，然后拒绝发送邮件。消息接收者可以把所有黑名单消息打印出来。

（1）定义消息。消息就是在事件中要发出的通知格式，消息类必须继承 ApplicationEvent。下面的消息定义了邮件发送目标地址和邮件的标题。

```java
public class BlackListEvent extends ApplicationEvent{
    private final String address;
    private final String title;
    public String getAddress() {
        return address;
    }
    public String getTitle() {
        return title;
    }
    public BlackListEvent(Object source,String address,String title) {
        super(source);
        this.address = address;
        this.title = title;
    }
}
```

（2）业务对象发送消息。

注入 ApplicationEventPublisher 对象，用于发送消息。此处的 EmailService 必须是 Bean。

```java
public class EmailService implements ApplicationEventPublisherAware{
    private ApplicationEventPublisher publisher;
    private List<String> blackList;
    public void setBlackList(List<String> blackList) {
        this.blackList = blackList;
    }
    @Override
    public void setApplicationEventPublisher(ApplicationEventPublisher arg0) {
        this.publisher = arg0;
    }
    public void sendEmail(String address, String content,String title) {
        if (blackList.contains(address)) {
            publisher.publishEvent(new BlackListEvent(this, address,title));
            return;
        }
        System.out.println("发送邮件成功，目标：" + address
                        + ",标题：" + title + ",内容：" + content);
    }
}
```

（3）配置 Bean 和邮件列表。

```xml
<bean class="com.icss.biz.BlackListNotifier"> </bean>
    <bean id="emailService" class="com.icss.biz.EmailService">
        <property name="blackList">
          <list>
            <value>tom1@qq.com</value>
            <value>tom2@qq.com</value>
            <value>tom3@qq.com</value>
            <value>jack1@qq.com</value>
            <value>jack2@qq.com</value>
          </list>
        </property>
    </bean>
```

（4）接收消息。实现 ApplicationListener 接口，接收消息，需要指明接收的消息类型为 BlackListEvent，此处的 BlackListNotifier 也是 Bean。

```java
public class BlackListNotifier
        implements ApplicationListener<BlackListEvent>{
```

```
    public void onApplicationEvent(BlackListEvent arg0) {
        System.out.println("被拉黑的消息：标题："
                            + arg0.getTitle() + "," + arg0.getAddress()
                            + "," + new Date(arg0.getTimestamp()).toString());
    }
}
```

（5）代码测试。

```
public static void main(String[] args) {
    ApplicationContext app = new ClassPathXmlApplicationContext("beans.xml");
    EmailService e = app.getBean(EmailService.class);
    e.sendEmail("tom@sina.com","下午三点，全体员工大礼堂开会", "开会通知");
    e.sendEmail("xiaohp@sina.com","下午三点，全体员工大礼堂开会", "开会通知");
    e.sendEmail("tom2@qq.com","下午三点，全体员工大礼堂开会", "开会通知");
}
```

测试结果：

```
信息: Loading XML Bean definitions from class path resource [beans.xml]
发送邮件成功，目标：tom@sina.com,标题：开会通知,内容：下午三点，全体员工大礼堂开会
发送邮件成功，目标：xiaohp@sina.com,标题：开会通知,内容：下午三点，全体员工大礼堂开会
被拉黑的消息：标题：开会通知,tom2@qq.com,Mon Jan 06 09:22:43 CST 2020
```

2.11.3　案例：接收多类型消息

同一个消息接收者，可以同时接收多种类型的消息。

（1）定义消息接收者。为了接收多种消息，此处使用的消息类型为消息抽象父类ApplicationEvent。

```
public class BlackListNotifier
            implements ApplicationListener<ApplicationEvent>{
    @Override
    public void onApplicationEvent(ApplicationEvent event) {
        if(event instanceof BlackListEvent) {
            BlackListEvent arg0 = (BlackListEvent)event;
            System.out.println("拉黑消息: " + arg0.getSource().toString() + ","
                    + new Date(arg0.getTimestamp()).toString()
                    +"," + arg0.getTitle() + "," + arg0.getAddress());
        }else if(event instanceof ContextRefreshedEvent) {
            ContextRefreshedEvent arg0 = (ContextRefreshedEvent)event;
            System.out.println(" 服务器刷新..." + new
                                Date(arg0.getTimestamp()).toString() );
        }else if(event instanceof ContextClosedEvent) {
            ContextClosedEvent arg0 = (ContextClosedEvent)event;
            System.out.println(" 服务器关闭..." +
                        new Date(arg0.getTimestamp()).toString() );
        }
    }
}
```

（2）发送消息（有自定义消息和系统消息）。

```
public static void main(String[] args) {
    ConfigurableApplicationContext app =
                new ClassPathXmlApplicationContext("beans.xml");
    EmailService e = app.getBean(EmailService.class);
```

```
        e.sendEmail("aa@sina.com","下午三点，全体开会", "开会通知");
        e.sendEmail("tom2@qq.com","下午三点，全体开会", "开会通知");
        app.close();
    }
```

（3）运行结果。

```
信息: Loading XML Bean definitions from class path resource [beans.xml]
服务器刷新...Mon Jan 06 09:32:42 CST 2020
发送邮件，目标: aa@sina.com,内容: 下午三点，全体开会
拉黑消息: Mon Jan 06 09:32 2020,开会通知,tom2@qq.com
org.springframework.context.support.AbstractApplicationContext doClose
org.springframework.context.support.ClassPathXmlApplicationContext: startup
服务器关闭...Mon Jan 06 09:32:42 CST 2020
```

2.12　Bean 工厂

2.12.1　BeanFactory 接口

BeanFactory 是 Spring 组件的注册中心和配置中心。

BeanFactory 接口的实现类需要管理一群 Bean 的定义，每个 Bean 定义有一个唯一的识别 ID。

配置 Spring Bean 对象时，最好使用 DI 方式，而不是从 BeanFactory 查找配置。

参见 BeanFactory 的 API 描述：

org.springframework.Beans.factory　Interface　BeanFactory

所有已知子接口: ApplicationContext, AutowireCapableBeanFactory, ConfigurableApplicationContext, ConfigurableBeanFactory, ConfigurableListableBeanFactory, ConfigurablePortletApplicationContext, ConfigurableWebApplicationContext, HierarchicalBeanFactory, ListableBeanFactory, WebApplicationContext。

BeanFactory 是访问 Spring 容器的根接口。这个接口的实例拥有很多具有唯一识别名的 Bean 对象。BeanFactory 的实现应该尽可能支持标准 Bean 声明周期管理的接口。

```
public interface BeanFactory {
    Object getBean(String name) throws BeansException;
    <T> T getBean(Class<T> requiredType) throws BeansException;
}
```

BeanFactory 可以通过名字查找 Bean 对象，或通过 Bean 的类型查找 Bean 对象。

注意：如果 Bean 是单例模式，直接返回 Bean 对象的引用。如果是其他类型的 Scope，getBean()查找其实是 Bean 对象的实例化过程。

2.12.2　HierarchicalBeanFactory 接口

HierarchicalBeanFactory 是 BeanFactory 的子接口，它扩展了 BeanFactory 接口，使其成为树状结构。

```
public interface HierarchicalBeanFactory extends BeanFactory {
```

```
    BeanFactory getParentBeanFactory();
}
```

HierarchicalBeanFactory 是所有 IoC 容器 ApplicationContext 的父接口，因此 IoC 容器也是树状结构，即当前容器可能存在父容器。

使用 getBean()查找 Bean 对象时，如果在当前容器中未找到，则马上到父工厂中查找。

2.12.3　ListableBeanFactory 接口

不仅可以用 getBean()的方式查找 Bean 对象，通过 ListableBeanFactory 接口，还可以使用迭代方式找到 Bean 工厂中的所有 Bean 实例。

```
public interface ListableBeanFactory extends BeanFactory {
    int getBeanDefinitionCount();
    String[] getBeanDefinitionNames();
    String[] getBeanNamesForType(Class<?> type);
}
```

ListableBeanFactory 主要方法如下。

- 获得 Bean 定义的数量：

```
int  getBeanDefinitionCount();
```

- 获得所有 Bean 定义的名字：

```
String[] getBeanDefinitionNames()
```

- 根据类型，可能找到多个 Bean 名字：

```
String[] getBeanNamesForType(Class<?> type)
```

2.12.4　实现类 DefaultListableBeanFactory

DefaultListableBeanFactory 是 BeanFactory 的重要实现类，定义如下：

```
public class DefaultListableBeanFactory
        extends AbstractAutowireCapableBeanFactory
        implements ConfigurableListableBeanFactory,
                BeanDefinitionRegistry, Serializable {}
public interface ConfigurableBeanFactory
        extends HierarchicalBeanFactory, SingletonBeanRegistry {}
```

DefaultListableBeanFactory 成员信息如下：

```
//key 为依赖注入类型，value 是 Autowired 对象的引用
Map<Class<?>, Object> resolvableDependencies
                    = new ConcurrentHashMap<Class<?>, Object>(16);
//key 为 Bean 的名字
Map<String, BeanDefinition> BeanDefinitionMap
                    = new ConcurrentHashMap<String, BeanDefinition>(256);
//key 是依赖类型，value 是单例和非单例 Bean 的名字
Map<Class<?>, String[]> allBeanNamesByType
                    = new ConcurrentHashMap<Class<?>, String[]>(64);
// key 是依赖类型，value 是单例 Bean 的名字
Map<Class<?>, String[]> singletonBeanNamesByType
                    = new ConcurrentHashMap<Class<?>, String[]>(64);
//所有 Bean 定义的名字
```

```
List<String> BeanDefinitionNames = new ArrayList<String>(256);
```

在 DefaultListableBeanFactory 中，BeanDefinitionMap 存储 IoC 容器中的所有 Bean 定义。resolvableDependencies 中存储了当前容器的 Bean 之间的依赖关系。allBeanNamesByType 表明多个名字可能指向同一个 Bean 类型。BeanDefinitionNames 是 IoC 容器中所有 Bean 定义的名字。

2.12.5　Bean 与 BeanFactory

BeanDefinition 接口用于描述 Bean，接口定义如下：

```
public interface BeanDefinition
        extends AttributeAccessor, BeanMetadataElement {}
```

AbstractBeanDefinition 是 BeanDefinition 的唯一直接实现类：

```
public abstract class AbstractBeanDefinition
        extends BeanMetadataAttributeAccessor
        implements BeanDefinition, Cloneable {}
```

BeanFactory 中存储的是 BeanDefinition 实例，不是 Bean 对象（参见 DefaultListableBeanFactory 的成员信息）。单例的 Bean 对象在 IoC 容器创建时就默认创建。而非单例的 Bean 对象，创建对象的时间点不一致，可能是 getBean()时创建对象，也可能是接收 HTTP 请求时创建对象。

2.12.6　IoC 容器与 BeanFactory

```
public interface ApplicationContext
    extends EnvironmentCapable, ListableBeanFactory, HierarchicalBeanFactory,
    MessageSource, ApplicationEventPublisher, ResourcePatternResolver {}
```

ApplicationContext 接口代表 IoC 容器，BeanFactory 是 ApplicationContext 接口最为重要的父接口。通过 ApplicationContext 接口可以看到，IoC 容器在 BeanFactory 的基础上，又增加了环境管理、消息管理、资源管理、事件发布等功能。BeanFactory 与 ApplicationContext 的功能对比见表 2-8。

表 2-8　BeanFactory 与 ApplicationContext 的功能对比

特　　性	BeanFactory	ApplicationContext
Bean 实例/织入	YES	YES
集成生命周期管理	NO	YES
BeanPostProcessor 自动注册	NO	YES
BeanFactoryPostProcessor 自动注册	NO	YES
便利的消息源访问（用于国际化）	NO	YES
ApplicationEvent 消息发布机制	NO	YES

课后思考：

（1）Spring 支持 JSR 注解，如@Named 属于 JSR 的注解，在没有 Spring 参与时，使用

这个注解的类会被 Jakarta EE 容器解析为 Java Bean 对象。Spring 接管后，使用@Named 注解的类被 IoC 容器解析为 Spring 的 Bean。那么，Web 服务器和 Spring 的 IoC 容器是如何协同工作的呢？

（2）在高并发环境中，Spring 有状态 Bean 是否会影响性能？

（3）IoC 的多容器管理模式会带来哪些影响？

第 3 章

面向切面编程

3.1　AOP 介绍

面向切面编程（Aspect-Oriented Programming，AOP）是继 OOP 编程之后的一个重要的编程思想。AOP 与 OOP（Object-Oriented Programming）编程模式不同，它提供了一种完全不同的编程思想。当然，OOP 编程应用更广，AOP 编程只能应用于特殊场景。

AOP 编程不属于 Spring 必需的功能，Spring 的 IoC 容器可以不依赖 AOP。如果不需要 AOP 功能，就可以不导入 AOP 相关包。

Spring AOP 提供了两种使用模式：基于 XML 的模式和基于@AspectJ 注解的模式。

基于 Spring AOP 的重要应用如下：

- 用 AOP 声明性事务代替 EJB 的企业服务。
- 用 AOP 做日志处理。
- 用 AOP 做权限控制，如 Spring Security。

3.1.1　AOP 中的专业术语

- 切面（Aspect）：模块化关注多个类的共性处理。事务管理是 Java EE 应用中关于横切关注的很好的例子。
- 连接点（Joinpoint）：在程序执行过程中某个特定的点，比如某方法调用时或者处理异常时。在 Spring AOP 中，一个连接点总是表示一个方法的执行。
- 通知（Advice）：在切面的某个特定的连接点上执行的动作。其中包括"around" "before" "after" 等不同类型的通知。许多 AOP 框架（包括 Spring）都是以拦截器作为通知模型，并维护一个以连接点为中心的拦截器链。
- 切入点（Pointcut）：它由切入点表达式和签名组成。切入点如何与连接点匹配是 AOP 的核心，Spring 默认使用 AspectJ 切入点语法。
- 引入（Introduction）：它用来给出一个类型声明，添加额外的方法或属性。Spring 允许引入新的接口给任何被织入的对象。例如，可以通过引入，使一个 Bean 实现 IsModified 接口，以便简化缓存机制。

- 目标对象（Target Object）：被一个或者多个切面所通知的对象，也称作被通知对象。既然 Spring AOP 是通过动态代理实现的，故这个对象永远是一个被代理对象。
- AOP 代理（AOP Proxy）：即动态代理，在 Spring 中，AOP 代理可以是 JDK 的 Proxy或者 CGLIB。
- 织入（Weaving）：创建一个通知者，把切面连接到其他应用程序类型或者对象上。这些可以在编译时、类加载时和运行时完成。Spring 和其他纯 Java AOP 框架一样，在运行时完成织入。

3.1.2 advice 的通知类型

AOP 通知有如下类型：

- 前置通知（before advice）：在某连接点之前执行的通知，但这个通知不能阻止连接点之前的执行流程（除非它抛出一个异常）。
- 后置通知（after returning advice）：在某连接点正常完成后执行的通知。例如，一个方法没有抛出任何异常，正常返回。
- 异常通知（after throwing advice）：在方法抛出异常退出时执行的通知。
- 最终通知（after (finally) advice）：当某连接点退出时执行的通知（不论是正常返回还是异常退出）。
- 环绕通知（around advice）：包围一个连接点的通知，如方法调用，这是最强大的一种通知类型。环绕通知可以在方法调用前后完成自定义的行为，也会选择是否继续执行连接点或直接返回它自己的返回值或抛出异常来结束执行。

通过切入点匹配连接点的概念是 AOP 的关键，这使得 AOP 不同于其他仅仅提供拦截功能的旧技术。

环绕通知是最常用的通知类型。和 AspectJ 一样，Spring 提供所有类型的通知，推荐使用尽可能简单的通知类型来实现需要的功能。例如，如果只是需要一个方法的返回值来更新缓存，最好使用后置通知而不是环绕通知，尽管环绕通知也能完成同样的事情。用最合适的通知类型可以使得编程模型变得简单，并且能够避免很多潜在的错误。比如，若不在 Joinpoint上调用用于环绕通知的 proceed()方法，就不会有额外调用的问题。

3.1.3 AOP 动态代理选择

AOP 的基础是动态代理，Spring 默认使用 JDK 动态代理作为 AOP 的代理。注意：JDK动态代理模式的代理对象返回类型只能是接口。

Spring 也可以使用 CGLIB 动态代理，对于需要代理类但是没有定义接口的情况，使用CGLIB 代理是很有必要的。如果一个业务对象并没有实现一个接口，默认使用 CGLIB。

JDK 代理或 CGLIB 代理对象，都是通过 ProxyFactoryBean 创建而成。

```
public class ProxyFactoryBean extends ProxyCreatorSupport
    implements FactoryBean<Object>, BeanClassLoaderAware, BeanFactoryAware {
```

```
public Object getObject() throws BeansException {
    initializeAdvisorChain();
    if (isSingleton()) {
        return getSingletonInstance();
    }else {
        return newPrototypeInstance();
    }
}
}
```

ProxyFactoryBean 用于动态创建 ProxyFactory 对象，前面讲过 FactoryBean 模式，调用 ProxyFactoryBean::getObject()，返回的对象是 ProxyFactory。

```
public class ProxyFactory extends ProxyCreatorSupport {
    public Object getProxy() {
        return createAopProxy().getProxy();
    }
    public Object getProxy(ClassLoader classLoader) {
        return createAopProxy().getProxy(classLoader);
    }
}
```

调用 ProxyFactory::getProxy()即可返回动态代理。

注意： 从 Spring 3.2 开始，不再需要导入 cglib 库文件，cglib 库已经被打包在了 spring-core 下的 org.springframework.cglib 中了。在与 hibernate 或 MyBatis 集成时，注意解决 cglib 的版本冲突问题。

3.2 @AspectJ 支持

3.2.1 @AspectJ 介绍

@AspectJ 是一种风格样式，可以把 Java 的普通类声明为一个切面。使用 AspectJ 需要 aspectjweaver 的支持。

3.2.2 autoproxying 配置

@AspectJ 需要 autoproxying 配置，这样 IoC 容器启动时就可以查找 AspectJ 注解了。如下两种配置模式均可。

（1）Java 类配置模式。

```
@Configuration
@EnableAspectJAutoProxy
public class AppConfig {}
```

（2）XML 配置模式。

```
<beans xmlns="http://www.springframework.org/schema/Beans"
xmlns:xsi="http://www.w3.org/2001/XMLSchema-instance"
xmlns:aop="http://www.springframework.org/schema/aop"
    xsi:schemaLocation="http://www.springframework.org/schema/Beans
    https://www.springframework.org/schema/Beans/spring-Beans.xsd
    http://www.springframework.org/schema/aop
```

```
        https://www.springframework.org/schema/aop/spring-aop.xsd">
<aop:aspectj-autoproxy />
</beans>
```

3.2.3　声明 Aspect

切面中包含切入点、通知、引入等信息，因此@AspectJ 开发从定义切面开始。一个系统中可以定义很多切面，每个切面中的内容相互独立。定义方法如下：

（1）新建一个 Bean。

```
@Component
public class DbProxy {}
```

（2）使用@Aspect 声明一个切面。

```
@Component
@Aspect
public class DbProxy {}
```

@Aspect 声明的类和普通类一样可以添加属性和方法，还可以包含切入点、通知等内容。

3.2.4　声明 Pointcut

切入点声明包含两部分：签名（由一个名字和多个参数组成）和切入点表达式。示例如下：

```
@Component
@Aspect
public class DbProxy {
    @Pointcut("execution(public * com.icss.biz.*.*(..))")
    private void businessOperate() {}
}
```

注意：

（1）示例中的@Pointcut("execution(public * com.icss.biz.*.*(..))")为切入点表达式。

（2）businessOperate()是签名，而且签名必须返回 void。

（3）签名对应的方法不会被调用，需要的仅仅是方法的名字，因此方法中无须写任何代码。

（4）签名方法可以使用任何可见性修饰符，如 private、public 等，因为签名可以被其他切面引用。

（5）可以把所有公用的切入点定义在一个切面中，供其他切面调用。

3.2.5　Pointcut 表达式

1. Pointcut 中的指示符

Spring AOP 支持在切入点表达式中使用如下的 AspectJ 切入点指示符。

- execution：匹配方法执行的连接点，这是最常用的 Spring 的切入点指示符。
- within：限定匹配特定类型的连接点（使用 Spring AOP 时，在匹配的类型中定义方法的执行）。

- this：限定匹配特定的连接点（Spring AOP 动态拦截的方法执行时），其中 Bean reference（Spring AOP 代理）是指定类型的实例。
- target：限定匹配特定的连接点（Spring AOP 动态拦截的方法执行时），其中目标对象（被代理的应用对象）是指定类型的实例。
- args：限定匹配特定的连接点（Spring AOP 动态拦截的方法执行时），其中参数是指定类型的实例。
- @target：限定匹配特定的连接点（Spring AOP 动态拦截的方法执行时），其中执行对象的类持有指定类型的注解。
- @args：限定匹配特定的连接点（Spring AOP 动态拦截的方法执行时），其中实际传入参数的运行时类型持有指定类型的注解。
- @within：限定匹配特定的连接点，使用 Spring AOP 时，所执行方法所在的类型已指定注解。
- @annotation：限定匹配特定的连接点（Spring AOP 动态拦截的方法执行时），其中连接点的主题持有指定的注解。

注意：对于 JDK 动态代理，只有 public 接口方法的调用能被拦截；对于 cglib 动态代理，public 和 protected 方法调用都可以被拦截。Pointcut 定义可以应用于任何 non-public 的方法。

2. 联合使用 Pointcut 表达式

可以使用&&、||、!把多个 Pointcut 表达式通过名字联合使用。示例如下：

```
@Pointcut("execution(public * *(..))")
private void anyPublicOperation() {}
@Pointcut("within(com.xyz.someapp.trading..*)")
private void inTrading() {}
```

把上面的两个 Pointcut 联合使用如下：

```
@Pointcut("anyPublicOperation() && inTrading()")
private void tradingOperation() {}
```

3. 共享通用的 Pointcut 表达式

```
@Aspect
public class SystemArchitecture {
    //用于业务层连接点
    @Pointcut("execution(* com.xyz.someapp..service.*.*(..))")
    public void businessService() {}
    //用于数据访问层连接点
    @Pointcut("execution(* com.xyz.someapp.dao.*.*(..))")
    public void dataAccessOperation() {}
}
```

Pointcut 定义后一般在通知中调用，公用的切入点在其他切面中的通知上调用，通知稍后讲解。

4. execution 指示器

在 Spring AOP 中，使用最多的就是 execution 指示器，定义格式如下：

```
execution（修饰符  返回类型  方法名（参数） 异常）
```

- 修饰符：常用 public，也可使用*表示所有修饰符。
- 返回类型：最常用*，它代表了匹配任意的返回类型。
- 方法名：可以使用*，通配全部或部分名字。
- 方法参数：（）表示无参；（..）表示 0 或任意多个参数；（*）表示一个参数，类型任意；（*, String），表示两个参数，第一个参数类型任意。

下面给出一些通用切入点表达式的例子。

- 任意公共方法的执行：

```
execution(public * *(..))
```

- 任何一个名字以 set 开始的方法的执行：

```
execution(* set*(..))
```

- AccountService 接口定义的任意方法的执行：

```
execution(* com.xyz.service.AccountService.*(..))
```

- 在 service 包中定义的任意方法的执行：

```
execution(* com.xyz.service.*.*(..))
```

- 在 service 包或其子包中定义的任意方法的执行：

```
execution(* com.xyz.service..*.*(..))
```

- 在 service 包中的任意连接点（在 Spring AOP 中只是方法执行）：

```
within(com.xyz.service.*)
```

- 在 service 包或其子包中的任意连接点（在 Spring AOP 中只是方法执行）：

```
within(com.xyz.service..*)
```

3.2.6 声明 advice

通知与 Pointcut 表达式关联，在 Pointcut 表达式关联匹配的方法前、方法后、方法环绕执行等。可以直接使用 Pointcut 表达式，也可以通过名字引用已定义好的 Pointcut 表达式。

1. 声明 advice

1）前置通知

@Before 表示前置通知，是 Pointcut 匹配的连接点方法在连接点之前执行的通知，但这个通知不能阻止连接点之前的执行流程（除非它抛出一个异常）。

@Before 中，通过名字引用公用的 Pointcut 表达式。参见 3.2.5 节 Pointcut 的定义，引用时需要使用"包名.类名.切入点签名"的格式，注意签名的可见性最好为 public。

（1）在通知中调用其他切面中的 Pointcut。

```
@Aspect
public class BeforeExample {
    @Before("com.xyz.myapp.SystemArchitecture.dataAccessOperation()")
    public void doAccessCheck() {
        // ...
    }
}
```

（2）在通知中直接定义 Pointcut 表达式。

```
@Aspect
public class BeforeExample {
```

```
@Before("execution(* com.xyz.myapp.dao.*.*(..))")
public void doAccessCheck() {
    // ...
    }
}
```

2）后置返回通知

@AfterRerurning 表示后置通知，是 Pointcut 匹配的连接点方法正常完成后执行的通知（注意：方法正常执行，不能抛出任何异常）。

```
@Aspect
public class AfterReturningExample {
    @AfterReturning("com.xyz.myapp.SystemArchitecture.businessService()")
    public void doAccessCheck() {
        // ...
    }
}
```

3）后置异常通知

后置异常通知声明为@AfterThrowing。当 Pointcut 匹配的连接点方法的异常结束后，触发该通知。

```
@Aspect
public class AfterThrowingExample {
    @AfterThrowing("com.xyz.myapp.SystemArchitecture.dataAccessOperation()")
    public void doRecoveryActions() {
        // ...
    }
}
```

4）最终通知

使用@After 注解来声明后置通知，它翻译成最终通知更贴切，即 finally advice。

不论一个连接点方法如何结束，是否存在异常，最终通知都会运行。最终通知必须准备处理正常返回和异常返回两种情况。

通常用@After 来释放非托管资源，如数据库连接。

```
@Aspect
public class AfterFinallyExample {
    @After("com.xyz.myapp.SystemArchitecture.dataAccessOperation()")
    public void doReleaseLock() {
        // ...此处释放非托管资源
    }
}
```

5）环绕通知

环绕通知使用@Around 注解来声明。在 Pointcut 匹配的连接点方法执行前和执行后都触发环绕通知。

环绕通知的第一个参数必须是 ProceedingJoinPoint 类型，调用 ProceedingJoinPoint 的proceed()方法，触发 JoinPoint 方法执行。

```
@Aspect
public class AroundExample {
    @Around("com.xyz.myapp.SystemArchitecture.businessService()")
    public Object doBasicProfiling(ProceedingJoinPoint pjp) throws Throwable {
```

```
        // 开启观察
        Object retVal = pjp.proceed();
        // 停止观察
        return retVal;
    }
}
```

2. 给 advice 传递参数

给通知传递参数时，org.aspectj.lang.JoinPoint 常作为第一个参数使用。注意 org.aspectj. lang.ProceedingJoinPoint 是 JoinPoint 的子类，它只能用于环绕通知。

JoinPoint 中有如下方法。

- getArgs()：返回代理对象的方法参数。
- getTarget()：返回目标对象。
- getSignature()：返回被通知方法的信息。
- toString()：打印被通知方法的有用信息。

（1）定义切面和通知。

```
import org.aspectj.lang.JoinPoint;
import org.aspectj.lang.annotation.Aspect;
import org.aspectj.lang.annotation.Before;
import org.springframework.stereotype.Component;
@Component
@Aspect
public class BeforeExample {
    @Before("execution (* com.icss.biz.*.*(..))")
    public void doAccessCheck(JoinPoint jp) {
        System.out.println("before:" + jp.getTarget().toString());
        System.out.println("before:" + jp.toString());
        System.out.println("before:" + jp.getArgs()[0].toString());
        System.out.println("before:" + jp.getSignature().toString());
    }
}
```

（2）代码测试：

```
public static void main(String[] args) throws Exception{
    UserBiz iuser = (UserBiz)SpringFactory.getBean("userBiz");
    User user = iuser.login("admin", "123");
    if(user != null) {
        System.out.println("登录成功，身份是" + user.getRole());
    }else {
        System.out.println("登录失败");
    }
}
```

（3）测试结果：

```
INFO - Loading XML Bean definitions from class path resource [beans.xml]
before:com.icss.biz.UserBiz@6647c2
before:execution(User com.icss.biz.UserBiz.login(String,String))
before:admin
before:User com.icss.biz.UserBiz.login(String,String)
```

注意：导包时很容易出错，应该使用 org.aspectj 包。下面的 JoinPoint 和 Joinpoint 是有大小写区别的：

```
import org.aopalliance.intercept.Joinpoint;    //p 为小写
import org.aspectj.lang.JoinPoint;             //P 为大写
```

3.2.7　案例：StaffUser 日志管理

基于 AOP 的日志管理，是 AOP 的典型应用场景之一。下面案例使用 AspectJ 实现了员工系统的自动日志管理。

（1）配置 pom.xml。

```
<dependency>
    <groupId>org.springframework</groupId>
    <artifactId>spring-context</artifactId>
    <version>6.0.3</version>
</dependency>
<dependency>
    <groupId>org.aspectj</groupId>
    <artifactId>aspectjweaver</artifactId>
    <version>1.9.19</version>
</dependency>
```

（2）使用环绕通知配置日志代理。

```
@Component
@Aspect
public class LogProxy {
    @Around("execution(public * com.icss.biz.*.*(..))")
    public Object logging(ProceedingJoinPoint pjp) throws Throwable{
        Object obj = null;
        Log.logger.info(pjp.getSignature() + new Date().toString());
        obj = pjp.proceed();              //注意必须要有返回值
        Log.logger.info(pjp.toString() + new Date().toString());
        return obj;
    }
}
```

（3）登录测试。

```
public static void main(String[] args) throws Exception{
    UserBiz iuser = (UserBiz)SpringFactory.getBean("userBiz");
    User user = iuser.login("admin", "123");
    if(user != null) {
        System.out.println("登录成功，身份是" + user.getRole());
    }else {
        System.out.println("登录失败");
    }
}
```

（4）测试结果如下：

```
INFO - User com.icss.biz.UserBiz.login(String,String)
UserBizMysql...login...
UserDaoMysql...login...
INFO - execution(User com.icss.biz.UserBiz.login(String,String))
execution(User com.icss.biz.UserBiz.login(String,String))
登录成功，身份是 1
```

3.2.8 案例：StaffUser 数据库连接管理

使用 AOP，可以实现所有业务层方法自动打开和关闭数据库。下面讲述操作步骤。

（1）使用@Before 打开数据库，使用@After 关闭数据库。

```
@Component
@Aspect
public class DbProxy {
    @Pointcut("execution(public * com.icss.biz.*.*(..))")
    private void businessOperate() {
    }
    @Before("businessOperate()")
    public void openDataBase(JoinPoint jp) {
        System.out.println("-----------打开数据库-------------");
    }
    @After("businessOperate()")
    public void closeDataBase(JoinPoint jp) {
        System.out.println(jp.toString());
        System.out.println("-------------关闭数据库----------");
    }
}
```

（2）测试，即使出现异常，也要确保关闭数据库。

```
public static void main(String[] args) throws Exception{
    UserBiz iuser = (UserBiz)SpringFactory.getBean("userBiz");
    User user = iuser.login("admin", "123");
    if(user != null) {
        System.out.println("登录成功，身份是" + user.getRole());
    }else {
        System.out.println("登录失败");
    }
}
```

（3）异常测试结果。

```
-----------打开数据库-------------
INFO - User com.icss.biz.UserBiz.login(String,String)
UserBizMysql...login...
UserDaoMysql...login...
execution(User com.icss.biz.UserBiz.login(String,String))
-------------关闭数据库----------
Exception in thread "main" java.lang.Exception: 异常测试...
    at com.icss.dao.UserDaoMysql.login(UserDaoMysql.java:40)
    at com.icss.biz.UserBiz.login(UserBiz.java:28)
```

3.3 基于 XML 的 AOP 配置

如果喜欢 XML 格式，Spring 通过 AOP 命名标签提供了切面编程支持。与@AspectJ 风格一致的 Pointcut 表达式和 Advice，在 XML 中同样支持。在 Spring 的配置文件中，所有的切面和通知都必须定义在<aop:config>元素内部（context 可以包含多个 <aop:config>）。

一个<aop:config>可以包含 pointcut、advisor 和 aspect 元素 （注意这三个元素必须按照这个顺序进行声明）。

警告：

（1）<aop:config>风格配置使得 Spring 的 auto-proxying 机制变得很笨重。

（2）如果已经通过 BeanNameAutoProxyCreator 或类似的织入方案显式使用了 auto-proxying，它可能会导致某些问题（如通知没有被织入）。

（3）推荐的使用模式是仅使用<aop:config>风格，或者仅使用 AutoProxyCreator 风格。

3.3.1　声明 Aspect

使用<aop:aspect>来声明切面，通过 ref 可以引用支撑 Bean。

```
<aop:config>
    <aop:aspect id="myAspect" ref="aBean">
        ...
    </aop:aspect>
</aop:config>
<bean id="aBean" class="...">
    ...
</bean>
```

注意： 切面中要配置通知，通知需要代码实现，因此必须要有一个支撑 Bean。

3.3.2　声明 Pointcut

<aop:pointcut>应该声明在<aop:config>内，这样其他 aspect 和 advisor 就可以共享这个 Pointcut。

```
<aop:config>
    <aop:pointcut id="businessService"
            expression="execution(* com.xyz.myapp.service.*.*(..))"/>
</aop:config>
```

XML 中的 Pointcut 表达式，与前面在@AspectJ 中使用的 Pointcut 表达式语法完全一致。XML 配置中的 id 就是切入点的签名（它和方法无关，就是个名称识别），expression 为切入点表达式，也可以通过名字引用其他 Pointcut。

示例如下：

（1）引用@AspectJ 定义的切入点。

```
<aop:config>
    <aop:pointcut id="businessService"
            expression="com.xyz.myapp.SystemArchitecture.businessService()"/>
</aop:config>
```

（2）引用 XML 中定义的切入点。

```
<aop:config>
    <aop:aspect id="myAspect" ref="aBean">
    <aop:pointcut id="businessService"
        expression="execution(* com.xyz.myapp.service..(..)) and
this(service)"/>
    <aop:before pointcut-ref="businessService" method="monitor"/>
    ...
```

```
    </aop:aspect>
</aop:config>
```

3.3.3　声明 Advice

在@AspectJ 中定义的 5 个通知类型，XML 中都支持，而且语意相同。

（1）声明前置通知。

```
<aop:aspect id="beforeExample" ref="aBean">
    <aop:before
        pointcut-ref="dataAccessOperation"  method="doAccessCheck"/>
    <aop:before
        pointcut="execution(* com.xyz.myapp.dao.*.*(..))"
        method="doAccessCheck"/>
</aop:aspect>
```

（2）声明后置返回通知。

```
<aop:aspect id="afterReturningExample" ref="aBean">
    <aop:after-returning
        pointcut-ref="dataAccessOperation"
        method="doAccessCheck"/>
</aop:aspect>
```

（3）声明后置异常通知。

```
<aop:aspect id="afterThrowingExample" ref="aBean">
    <aop:after-throwing
        pointcut-ref="dataAccessOperation"
        method="doRecoveryActions"/>
</aop:aspect>
```

（4）声明最终通知。

```
<aop:aspect id="afterFinallyExample" ref="aBean">
    <aop:after
        pointcut-ref="dataAccessOperation"
        method="doReleaseLock"/>
    ...
</aop:aspect>
```

（5）声明环绕通知。

```
<aop:aspect id="aroundExample" ref="aBean">
    <aop:around
            pointcut-ref="businessService"
            method="doBasicProfiling"/>
    ...
</aop:aspect>
```

（6）在支撑 Bean 中定义通知要响应的方法。

```
public class ABean {
    public void doAccessCheck(JoinPoint jp) {
    }
    public void doRecoveryActions(JoinPoint jp ) {
    }
    public void doReleaseLock() {
    }
    public Object doBasicProfiling(ProceedingJoinPoint pjp) throws Throwable{
        return pjp.proceed();
```

```
        }
    }
```

3.3.4   使用 Advisor

Advisor（通知器）这个概念源于 Spring 对 AOP 的支持，在@AspectJ 中没有等价内容。一个 Advisor 就是一个自包含的切面，Advisor 中只能有一个通知。Aspect 需要一个 Bean 的支持，Advisor 不需要，这样配置更加简单。

示例 1：

```xml
<aop:config>
    <aop:pointcut id="businessService"
            expression="execution(* com.xyz.myapp.service.*.*(..))"/>
    <aop:advisor
            pointcut-ref="businessService"
            advice-ref="tx-advice"/>
</aop:config>
<tx:advice id="tx-advice">
    <tx:attributes>
        <tx:method name="*" propagation="REQUIRED"/>
    </tx:attributes>
</tx:advice>
```

示例 2：

```xml
//Advisor 与事务通知策略协同使用
<bean id="txManager" class="org.springframework
                        .jdbc.datasource.DataSourceTransactionManager">
    <property name="dataSource" ref="dataSource" />
</bean>
<aop:config>
    <aop:pointcut id="serviceOperation"
            expression="execution(* com.icss.biz.*.*(..)))" />
    <aop:advisor advice-ref="txAdvice" pointcut-ref="serviceOperation" />
</aop:config>
<tx:advice id="txAdvice" transaction-manager="txManager">
    <tx:attributes>
        <tx:method name="add*"  rollback-for="Throwable" />
        <tx:method name="*"  read-only="true" />
    </tx:attributes>
</tx:advice>
```

3.3.5   案例：StaffUser 日志管理

本节使用 XML 配置切面、切入点、通知，使用日志跟踪员工系统的服务层与持久层方法的调用。

（1）配置 pom.xml。

```xml
<dependency>
     <groupId>org.springframework</groupId>
    <artifactId>spring-context</artifactId>
    <version>6.0.3</version>
</dependency>
<dependency>
    <groupId>org.aspectj</groupId>
```

```
        <artifactId>aspectjweaver</artifactId>
        <version>1.9.19</version>
    </dependency>
    <dependency>
        <groupId>org.apache.logging.log4j</groupId>
        <artifactId>log4j-slf4j-impl</artifactId>
        <version>2.13.3</version>
    </dependency>
```

（2）编写日志处理代码。

```java
public Object logging(ProceedingJoinPoint pjp) throws Throwable{
    Object obj = null;
    Log.logger.info(pjp.getSignature() + new Date().toString());
    obj = pjp.proceed();                //注意必须要有返回值
    Log.logger.info(pjp.toString() + new Date().toString());
    return obj;
}
```

（3）配置切面和 Pointcut。

```xml
<aop:config>
        <aop:aspect id="logAspect" ref="logBean">
        <aop:around method="logging" pointcut-ref="businessOperate"/>
    </aop:aspect>
    </aop:config>
    <bean id="logBean" class="com.icss.biz.LogProxy"></bean>
```

（4）代码测试。

```java
public static void main(String[] args) throws Exception{
    UserBiz iuser = (UserBiz)SpringFactory.getBean("userBiz");
    User user = iuser.login("admin", "123");
    if(user != null) {
        System.out.println("登录成功，身份是" + user.getRole());
    }else {
        System.out.println("登录失败");
    }
    }
```

测试结果：

```
INFO - User com.icss.biz.UserBiz.login(String,String)
UserBizMysql...login...
UserDaoMysql...login...
INFO - execution(User com.icss.biz.UserBiz.login(String,String))
execution(User com.icss.biz.UserBiz.login(String,String))
登录成功，身份是1
```

（5）上述代码是给服务层打日志，现在增加持久层方法日志。在 XML 可以使用 and 或 or 连接多条件。

```xml
        <aop:config>
        <aop:pointcut id="allLayer"
                    expression="execution(public * com.icss.biz.*.*(..)) or
                            execution(public * com.icss.dao.*.*(..)) "/>
        <aop:aspect id="logAspect" ref="logBean">
            <aop:around method="logging" pointcut-ref="allLayer"/>
        </aop:aspect>
    </aop:config>
<bean id="logBean" class="com.icss.biz.LogProxy"></bean>
```

测试结果：

```
INFO - User com.icss.biz.UserBiz.login(String,String)
UserBizMysql...login...
INFO - User com.icss.dao.IUserDao.login(String,String)
UserDaoMysql...login...
INFO - execution(User com.icss.dao.IUserDao.login(String,String))
INFO - execution(User com.icss.biz.UserBiz.login(String,String))
execution(User com.icss.biz.UserBiz.login(String,String))
登录成功，身份是1
```

3.3.6　案例：StaffUser 数据库连接管理

前面介绍了员工系统，下面使用 XML 配置切面、切入点、通知，实现数据库连接管理、自动打开数据库连接、自动关闭数据库连接。下面讲述操作步骤。

（1）编写打开、关闭数据库的代码。

```
public class DbProxy {
    public void openDataBase(JoinPoint jp) {
        System.out.println("-----------打开数据库--------------");
    }
    public void closeDataBase(JoinPoint jp) {
        System.out.println(jp.toString());
        System.out.println("-------------关闭数据库----------");
    }
}
```

（2）编写 XML 配置信息。

```xml
<aop:config>
        <aop:pointcut expression="execution(public * com.icss.biz.*.*(..))"
                      id="businessOperate"/>
        <aop:aspect id="dbAspect" ref="dbBean">
        <aop:before method="openDataBase" pointcut-ref="businessOperate"/>
        <aop:after method="closeDataBase" pointcut-ref="businessOperate"/>
    </aop:aspect>
    </aop:config>
    <bean id="dbBean" class="com.icss.biz.DbProxy"></bean>
```

（3）用户登录测试结果。

```
-----------打开数据库--------------
UserBizMysql...login...
UserDaoMysql...login...
-------------关闭数据库----------
登录成功，身份是1
```

3.4　动态代理机制

Spring 的 AOP 一部分使用 JDK 动态代理，一部分使用 CGLIB 创建代理。如果被代理的目标对象实现了至少一个接口，则会使用 JDK 动态代理。 若该目标对象没有实现任何接口，则会创建一个 CGLIB 代理。从 Spring 3.2 开始，cglib 包已经被打入了 spring-core 包中。

3.4.1 静态代理

动态代理是在静态代理模式基础上发展起来的，因此学习动态代理之前，需要先理解静态代理模式。

1. 设计模式之静态代理

GOF 静态代理模式为其他对象提供一种代理以控制对这个对象的访问。图 3-1 为代理模式的类图。

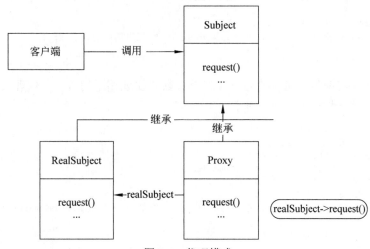

图 3-1 代理模式

客户向代理发出请求，真正做事的是被代理者（见图 3-2）。代理模式被广泛应用，如 hibernate 的懒加载机制。

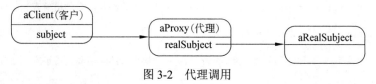

图 3-2 代理调用

2. 案例：明星与经纪人

电影明星和歌星都有经纪人，拍电影、演出、娱乐活动等都需要和经纪人联系，但实际参加演出的是明星。这里需要注意的是，代理人不是简单委托，他会从中做一些额外的事情。

（1）接口设计，定义明星的三个行为：拍电影、拍广告、参加活动。

```java
public interface IStar {
    public void playMovie();          //拍电影
    public void playAd();             //拍广告
    public void playActive();         //参加活动
}
```

（2）定义 MovieStar 业务类，实现 IStar 接口。

```java
public class MovieStar implements IStar{
    private String name;
```

```
    public String getName() {
        return name;
    }
    public MovieStar(String name) {
        this.name = name;
    }
    public void playMovie() {
        System.out.println(this.name + " 在拍电影...");
    }
    public void playAd() {
        System.out.println(this.name + " 在拍广告...");
    }
    public void playActive() {
        System.out.println(this.name + " 在参加活动...");
    }
}
```

（3）定义静态代理类。代理类与被代理类必须要实现相同的接口。代理人在被代理人实际参与的活动中，会做一些额外的事情。

```
public class StarProxy  implements IStar{
    private String name;
    private MovieStar star;
    public StarProxy(String name,MovieStar star) {
        this.name = name;
        this.star = star;
        System.out.println(this.name + "成为" + star.getName()+"的经纪人");
    }
    public void playMovie() {
        star.playMovie();
        System.out.println(this.name + "协调合约与电影拍摄事宜...");
    }
    public void playAd() {
        star.playAd();
        System.out.println(this.name + "协调合约与广告拍摄事宜...");
    }
    public void playActive() {
        star.playActive();
        System.out.println(this.name + "协调合约与活动安排事宜...");
    }
}
```

（4）代码测试。

发起活动的都是代理者，实际执行的是被代理者。

```
public static void main(String[] args) {
    MovieStarstar = new MovieStar("演员甲");
    IStarproxy = new StarProxy("经纪人乙",star);
    proxy.playActive();
    proxy.playAd();
    proxy.playMovie();
}
```

测试结果：

```
经纪人乙成为演员甲的经纪人
演员甲在参加活动...
```

经纪人乙协调合约与活动安排事宜...
演员甲在拍广告...
经纪人乙协调合约与广告拍摄事宜...
演员甲在拍电影...
经纪人乙协调合约与电影拍摄事宜...

3.4.2　JDK 动态代理

使用 JDK 的动态代理机制可以实现自动记录日志功能。为了对比分析，首先用静态代理模式来实现日志管理功能，对比分析静态代理与动态代理的区别。

1. 案例：静态代理的日志实现

如下示例使用静态代理模式，为所有图书业务操作打日志。

（1）定义业务接口 IBook 和业务行为。

```
public interface IBook {
    public void getBookInfo();    //获取图书信息
    public void buyBook();        //买书
    public void updateBook();     //更新图书信息
}
```

（2）业务实现类 BookBiz，实现接口 IBook。

```
public class BookBiz implements IBook{
    public void getBookInfo() {
        System.out.println("getBookInfo...");
    }
    public void buyBook() {
        System.out.println("buyBook...");
    }
    public void updateBook() {
        System.out.println("updateBook...");
    }
}
```

（3）定义代理类 BookLog，它实现了 IBook 接口，同时在构造器中传入被代理的对象 BookBiz。

```
public class BookLog implements IBook{
    private BookBiz bookBiz;
    public BookLog(BookBiz bookBiz) {
        this.bookBiz = bookBiz;
    }
    public void getBookInfo() {
        Log.logger.info("getBookInfo...begin...");
        bookBiz.getBookInfo();
        Log.logger.info("getBookInfo...end...");
    }
    public void buyBook() {
        Log.logger.info("buyBook...begin...");
        bookBiz.buyBook();
        Log.logger.info("buyBook...end...");
    }
    public void updateBook() {
        Log.logger.info("updateBook...begin...");
        bookBiz.updateBook();
```

```
            Log.logger.info("updateBook...end...");
        }
    }
```

（4）代码测试。

```
public static void main(String[] args) {
    IBook ibook = new BookLog(new BookBiz());
    ibook.buyBook();
}
```

测试结果如下：

```
INFO - buyBook...begin...
buyBook...
INFO - buyBook...end...
```

提问：如果业务接口 IUser 中的方法也需要实现自动日志功能，怎么办？继续使用静态代理模式，需要给 IUser 增加 UserLog 实现类，这样是不是太烦琐了，如何解决？

```
public interface IUser {
    public void regist(User user) throws Exception;
    public void login(String uname,String pwd) throws Exception;
}
```

2. Proxy 类和 InvocationHandler 接口

java.lang.reflect.Proxy 是 JDK 提供的工具类。Proxy 提供了创建动态代理对象的方法，它也是创建所有动态代理类的超类。

```
public class Proxy implements java.io.Serializable {
    public static Object newProxyInstance(ClassLoader loader,
                        Class<?>[] interfaces, InvocationHandler h){}
}
```

Proxy.newProxyInstance()返回的对象就是动态代理对象，示例如下：

```
InvocationHandler handler = new MyInvocationHandler(...);
Foo f = (Foo) Proxy.newProxyInstance(Foo.class.getClassLoader(),
                        new Class<?>[] { Foo.class }, handler);
```

3. 案例：JDK 动态代理日志

使用 java.lang.reflect .Proxy 实现日志的动态代理，可以给所有业务类增加日志功能。创建的每个动态代理类都是对 Proxy 的包装，有专一的用途，如日志代理、事务代理、权限代理等。

（1）编写日志动态代理类，实现 InvocationHandler 接口。

```
public class LogDynamic implements InvocationHandler{
    private Object target;
    /**
    * 传入被代理对象，返回代理对象
    */
    public Object bind(Object target) {
        this.target = target;
            return Proxy.newProxyInstance(target.getClass().getClassLoader(),
                target.getClass().getInterfaces(),this);
    }
    /**
    * 当调用被代理对象上的方法时，这个 invoke 方法会被自动激活
```

```
    */
    public Object invoke(Object proxy, Method method, Object[] args)
                                    throws Throwable {
        Log.logger.info(method.getName() + " beging...");
        //动态调用被代理对象的方法
        Object result = method.invoke(target, args);
        Log.logger.info(method.getName() + " ending...");
        return result;
    }
}
```

（2）创建 LogDynamic 动态代理对象，分别绑定 UserBiz 和 BookBiz 对象进行测试。

```
public static void main(String[] args)throws Exception{
    LogDynamic logd = new LogDynamic();
    IUser proxy = (IUser)logd.bind(new UserBiz());
    proxy.login("tom", "123445");
    IBook bookProxy = (IBook)logd.bind(new BookBiz());
    bookProxy.buyBook();
}
```

（3）测试结果显示，IUser 和 IBook 对象绑定后，都可以动态打印日志。

```
INFO - login beging...
tom is logging...
INFO - login ending...
INFO - buyBook beging...
buyBook...
INFO - buyBook ending...
```

总结：只需要编写一个 LogDynamic 日志动态代理类，业务对象如 new UserBiz()、new BookBiz()等与动态代理类完全解耦。绑定其他业务对象，仍然可以输出日志信息。

3.4.3　项目案例：自动管理数据库连接

前面几节的员工系统使用的都是伪代码。从本节开始，连接真实的数据库。首先，考虑如何管理数据库的连接，实现自动打开、关闭数据库的功能。注意：在实际项目中，打开数据库的位置一般在持久层，但是关闭数据库连接的位置在服务层或持久层。为何这样使用数据库连接，后面将详细介绍。

员工系统需要同时支持 Oracle 和 MySQL，代码演示时以 MySQL 为主。

1. 配置 MySQL 数据库环境

（1）安装 MySQL8 数据库。

（2）创建库：

```
create database staff;
```

打开库：

```
use staff;
```

（3）创建表：

```
create table TStaff (
    sno                 varchar(9) not null,
    name                varchar(30),
    birthday            date,
```

```
    address              varchar(180),
    tel                  varchar(18),
    primary key (sno)
);
create table TUser (
    uname                varchar(30) not null,
    sno                  varchar(9) not null,
    pwd                  varchar(20),
    role                 int,
    primary key (sno),
    key AK_Key_2 (uname)
);
alter  table  TUser  add  constraint  FK_Reference_1
foreign key (sno)  references TStaff (sno);
```

（4）StaffUser 系统导入 mysql 驱动包：

```
<dependency>
    <groupId>mysql</groupId>
    <artifactId>mysql-connector-java</artifactId>
    <version>8.0.27</version>
</dependency>
```

（5）配置数据库的连接信息，新建 db.properties 文件。

```
driver=com.Mysql.cj.jdbc.Driver
url=jdbc:Mysql://localhost:3306/staff?useSSL=false
            &serverTimezone=UTC&allowPublicKeyRetrieval=true
username=root
password=123456
```

（6）封装单例类 DbInfo，读取数据库连接信息。

```
public class DbInfo {
    private static DbInfo info;          //单例
    private String driver;
    private String url;
    private String uname;
    private String pwd;
    //详细代码参见本书配套资源
}
```

2. DbFactory 封装数据库 Connection

使用 ThreadLocal 封装数据库的连接，保证每个线程最多持有一个数据库连接。这个封装非常重要，它可以解决持久层获取数据库连接，然后在服务层关闭数据库连接的问题。在 hibernate 模式下，由于懒加载的存在，需要在视图层关闭数据库连接，使用 ThreadLocal 也可以解决。

```
public class DbFactory {
    private static ThreadLocal<Connection> tlocal = new ThreadLocal<>();
    public static Connection openConnection() throws
                              ClassNotFoundException,SQLException{
        … //详细代码参见本书配套资源
        return conn;
    }
    public static void closeConnection(){
        … //详细代码参见本书配套资源
    }
}
```

3. 动态代理实现数据库自动打开和关闭

基于前面讲解的 DbFactory 和 Proxy，编写动态代理类，实现数据库连接的自动打开与关闭。下面讲述操作步骤。

（1）编写代理类。

```java
public class DbProxy implements InvocationHandler {
    private Object target;
    public Object bind(Object target) {
        this.target = target;
        return Proxy.newProxyInstance(target.getClass().getClassLoader(),
                target.getClass().getInterfaces(),this);
    }
    public Object invoke(Object proxy, Method method, Object[] args)
                                          throws Throwable {
        Object result = null;
        DbFactory.openConnection();          //获取数据库连接
        try {
            result = method.invoke(target, args);
        } finally {
            DbFactory.closeConnection();      //关闭数据库连接
        }
        return result;
    }
}
```

（2）定义服务层代码。

```java
public class UserBiz implements IUser{
    public User login(String uname, String pwd) throws Exception {
        Log.logger.info(Thread.currentThread().getId() + ":" + uname + " login ..");
        IUserDao dao = new UserDaoMysql();
        return dao.login(uname, pwd);
    }
}
```

（3）定义持久层代码。

```java
public class UserDaoMysql implements IUserDao {
    public User login(String name, String pwd) throws Exception {
        User user = null;
        //...用伪代码模拟用户登录
        return user;
    }
}
```

（4）UI 代码调用，多使用线程模拟多用户并发访问。

```java
public static void main(String[] args) {
    ExecutorService pool = Executors.newCachedThreadPool();
    for(int i=0;i<3;i++) {
        pool.execute(new Runnable() {
            public void run() {
                DbProxy proxy = new DbProxy();
                IUser userProxy = (IUser)proxy.bind(new UserBiz());
                userProxy.login("tom", "123456");
            }
        });
    }
```

```
        pool.shutdown();
    }
```

测试结果如下：

```
INFO - 10打开数据库,生成一个新连接...
INFO - 8打开数据库,生成一个新连接...
INFO - 9打开数据库,生成一个新连接...
INFO - 8:tom login ...
INFO - 10:tom login ...
INFO - 9:tom login ...
INFO - 8打开数据库,使用原有连接...
INFO - 8关闭数据库...
INFO - 9打开数据库,使用原有连接...
INFO - 9关闭数据库...
INFO - 10打开数据库,使用原有连接...
INFO - 10关闭数据库...
```

测试发现，即使业务操作中出现异常，也不影响数据库连接的获得与释放。在高并发的环境下，每个线程使用自己的数据库连接，线程间不产生冲突。

3.4.4 项目案例：员工系统的事务管理

事务管理是所有业务系统的核心操作，也是 Spring Framework 要解决的核心问题。

1. 事务 ACID 特性

本地事务（Local Transaction）：使用单一资源管理器，管理本地资源（见图 3-3）。

本地事务具有 ACID 特性，即 Atomicity（原子性）、Consistency（一致性）、Isolation（隔离性）、Durability（持久性）。

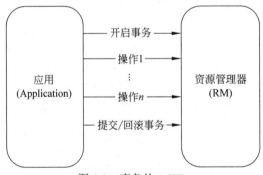

图 3-3　事务的 ACID

2. 编程式本地事务

本节使用编程式本地事务实现新增员工和用户。企业的业务需求如下：

（1）添加新员工时，自动添加一个系统的登录用户。

（2）用户名默认为员工编号、密码默认为身份证后 6 位，用户第一次登录提示修改。

（3）用户名为用户的姓名或昵称，用于显示，不做唯一性校验。

（4）用事务的 ACID 特性，保证员工和默认用户同时添加成功。

下面讲述操作步骤。

（1）在 DbFactory 中封装 JDBC 的事务操作。

```
public class DbFactory {
    private static ThreadLocal<Connection> tlocal = new ThreadLocal<>();
    // 开启事务
    public static void beginTransaction() throws Exception{
        Connection conn = openConnection();
        conn.setAutoCommit(false);
    }
    //提交事务
    public static void commit() throws Exception {
        Connection conn = openConnection();
        conn.commit();
    }
    // 事务回滚
    public static void rollback() throws Exception{
        Connection conn = openConnection();
        conn.rollback();
    }
}
```

（2）服务层实现事务控制，保证同时添加员工和用户。

```
public class StaffBiz implements IStaff{
    /**
     * 使用本地事务，保证员工和用户信息同时写入成功
     */
    public void addStaffUser(Staff staff) throws Exception {
        User user = new User();
        user.setUname(staff.getSno());
        user.setPwd("123");
        user.setRole(2);
        user.setSno(staff.getSno());
        DbFactory.openConnection();              //打开数据库
        DbFactory.beginTransaction();            //开启事务
        StaffDao staffDao = new StaffDao();
        UserDao userDao = new UserDao();
        try {
            staffDao.addStaff(staff);
            userDao.addUser(user);
            DbFactory.commit();                  //无异常，提交事务
        } catch (Exception e) {
            DbFactory.rollback();                //有异常，回滚事务
            throw e;                             //异常需要二次抛出
        }finally{
            DbFactory.closeConnection();         //关闭数据库
        }
    }
}
```

（3）在持久层分别添加员工和用户。

添加员工的持久层操作在 StaffDao 中，添加用户的持久层操作在 UserDao 中。多数情况，一个 DAO 的类，对应一个表的操作。

```
public class StaffDao {
    //添加员工
    public void addStaff(Staff staff) throws Exception{
```

```
        Stringsql = "insert into tstaff values(?,?,?,?,?)";
        … //详细代码参见本书配套资源
    }
}
public class UserDao {
    //添加用户
    public void addUser(User user) throws Exception {
        Stringsql = "insert into tuser values(?,?,?,?)";
        … //详细代码参见本书配套资源
    }
}
```

（4）视图层测试。

```
public static void main(String[] args)throws Exception{
    … //详细代码参见本书配套资源
    biz.addStaffUser(staff);
    System.out.println(staff.getSno() + "创建成功...");
}
```

（5）测试结果显示，步骤（4）操作正确，员工和用户同时添加成功。

下面在 addUser 中主动抛出异常，测试事务回滚。

```
public class UserDao {
    //添加用户
    public void addUser(TUser user) throws Exception {
        … //详细代码参见本书配套资源
        throw new RuntimeException("事务回滚测试...");
    }
}
```

测试结果表明：检查数据库中的数据，发现没有出现错误数据，表明事务回滚正确。

```
log4j:WARN Please initialize the log4j system properly.
java.lang.RuntimeException: 事务回滚测试...
    at com.icss.dao.UserDao.addUser(UserDao.java:21)
    at com.icss.biz.StaffBiz.addStaffUser(StaffBiz.java:27)
    at com.icss.ui.Test.main(Test.java:23)
```

3. 动态代理实现事务控制

前面采用编程式事务管理完成了添加员工的操作，下面演示动态代理管理事务操作。这两种事务管理模式都非常重要。

（1）编写动态代理。

```
public class TransacationProxy implements InvocationHandler {
    private Object target;
    public Object bind(Object target) {
        this.target = target;
        return Proxy.newProxyInstance(target.getClass().getClassLoader(),
                        target.getClass().getInterfaces(), this);
    }
    public Object invoke(Object proxy, Method method,
                    Object[] args) throws Throwable {
        Object result = null;
        DbFactory.openConnection();              // 打开数据库
        DbFactory.beginTransaction();            // 开启事务
        try {
            result = method.invoke(target, args);
```

```
        DbFactory.commit();                  // 事务提交
    } catch (Exception e) {
        DbFactory.rollback();                // 事务回滚
        throw e;                             // 二次抛出异常
    } finally {
        DbFactory.closeConnection();         // 关闭数据库
    }
    return result;
    }
}
```

（2）新增员工和用户的业务逻辑代码，简化为自动控制事务。

动态代理管理的事务操作，大幅减少了业务部分的代码，使开发人员精力可以更加集中在业务逻辑本身。

```
public class StaffBiz implements IStaff{
    // 动态代理控制本地事务，保证员工和用户信息同时写入成功
    public void addStaffUser(Staff staff) throws Exception {
        Log.logger.info(Thread.currentThread().getId() + ":addStaffUser()");
        User user = new User();
        user.setSno(staff.getSno());
        user.setUname(staff.getSno());
        user.setRole(2);
        user.setPwd("1234");
        StaffDao staffDao = new StaffDao();
        UserDao userDao = new UserDao();
        staffDao.addStaff(staff);
        userDao.addUser(user);
    }
}
```

（3）持久层代码不变。UI 层使用动态代理类进行测试。

```
public class TestAddStaffUser {
    public static void main(String[] args) {
    … //详细代码参见本书配套资源
    }
}
```

测试结果：

```
INFO - 1打开数据库,生成一个新连接...
INFO - 1打开数据库,使用原有连接...
INFO - 1开启事务
INFO - 1:addStaffUser()
INFO - 1:addStaff()
INFO - 1打开数据库,使用原有连接...
INFO - 1:addUser()
INFO - 1打开数据库,使用原有连接...
INFO - 1打开数据库,使用原有连接...
INFO - 1提交事务
INFO - 1关闭数据库...
101000129创建成功...
```

（4）异常测试。

如果添加员工、添加用户都正常，数据提交前主动抛出异常，观察已添加的员工和用户

数据是否能够回滚？

```
public class UserDao {
    public void addUser(User user) throws Exception {
        Log.logger.info(Thread.currentThread().getId() + ":addUser()");
        … //详细代码参见本书配套资源
        throw new RuntimeException("事务回滚测试...");
    }
}
```

测试结果表明：检查数据库中的数据，发现没有出现错误数据，表明事务回滚正确。

```
INFO - 1 打开数据库,生成一个新连接...
INFO - 1 打开数据库,使用原有连接...
INFO - 1 开启事务
INFO - 1:addStaffUser()
INFO - 1:addStaff()
INFO - 1 打开数据库,使用原有连接...
INFO - 1:addUser()
INFO - 1 打开数据库,使用原有连接...
INFO - 1 打开数据库,使用原有连接...
INFO - 1 回滚事务
INFO - 1 关闭数据库...
Caused by: java.lang.RuntimeException: 事务回滚测试...
        at com.icss.dao.UserDao.addUser(UserDao.java:37)
        at com.icss.biz.impl.StaffBiz.addStaffUser(StaffBiz.java:24)
```

4. 自定义注解@Transaction

在 StaffUser 的业务操作中，addStaffUser()需要事务管理，而 login()只需要数据库连接，不需要事务管理。如果所有的方法都做事务控制，对系统性能会有很大影响。

如何识别一个业务方法是否需要事务管理呢？可以采用非侵入式的 XML 配置和注解方式识别。下面演示自定义注解的解决方案。

（1）新增注解。

```
@Target(ElementType.METHOD)
@Retention(RetentionPolicy.RUNTIME)
public @interface Transaction {
}
```

（2）在接口上使用注解。

```
public interface IStaff {
    @Transaction
    public void addStaffUser(Staff staff) throws Exception;
}
```

（3）在事务的动态代理类 TransacationProxy 中增加注解判断。

```
public Object invoke(Object proxy, Method method,
                    Object[] args) throws Throwable {
    Object result = null;
    DbFactory.openConnection();            //打开数据库
    if (method.isAnnotationPresent(Transaction.class)) {
        DbFactory.beginTransaction();      // 开启事务
    }
    try {
        result = method.invoke(target, args);
```

```
            if (method.isAnnotationPresent(Transaction.class)) {
                DbFactory.commit();              // 事务提交
            }
        } catch (Exception e) {
            if (method.isAnnotationPresent(Transaction.class)) {
                DbFactory.rollback();            // 事务回滚
            }
            throw e.getCause();                  // 二次抛出异常
        } finally {
            DbFactory.closeConnection();         // 关闭数据库
        }
        return result;
    }
```

（4）添加新员工测试（详细代码参见本书配套资源）。

测试结果：

```
INFO - 1 打开数据库,生成一个新连接...
INFO - 1 打开数据库,使用原有连接...
INFO - 1 开启事务
INFO - 1:addStaffUser()
INFO - 1:addStaff()
INFO - 1 打开数据库,使用原有连接...
INFO - 1:addUser()
INFO - 1 打开数据库,使用原有连接...
INFO - 1 打开数据库,使用原有连接...
INFO - 1 提交事务
INFO - 1 关闭数据库...
101000130 创建成功...
```

（5）用户登录测试。

```
public static void main(String[] args)throws Exception{
    TransacationProxy proxy = new TransacationProxy();
    IUser userProxy = (IUser) proxy.bind(new UserBiz());
    userProxy.login("tom", "123456");
}
```

测试结果：

```
INFO - 1 打开数据库,生成一个新连接...
INFO - 1:UserBiz-->>login()
INFO - 1:UserDao-->>login()
INFO - 1 关闭数据库...
```

总结：使用自定义注解@Transaction 有效识别了业务方法是否需要事务管理，这对业务系统的性能提升有很大好处。

3.4.5 项目案例：员工系统事务 AspectJ 方案

3.4.4 节使用动态代理 Proxy 实现了员工系统事务管理，本节采用 Spring 的 AspectJ 来实现动态的事务管理。

Proxy 实现的员工系统事务管理，每次调用业务方法前，都需要动态绑定并创建动态代理，这样操作很麻烦。在 AspectJ 方案中，没有了动态绑定，只需要指明切入点和通知即可，代码会更加简洁。

1. 配置扫描信息

在 XML 中配置 AspectJ 支持与业务 Bean 的扫描。为了管理业务层的事务，所有业务类必须是 Bean 对象，而持久层对象是否是 Bean 对象，不影响操作。因此，此处配置只扫描业务层。

```
<beans xmlns="http://www.springframework.org/schema/Beans...">
    <aop:aspectj-autoproxy />
    <context:component-scan    base-package="com.icss.biz" />
</beans>
```

2. 编写切面和通知

在环绕通知中做事务管理，所有资源的释放必须放在后置通知中。对于不需要事务操作的方法，在前置通知中打开数据库。

```java
@Component
@Aspect
public class DbProxy {
    @Pointcut("execution(public * com.icss.biz.*.*(..))")
    private void businessOperate() {
    }
    @Before("businessOperate()")
    public void openDataBase(JoinPoint jp) throws Exception{
        Log.logger.info(Thread.currentThread().getId()
                    + ":openDataBase..." + jp.toString());
        DbFactory.openConnection();
    }
    @After("businessOperate()")
    public void closeDataBase(JoinPoint jp) {
        Log.logger.info(Thread.currentThread().getId()
                    + ":closeDataBase..." + jp.toString());
        DbFactory.closeConnection();       //在最终通知中关闭数据库
    }
    @Around("businessOperate()")
    public Object transaction(ProceedingJoinPoint pjp) throws Throwable{
        Object obj = null;
        Log.logger.info(pjp.toString());
        MethodSignature ms = (MethodSignature)pjp.getSignature();
        Method m = ms.getMethod();
        try {
            if(m.isAnnotationPresent(Transaction.class)) {
                DbFactory.beginTransaction();   //开启事务
            }
            obj = pjp.proceed();                //注意必须要有返回值
            if(m.isAnnotationPresent(Transaction.class)) {
                DbFactory.commit();             //提交事务
            }
        } catch (Throwable e) {
            if(m.isAnnotationPresent(Transaction.class)) {
                DbFactory.rollback();           //回滚事务
            }
            throw e;                            //必须要抛出异常
        }
        return obj;
    }
}
```

3. 编写逻辑代码

使用 JDK 的 Proxy 做动态代理，所有业务类必须要实现接口。用 AspectJ 控制事务，业务类可以没有接口，它会自动选择使用 CGLIB 来做动态代理。

定义 IStaff 接口与实现类 StaffBiz 类（参见 3.4.4 节代码）：

```java
public interface IStaff {
    @Transaction
    public void addStaffUser(Staff staff) throws Exception;
}
@Service
public class StaffBiz implements IStaff{}
```

4. 代码测试

```java
public static void main(String[] args)throws Exception{
    … //详细代码参见本书配套资源
    IStaff staffProxy = (IStaff)SpringFactory.getBean(IStaff.class);
    staffProxy.addStaffUser(staff);
    System.out.println(staff.getSno() + "创建成功...");
}
```

测试结果：

```
INFO - 1打开数据库,生成一个新连接...
INFO - 1开启事务
INFO - 1:openDataBase..execution(void com.icss.biz.IStaff.addStaffUser(Staff))
INFO - 1打开数据库,使用原有连接...
INFO - 1:addStaffUser()
INFO - 1:addStaff()
INFO - 1打开数据库,使用原有连接...
INFO - 1:addUser()
INFO - 1打开数据库,使用原有连接...
INFO - 1打开数据库,使用原有连接...
INFO - 1提交事务
INFO - 1:closeDataBase..execution(void com.icss.biz.IStaff.addStaffUser(Staff))
INFO - 1关闭数据库...
121000128创建成功...
```

5. 事务异常测试

添加员工成功后，添加用户时主动抛出异常，观察新增的员工数据是否回滚了：

```java
public void addUser(User user) throws Exception {
    Log.logger.info(Thread.currentThread().getId() + ":addUser()");
    … //详细代码参见本书配套资源
    throw new RuntimeException("事务回滚测试...");
}
```

测试结果表明：检查数据库数据，发现没有错误数据，表明事务回滚正确。

```
INFO - 1打开数据库,生成一个新连接...
INFO - 1开启事务
INFO - 1:openDataBase..execution(void com.icss.biz.IStaff.addStaffUser(Staff))
INFO - 1打开数据库,使用原有连接...
INFO - 1:addStaffUser()
INFO - 1:addStaff()
INFO - 1打开数据库,使用原有连接...
```

```
INFO - 1:addUser()
INFO - 1打开数据库,使用原有连接...
INFO - 1打开数据库,使用原有连接...
INFO - 1回滚事务
INFO - 1:closeDataBase..execution(void com.icss.biz.IStaff.addStaffUser(Staff))
INFO - 1关闭数据库...
        java.lang.RuntimeException: 事务回滚测试...
    at com.icss.dao.UserDao.addUser(UserDao.java:37)
    at com.icss.biz.impl.StaffBiz.addStaffUser(StaffBiz.java:28)
```

6. 用户登录测试

对于用户登录，只需要数据库的 connection 对象。如果有额外的事务控制操作，反而会带来性能压力，因此用户登录不能使用事务控制。

测试：

```java
public static void main(String[] args)throws Exception{
    IUser userProxy = (IUser)SpringFactory.getBean(IUser.class);
    userProxy.login("tom", "123456");
}
```

测试结果：

```
INFO - 1打开数据库,生成一个新连接...
INFO - 1:UserBiz-->>login()
INFO - 1:UserDao-->>login()
INFO - 1:closeDataBase..execution(User com.icss.biz.IUser.login(String,String))
INFO - 1关闭数据库...
```

第 4 章

Spring 整合 JDBC

Spring 可以整合数据层，如整合 JDBC、整合 hibernate、整合 MyBatis 等。数据层整合的核心就是使用 Spring 的统一事务管理模型，管理数据访问层各种框架的事务操作。

4.1 事务分类

关系型数据库的核心是事务，事务可以分为本地事务和全局事务，细分还会有编程式事务、声明性事务、JTA 事务、CMT 事务、BMT 事务等。

- 本地事务（Local Transaction）：使用单一资源管理器管理本地资源。
- 全局事务（Global Transaction）：通过事务管理器和多种资源管理器管理多种不同类型的资源，如同时管理 JDBC 资源和 JMS 资源。
- 编程式事务：通过编码方式开启事务、提交事务、回滚事务。
- 声明性事务：通过 XML 配置或注解实现事务管理。
- JTA 事务：Java Transaction API 使用 javax.transaction.UserTransaction 接口访问多种资源管理器。JTA 事务可以被容器或应用组件调用。
- CMT 事务（Container Management Transaction）：通过容器自动控制事务的开启、提交和回滚。开发人员不需要手工编写代码、配置注解，由容器来控制事务的边界。

CMT 事务示例：

```
<enterprise-Beans>
    <session>
        <ejb-name>BookStore-BookBean</ejb-name>
        <ejb-class>com.icss.test.biz.BookBiz</ejb-class>
        <remote>com.icss.test.biz.BookRemote</remote>
        <local>com.icss.test.biz.BookLocal</local>
        <sesion-type>Stateless</sesion-type>
    </session>
</enterprise-Beans>
@Stateless
public class BookBiz implements BookLocal,BookRemote{    }
```

JTA 事务示例：

```
@Resource UserTransacton tx;
public void updateData(...){
    tx.begin();            //开启 JTA 事务
    ...                    //实现业务操作
        tx.commit();       //提交事务
}
```

Jakarta EE 中的 EJB 事务模型（见图 4-1）使用容器管理事务，EJB 之间存在调用关系。在其他分布式架构如 Dubbo、Spring Cloud 中，服务之间的调用也很常见。

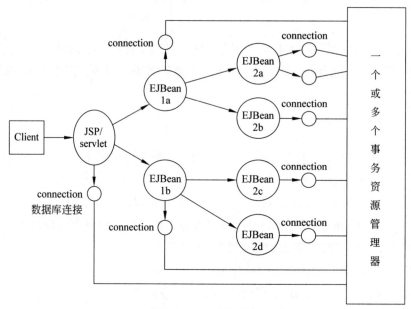

图 4-1　EJB 事务模型

使用 XA（eXtended Architecture）的两段提交协议来管理全局事务，事务管理器和资源管理器的分离是关键，只有多个资源管理器都提交成功，事务管理器才会最终提交（见图 4-2 和图 4-3）。

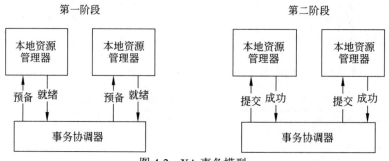

图 4-2　XA 事务模型

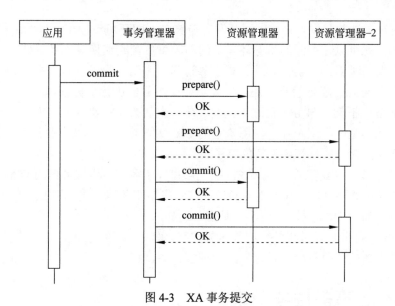

图 4-3 XA 事务提交

4.2 Spring 事务模型

Spring 框架最核心的功能之一就是通过声明性事务管理，整合持久层。不管数据源和持久层框架是什么，Spring 提供了一致性的事务管理抽象，这带来了如下好处：

- 为复杂的事务 API 提供了一致的编程模型，如 JTA、JDBC、Hibernate、JPA 和 JDO。
- 支持声明性事务管理。
- 提供了比大多数复杂事务 API（如 JTA）更简单的、更易于使用的编程式事务 API。
- 非常好地整合了各种数据访问层抽象。

全局事务有个缺陷，代码需要使用 JTA，这是一套笨重的 API（部分是因为它的异常模型）。此外，JTA 的 UserTransaction 通常需要从 JNDI 获得，这意味着为了 JTA，需要同时使用 JNDI 和 JTA。JTA 需要应用服务器环境支持，基于 EJB 的 CMT 事务管理是声明性事务模式。但是 EJB 3 之前的配置过于复杂，经常被人诟病。

示例：JTA 与 JNDI。

```
public void updateData(...) {
    Context  initCtx = new InitialContext();
    UserTransaction tx =
            (UserTransaction)initCtx.lookup("java:comp/UserTransaction");
    tx.begin();
        ...
    tx.commit();
}
```

本地事务容易使用，但也有明显的缺点：①它们不能用于多个事务性资源。例如，使用 JDBC 连接事务管理的代码不能用于全局的 JTA 事务中；②局部事务为侵入式编程模型，编程烦琐。

Spring 解决了这些问题。它使应用开发者能够在不同环境下使用一致的编程模型。只需要写一次代码，就可以在不同的事务环境下的不同事务策略切换时享受好处。

Spring 框架同时提供声明性和编程式事务管理，声明性事务管理是多数使用者的首选。

提问：有了 Spring 事务管理，还需要使用应用服务器进行事务管理吗？

解析：Spring 框架对事务的管理，改变了传统上认为企业级 Java 应用必须使用应用服务器的认识。尤其是中小型企业，使用笨重的 EJB 太过烦琐。大型企业到底是选择 Spring，还是 EJB，就是仁者见仁、智者见智的事了。

典型情况下，只有当需要管理多个资源的事务时，才需要应用服务器的 JTA 功能。Spring Framework 允许在需要时，把代码很容易地迁移到应用服务器上去。用 EJB 的 CMT 或 JTA 管理本地事务（如 JDBC 连接），将不再是唯一选择。

总结：Spring 提供了轻量级的声明性事务方案，解脱了事务对重量级应用服务器的依赖；解决了编程式事务的代码耦合；通过一致的编程模型，解决了不同事务环境迁移问题。

4.3　Spring 事务抽象模型

Spring 事务策略，统一由 PlatformTransactionManager 接口描述。

```
package org.springframework.transaction;
public interface PlatformTransactionManager {
    TransactionStatus getTransaction(TransactionDefinition definition)
                                throws TransactionException;
    void commit(TransactionStatus status) throws TransactionException;
    void rollback(TransactionStatus status) throws TransactionException;
}
```

对于不同的数据层访问技术，提供了具体的事务管理器，如 HibernateTransactionManager、JpaTransactionManager、DataSourceTransactionManager、JtaTransactionManager 等，见图 4-4。

TransactionStatus 用于描述事务状态：

```
public interface TransactionStatus extends SavepointManager, Flushable {
    boolean  isNewTransaction();
    boolean  hasSavepoint();
    void  setRollbackOnly();
    boolean  isRollbackOnly();
    void  flush();
    boolean  isCompleted();
}
```

TransactionDefinition 接口定义了以下事务的属性信息。

- 事务隔离级别：表示当前事务和其他事务的隔离程度。例如，这个事务能否看到其他事务未提交的写数据，具体参见下面的 JDBC 隔离级别分类。
- 事务传播类型：通常在一个事务中执行的所有代码都会在这个事务中运行。但是，如果一个事务上下文已经存在，有几个选项可以指定一个事务方法的执行行为。例如，简单地在现有的事务中继续运行，或者挂起现有事务，创建一个新的事务等。Spring 提供了 EJB CMT 中常见的事务传播选项。

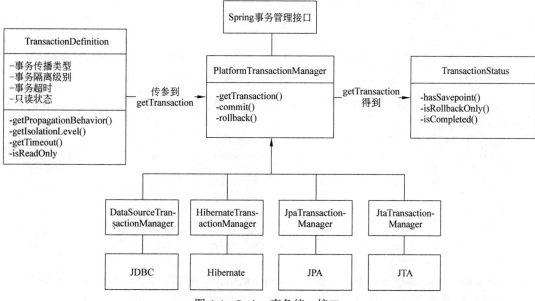

图 4-4　Spring 事务统一接口

- 事务超时：设置事务在超时前能运行多久。
- 只读状态：只读事务不修改任何数据。只读事务在某些情况下（例如当使用 Hibernate 时）是一种非常有用的优化方法。

TransactionDefinition 中定义了 4 种事务隔离级别和 7 种事务传播类型：

```java
public interface TransactionDefinition {
    int PROPAGATION_REQUIRED = 0;
    int PROPAGATION_SUPPORTS = 1;
    int PROPAGATION_MANDATORY = 2;
    int PROPAGATION_REQUIRES_NEW = 3;
    int PROPAGATION_NOT_SUPPORTED = 4;
    int PROPAGATION_NEVER = 5;
    int PROPAGATION_NESTED = 6;
    int ISOLATION_READ_UNCOMMITTED
                = Connection.TRANSACTION_READ_UNCOMMITTED;
    int ISOLATION_READ_COMMITTED
                = Connection.TRANSACTION_READ_COMMITTED;
    int ISOLATION_REPEATABLE_READ
                = Connection.TRANSACTION_REPEATABLE_READ;
    int ISOLATION_SERIALIZABLE
                = Connection.TRANSACTION_SERIALIZABLE;
}
```

DataSourceTransactionManager 是 PlatformTransactionManager 的实现类，用于 JDBC 和 MyBatis 访问数据库的事务管理器。

```xml
<bean id="dataSource"
    class="org.springframework.jdbc.datasource.DriverManagerDataSource">
    <property name="driverClassName"
            value="com.Mysql.cj.jdbc.Driver" />
    <property name="url"
            value="jdbc:Mysql://localhost:3306/bk?useSSL=false" />
```

```
        <property name="username" value="root" />
        <property name="password" value="123456" />
    </bean>
    <bean id="txManager"
        class="org.springframework.jdbc.datasource.DataSourceTransactionManager">
        <property name="dataSource" ref="dataSource" />
    </bean>
```

HibernateTransactionManager 是 PlatformTransactionManager 的实现类，用于 Spring 管理 hibernate 的事务管理器。

```
<bean id="sessionFactory"
    class="org.springframework.orm.hibernate3.LocalSessionFactoryBean">
    <property name="configLocation"
        value="classpath:hibernate.cfg.xml">
    </property>
</bean>
<bean id="txManager"
    class="org.springframework.orm.hibernate3.HibernateTransactionManager">
    <property name="sessionFactory" ref="sessionFactory" />
</bean>
```

JtaTransactionManager 是 PlatformTransactionManager 的实现类，当 Spring 集成的数据源为应用服务器管理的 JTA 事务时，使用这个事务管理器。

```
<?xml version="1.0" encoding="UTF-8"?>
    <beans xmlns="http://www.springframework.org/schema/Beans"
    xmlns:xsi="http://www.w3.org/2001/XMLSchema-instance"
    xmlns:jee="http://www.springframework.org/schema/jee"
    xsi:schemaLocation="
    http://www.springframework.org/schema/Beans
    https://www.springframework.org/schema/Beans/spring-Beans.xsd
    http://www.springframework.org/schema/jee
    https://www.springframework.org/schema/jee/spring-jee.xsd">
        <jee:jndi-lookup id="dataSource" jndi-name="jdbc/jpetstore"/>
        <bean id="txManager"
          class="org.springframework.transaction.jta.JtaTransactionManager" />
    ...
</beans>
```

4.4 事务与资源管理

Spring 使用了不同的事务管理器后，具体的资源如何控制呢？

若使用 DataSourceTransactionManager 封装 JDBC 访问数据库的事务操作，那么封装之后，是使用传统的 JDBC 操作数据库，还是有其他更好的解决方案？

方案 1：使用高层级的抽象把底层资源的本地 API 进行封装，提供模板方法，如 JdbcTemplate、HibernateTemplate、JdoTemplate、SqlSessionTemplate 等。

方案 2：直接使用资源的本地持久化原生 API。Spring 使用 AOP 接管了数据库的打开、关闭，事务的提交、回滚等操作。如果使用原生 API，需要从 Spring 的环境上下文中提取原始的 Connection、SqlSession、Hibernate Session 等原生对象。

这些原生对象，Spring 使用包装类进行管理，如 DataSourceUtils（用于 JDBC）、

EntityManagerFactoryUtils（用于 JPA）、SessionFactoryUtils（用于 Hibernate）、PersistenceManagerFactoryUtils（用于 JDO）。

示例：从 DataSourceUtils 中提取原生 Connection 对象。

```
public abstract class DataSourceUtils {
    public static Connection getConnection(DataSource dataSource){
        return doGetConnection(dataSource);
    }
}
```

总结：JdbcTemplate 封装 JDBC 操作后，代码并不简洁，开发难度增加，好处不明显。

HibernateTemplate 封装 hibernate 操作后，对于使用复杂的原生 SQL，如复杂的多表多条件嵌套查询，HibernateTemplate 的使用局限性会很大，开发好处更不明显。

个人推荐，尽量使用原生的 JDBC API 操作资源数据。

4.5 Spring 声明性事务

Spring 的声明性事务管理是通过 Spring AOP 实现的。

Spring 声明性事务管理可以在任何环境下使用，只需更改配置文件，它就可以和 JDBC、JDO、Hibernate 或其他的事务机制一起工作。

在 Spring 事务代理上调用方法的工作过程见图 4-5。

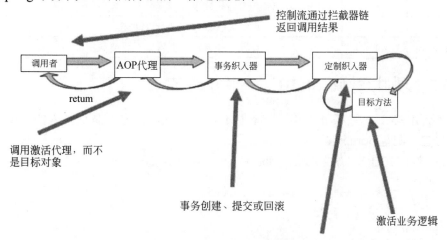

图 4-5　Spring 事务处理步骤

4.5.1　XML 方式管理声明性事务

使用 XML 方式管理声明性事务、配置事务策略，是一种非常有用的事务管理模式。首先需要根据管理的资源不同，选择不同的事务管理器，如 DataSourceTransactionManager、HibernateTransactionManager、JtaTransactionManager 等。然后需要配置切面和事务管理策略，在 XML 中配置 AOP 切面、切入点、通知等操作，这些在第 3 章 AOP 部分已经详细描述过了。此处，需要使用事务织入器<tx:advice>配置事务策略。

<tx:advice>属性设置信息如下（见表 4-1）：

- 设置事务传播类型（propagation），默认为 REQUIRED。
- 设置事务的隔离级别（isolation），不同数据库的隔离级别不同，如 Oracle 的默认隔离级别是 read-committed，MySQL 的默认隔离级别是 repeatable-read。
- 设置为只读事务（read-only），还是写事务。
- 设置事务超时（timeout），通常使用默认值，依赖于事务系统。
- 设置异常回滚策略（rollback-for）。Spring 的默认设置是任何 RuntimeException 将触发事务回滚，但是 CheckedException 不会触发事务回滚。

表 4-1 事务属性

属 性	是否需要	默认值	描 述
name	是		与事务属性关联的方法名。通配符*用来指定一批关联到相同事务属性的方法，如 get*、handle*、on*Event 等
propagation	否	REQUIRED	事务传播行为
isolation	否	DEFAULT	事务的隔离级别
timeout	否	−1	事务超时设置（单位是秒）
read-only	否	FALSE	是否为只读事务
rollback-for	否		设置哪些异常类型可以回滚
no-rollback-for	否		设置哪些异常类型可以不回滚

4.5.2 项目案例：StaffUser 事务的 XML 方案

本节使用 XML 配置声明性事务，管理员工系统的员工与用户同时插入的操作。

1. 导包（配置 pom.xml）

Spring 整合 JDBC，需要 spring-jdbc 和 spring-tx 包，pom.xml 的主要配置信息如下：

```xml
<dependency>
    <groupId>org.springframework</groupId>
    <artifactId>spring-context</artifactId>
    <version>6.0.3</version>
</dependency>
<dependency>
    <groupId>org.springframework</groupId>
    <artifactId>spring-jdbc</artifactId>
    <version>6.0.3</version>
</dependency>
<dependency>
    <groupId>mysql</groupId>
    <artifactId>mysql-connector-java</artifactId>
    <version>8.0.27</version>
</dependency>
<dependency>
    <groupId>org.aspectj</groupId>
    <artifactId>aspectjweaver</artifactId>
```

```
        <version>1.9.19</version>
</dependency>
```

2. 配置 Spring 核心配置文件

配置 Spring 的核心配置文件 beans.xml，并配置相关内容。

（1）配置 schema，需要 xmlns:tx 支持。

```
<beans xmlns="http://www.springframework.org/schema/Beans"
    xmlns:xsi="http://www.w3.org/2001/XMLSchema-instance"
    xmlns:aop="http://www.springframework.org/schema/aop"
    xmlns:tx="http://www.springframework.org/schema/tx"
        xsi:schemaLocation="http://www.springframework.org/schema/Beans
        https://www.springframework.org/schema/Beans/spring-Beans.xsd
        http://www.springframework.org/schema/tx
        https://www.springframework.org/schema/tx/spring-tx.xsd
        http://www.springframework.org/schema/aop
        https://www.springframework.org/schema/aop/spring-aop.xsd">
</beans>
```

（2）配置数据源。

```
<bean id="dataSource"
        class="org.springframework.jdbc.datasource.DriverManagerDataSource">
    <property name="driverClassName" value="com.Mysql.cj.jdbc.Driver" />
    <property name="url"
            value="jdbc:Mysql://localhost:3306/staff?useSSL=false" />
    <property name="username" value="root" />
    <property name="password" value="123456" />
</bean>
```

（3）配置事务管理器，使用 DataSourceTransactionManager 管理 JDBC 事务。

```
<bean id="txManager"
    class="org.springframework.jdbc.datasource.DataSourceTransactionManager">
    <property name="dataSource" ref="dataSource" />
</bean>
```

（4）配置切面和事务策略。

注意：Spring Framework 的事务默认只有 runtime 和 unchecked 异常才会事务回滚。如果从事务方法中抛出 checked 异常，将不会进行事务回滚。因此，配置 rollback-for=Throwable 非常有必要，这表示 checked 异常也会发生事务回滚。

read-only 为只读事务，只读事务并不是一个强制选项，它只是一个暗示，提示数据库系统，当前事务并不包含数据修改操作。JDBC 驱动程序或数据库有可能根据这个配置对该事务进行一些特定的优化，比如不设置相应的数据库锁，从而减轻事务对数据库的压力。read-only 并不是所有数据库都支持，不同的数据库会有不同的处理结果。

```
<aop:config>
    <aop:pointcut id="serviceOperation"
        expression="execution(* com.icss.biz.*.*(..)))" />
    <aop:advisor advice-ref="txAdvice" pointcut-ref="serviceOperation" />
</aop:config>
    <tx:advice id="txAdvice" transaction-manager="txManager">
    <tx:attributes>
        <tx:method name="delete*"  rollback-for="Throwable" />
        <tx:method name="update*"  rollback-for="Throwable" />
        <tx:method name="add*"  rollback-for="Throwable" />
```

```
        <tx:method name="*"  read-only="true" />
    </tx:attributes>
</tx:advice>
```

上述配置中，除了指定的某些写操作外，其他操作会使用只读事务处理。

提问：如果有些方法不需要数据库操作怎么办？当前配置方式，所有 Pointcut 指定的方法都会打开一个数据库连接，这无疑会造成很大的浪费。因此，如果想用 XML 方式精确管理声明性事务，配置会很麻烦，配置不当就会对系统性能造成影响。

（5）在 XML 中配置 Bean。

```
<bean id="userDao" class="com.icss.dao.UserDao">
    <property name="dataSource" ref="dataSource"></property>
</bean>
<bean id="staffDao" class="com.icss.dao.StaffDao">
    <property name="dataSource" ref="dataSource"></property>
</bean>
<bean id="staffBiz" class="com.icss.biz.StaffBiz">
    <property name="userDao" ref="userDao"></property>
    <property name="staffDao" ref="staffDao"></property>
</bean>
```

3. 逻辑层事务控制

逻辑层的操作，如打开数据库、关闭数据库、开启事务、提交事务、回滚事务等，都可以被 XML 中配置的事务管理器所控制。因此，这里只需要集中精力在业务本身即可。

```
public class StaffBiz implements IStaff{
    private StaffDao staffDao;
    private UserDao userDao;
    public void setStaffDao(StaffDao staffDao) {
        this.staffDao = staffDao;
    }
    public void setUserDao(UserDao userDao) {
        this.userDao = userDao;
    }
}
//无侵入式编程，事务操作由 XML 配置控制
public void addStaffUser(Staff staff) throws Exception {
    User user = new User();
    user.setSno(staff.getSno());
    user.setUname(staff.getSno());
    user.setRole(2);
    user.setPwd("1234");
    staffDao.addStaff(staff);
    userDao.addUser(user);
}
```

4. 持久层使用原生 API

在持久层，使用 Connection 原生 API 的操作步骤如下所述。

（1）在 BaseDao 中继承 JDBCDaoSupport。此处采用的是 Set 方法注入模式，需要把 dataSource 数据源注入给 JDBCDaoSupport 使用。

```
<bean id="userDao" class="com.icss.dao.UserDao">
    <property name="dataSource" ref="dataSource"></property>
</bean>
<bean id="staffDao" class="com.icss.dao.StaffDao">
    <property name="dataSource" ref="dataSource"></property>
```

```
</bean>
public abstract class BaseDao extends JdbcDaoSupport {
    public Connection openConnection() {
            return this.getConnection();
    }
}
```

（2）从JDBCDaoSupport中获取Spring上下文中存储的Connection，进行原生API操作。

```
public class StaffDao extends BaseDao{
  public void addStaff(TStaff staff) throws Exception{
      Stringsql = "insert into tstaff values(?,?,?,?,?)";
      … //详细代码参见本书配套资源
  }
}
```

5. 事务测试

（1）事务提交测试。

```
public static void main(String[] args)throws Exception{
    … //详细代码参见本书配套资源
    IStaff staffProxy = (IStaff)SpringFactory.getBean("staffBiz");
    staffProxy.addStaffUser(staff);
    System.out.println(staff.getSno() + "创建成功...");
}
```

测试结果：

```
INFO - StaffBiz-->>addStaffUser()
INFO - StaffDao-->>addStaff()
INFO - UserDao-->>addUser()
121000131 创建成功...
```

（2）事务回滚测试，主动抛出异常。

```
public void addUser(User user) throws Exception {
    Stringsql = "insert into tuser values(?,?,?,?)";
    … //详细代码参见本书配套资源
    throw new RuntimeException("异常测试...");
}
```

测试结果：

```
INFO - Loading XML Bean definitions from class path resource [beans.xml]
INFO - Loaded JDBC driver: com.Mysql.cj.jdbc.Driver
INFO - StaffBiz-->>addStaffUser()
INFO - StaffDao-->>addStaff()
INFO - UserDao-->>addUser()
java.lang.RuntimeException: 异常测试...
    at com.icss.dao.UserDao.addUser(UserDao.java:30)
    at com.icss.biz.StaffBiz.addStaffUser(StaffBiz.java:33)
```

打开MySQL数据库，检查并确认TStaff数据已回滚。

4.5.3 JdbcDaoSupport

不管使用原生的 Connection 还是 JdbcTemplate，都可以通过持久层对象继承 JdbcDaoSupport 的方式编写代码。使用 JdbcDaoSupport 前，需要通过 setDataSource()方法，给它指明数据源。

```
public abstract class JdbcDaoSupport extends DaoSupport {
    public final void setDataSource(DataSource dataSource) {}
    public final JdbcTemplate getJdbcTemplate() {}
    protected final Connection getConnection()
                    throws CannotGetJdbcConnectionException{
        return DataSourceUtils.getConnection(getDataSource());
    }
}
```

调用 getJdbcTemplate()方法，返回 JdbcTemplate 对象。然后调用 getConnection()方法，返回 Spring 上下文中存储的 Connection 对象。注意：不能从 DataSource 中直接获取 Connection 对象，那样操作所返回的 Connection 脱离了 Spring 事务管理。getConnection()方法实现是从 DataSourceUtils 中获取数据库连接。所有 JDBC 的 connection 操作都封装在 DataSourceUtils 中。

```
public abstract class DataSourceUtils {
    public static Connection getConnection(DataSource dataSource){
        return doGetConnection(dataSource);
    }
    public static void releaseConnection(Connection con, DataSource dataSource){}
}
```

那么，DataSourceUtils 中的 Connection 从何处来呢？

在业务操作时，如前面的员工项目，使用了 DataSourceTransactionManager 管理 JDBC 事务，在开启事务时，如果没有数据库的 Connection，它会从 dataSource 中取得一个新连接，然后存储在 TransactionSynchronizationManager 中。而从 DataSourceUtils 获取数据库连接时，也是从 TransactionSynchronizationManager 中查找，因此 TransactionSynchronizationManager 是传递数据库连接的重要载体。而 TransactionSynchronizationManager 的底层使用的是 ThreadLocal 存储 Connection 对象。

```
public abstract class TransactionSynchronizationManager {
    private static final ThreadLocal<Map<Object, Object>> resources;
    private static final ThreadLocal<Set<TransactionSynchronization>> synchronizations;
    private static final ThreadLocal<String> currentTransactionName;
    private static final ThreadLocal<Integer> currentTransactionIsolationLevel;
}
```

总结：必须要强调一下，Spring 管理的声明性事务，数据库的 Connection 是在服务层打开的，然后存储在了 ThreadLocal 中，并通过 TransactionSynchronizationManager 作为中间媒体进行了传递。从性能优化考量，Spring 采用的服务层打开数据库 Connection 的方式并不可取，在持久层打开数据库才是最佳选择。

4.5.4　注解管理声明性事务

除了基于 XML 配置的声明性事务外，还可以采用基于注解的事务配置方案。可以直接在 Java 源代码中声明事务，这会让事务声明和受其影响的代码距离更近，而且一般来说不会有不恰当的耦合风险。

使用注解的方式管理事务更加简单，分别使用@Service 和@Repository 注解服务层对象和持久层对象，使用@Transactional 注解来标识哪个服务层方法需要事务，需要什么样的事务属性配置。@Transactional 注解定义如下：

```
@Target({ElementType.METHOD, ElementType.TYPE})
  @Retention(RetentionPolicy.RUNTIME)
  @Inherited
  @Documented
  public @interface Transactional {
        Propagation propagation() default Propagation.REQUIRED;
        Isolation isolation() default Isolation.DEFAULT;
        boolean readOnly() default false;
        Class<? extends Throwable>[] rollbackFor() default {};
}
```

注解@Transactional 的属性信息，见表 4-2。这与 XML 配置<tx:advice>的属性设置一致。主要配置项就是事务传播 propagation、异常回滚策略、只读设置等。

表 4-2 事务属性

属　　性	类　　型	描　　述
propagation	枚举型：Propagation	可选的传播性设置
isolation	枚举型：Isolation	可选的隔离级别，默认 ISOLATION_DEFAULT
readOnly	布尔型	读写型事务 vs 只读型事务
timeout	int 型（单位：秒）	事务超时
rollbackFor	一组 Class 类的实例，必须是 Throwable 的子类	一组异常类，遇到时必须进行回滚。默认情况下，CheckedException 不回滚。RuntimeException 及其子类才进行事务回滚
rollbackForClassname	一组 Class 类的名字，必须是 Throwable 的子类	一组异常类，遇到时必须进行回滚
noRollbackFor	一组 Class 类的实例，必须是 Throwable 的子类	一组异常类，遇到时不回滚
noRollbackForClassname	一组 Class 类的名字，必须是 Throwable 的子类	一组异常类，遇到时不回滚

4.5.5 项目案例：StaffUser 事务注解方案

可使用@Transactional 和相关属性设置，实现员工系统的事务管理。下面讲述操作步骤。

1. 配置 Spring 核心配置文件

（1）导包，配置 pom.xml 文件。参考 4.5.2 节 pom.xml 文件配置，不再需要 org.aspectj.aspectjweaver 包。

（2）配置 schema，支持 xmlns:tx 命名空间。在 4.5.2 节的配置上增加 context。

```
<beans …
  http://www.springframework.org/schema/context
      https://www.springframework.org/schema/context/spring-context.xsd">
</beans>
```

（3）数据源与事务管理器配置不变，参见 4.5.2 节配置。

（4）配置事务的注解驱动，这与基于 XML 管理事务的配置不同。

```
<tx:annotation-driven transaction-manager="txManager" />
```

（5）配置组件扫描。

```
<context:component-scan base-package="com.icss.biz"/>
<context:component-scan base-package="com.icss.dao"/>
```

2．服务层和控制层 Bean 注入

通过自动适配的注入模式，给 JdbcDaoSupport 注入数据源。此处使用@Autowired 应用于 Set 方法的注入模式，注入 dataSource 对象。

```
public abstract class BaseDao extends JdbcDaoSupport {
    @Autowired
    public void setDataSource(org.springframework.jdbc.datasource
                    .DriverManagerDataSource dataSource) {
        super.setDataSource(dataSource);
    }
    ...
}
```

服务层 Bean 使用@Service 注解，持久层 Bean 使用@Repository。服务层依赖持久层对象使用自动适配的@Autowired 模式。

```
@Service("staffBiz")
public class StaffBiz implements IStaff{
    @Autowired
    private StaffDao staffDao;
    @Autowired
    private UserDao userDao;
}
@Repository("staffDao")
public class StaffDao extends BaseDao{}
@Repository("userDao")
public class UserDao extends BaseDao{}
```

3．切面与事务策略

@Transactional 注解应该只被应用到 public 方法上。如果在 protected、private 或者 package-visible 的方法上使用 @Transactional 注解，系统也不会报错，但是这个被注解的方法将不会执行已配置的事务设置。

```
@Transactional(rollbackFor=Throwable.class)
public void addStaffUser(Staff staff) throws Exception {
    ...
}
```

4．事务测试

参见 4.5.2 节的事务测试代码和测试步骤。

4.6 Spring 编程式事务

4.6.1 编程式事务介绍

Spring Framework 提供了以下两种编程式事务管理方法。

（1）使用 TransactionTemplate。

（2）直接使用 PlatformTransactionManager。

org.springframework.transaction.PlatformTransactionManager 是 Spring 事务管理的统一抽象模型，不管是声明性事务还是编程式事务，都应该使用统一的事务管理器。

Spring 的编程式事务应用并不广泛，与直接调用 JDBC 接口进行编程事务对比，优势仅仅是使用了一致的事务管理抽象。

4.6.2　案例：Spring 编程式事务新增员工

使用编程式事务管理模式新增员工和用户的操作步骤如下。

（1）编写配置文件，事务管理器仍然使用 DataSourceTransactionManager。具体配置参见4.5.2 节 beans.xml 配置内容。

（2）注入数据源。

```
public abstract class BaseDao extends JdbcDaoSupport {
    @Autowired
    public void setMyDataSource(org.springframework.jdbc.datasource
                        .DriverManagerDataSource dataSource){
        super.setDataSource(dataSource);
    }
    ...
}
```

（3）注入 PlatformTransactionManager。因为在 XML 的配置文件中已经设置了事务管理器，因此在这里注入即可。

```
@Service("staffBiz")
public class StaffBiz implements IStaff{
    @Autowired
    private PlatformTransactionManager txManager;
    @Autowired
    StaffDao staffDao;
    @Autowired
    UserDao userDao;
}
```

（4）业务逻辑控制。通过注入事务管理器，采用编程式事务模式，控制员工和用户的添加行为。使用 DefaultTransactionDefinition 来实现事务属性的设置。使用 TransactionStatus 控制事务的提交和回滚。

```
public void addStaffUser(Staff staff) throws Exception {
    DefaultTransactionDefinition def = new DefaultTransactionDefinition();
    def.setName("SomeTxName");
    def.setPropagationBehavior(TransactionDefinition.PROPAGATION_REQUIRED);
    TransactionStatus status = txManager.getTransaction(def);
    try {
        staffDao.addStaff(staff);
        User user = new User();
        user.setSno(staff.getSno());
        user.setUname(staff.getName());
        user.setRole(2);
        user.setPwd("1234");
        userDao.addUser(user);
```

```
        txManager.commit(status);
    }catch (Exception e) {
        txManager.rollback(status);
        throw e;
    }
}
```

（5）测试，参见 4.5.2 节的事务测试代码和测试步骤。

4.7　声明性事务与编程式事务选择

在项目实践中，到底是使用声明性事务，还是编程式事务？

Spring 的官方推荐如下：当只有很少的事务操作时，编程式事务管理通常比较合适。例如，如果有一个 Web 应用，其中只有特定的更新操作有事务要求，这种情况下使用 TransactionTemplate 可能是个好办法。

反之，如果应用中存在大量事务操作，那么声明性事务管理通常是个好的选择。它将事务管理与业务逻辑分离。使用 Spring，而不是 EJB 的 CMT，配置成本大大降低了。

总结：绝大多数开发者的业务场景，事务操作的情况并不多，而开发者普遍使用 Spring 声明性事务，这其实是对性能的一种浪费，尤其是高并发环境要小心。EJB 3.0 后，CMT 配置非常简单，在企业级应用中仍然是很好的选择！当然，EJB 架构在大集群应用时会面临困难，这也是 Spring 的声明性事务更加流行的原因。

4.8　Spring 事务传播

所谓的事务传播，就是指在一个事务环境 A 的业务逻辑代码中，调用了另外一个事务环境 B 下的代码，这时事务 B 受事务 A 的影响。

Spring 事务传播模拟 JTA 事务传播设置，事务传播共有 7 种配置（见表 4-3），Spring 主要支持其中的 3 种，分别为 PROPAGATION_REQUIRED、PAOPAGATION_REQUIRE_

表 4-3　事务传播

事务传播类型	事务传播特性
PROPAGATION_REQUIRED	（1）内部事务与外部事务在逻辑上独立，它们共享同一个物理事务环境。 （2）若存在外部事务，则内部事务加入外部事务所在的物理事务环境中；如果不存在外部事务，就创建新事务。 （3）内部事务和外部事务，两个逻辑事务环境可以独立地设置回滚状态。内部事务的回滚状态即使不抛出异常，也会设置全局事务状态为 rollback-for，因此内部事务回滚，也会影响外部事务的提交。 （4）即使内部事务标记为回滚状态，外部事务仍然提交，否则会抛出 UnexpectedRollbackException 异常

续表

事务传播类型	事务传播特性
PAOPAGATION_REQUIRE_NEW	无论是否存在外部事务环境，都会新建一个事务。新老事务相互独立，本质为两个物理事务。内部事务发生异常回滚，不会影响外部事务的正常提交
PROPAGATION_NESTED	如果当前存在事务，则嵌套在当前事务中执行；如果当前没有事务，则新建一个事务
PROPAGATION_SUPPORTS	支持当前事务，若当前不存在事务，则以非事务的方式执行
PROPAGATION_NOT_SUPPORTED	以非事务的方式执行，若当前存在事务，则把当前事务挂起
PROPAGATION_MANDATORY	强制事务执行，若当前不存在事务，则抛出异常
PROPAGATION_NEVER	以非事务的方式执行，如果当前存在事务，则抛出异常

NEW 和 PROPAGATION_NESTED。

结合具体的业务场景，分别测试事务传播属性设置对事务的影响。业务需求要求如下：

（1）某公司要求员工每天下班前必须打卡，否则记录为旷工。

（2）每个员工每天必须提交当天的工作总结。

（3）工作总结要求必须在下班打卡完成后才能提交，如果没有下班打卡，提交工作总结时会自动先完成打卡。已经完成打卡的，提交工作总结时不会重复打卡。

4.8.1　Propagation.REQUIRED 设置

事务传播模式为 Propagation.REQUIRED 时，内部事务与外部事务共享同一个物理事务环境，见图 4-6。

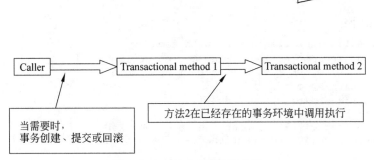

图 4-6　REQUIRED 事务传播

（1）员工下班打卡可以独立完成，也可以在提交工作总结时被自动完成。因此员工下班打卡可以看成是内部事务，事务传播属性设置为 Propagation.REQUIRED。

```
public interface IUser {
        public void card(String sno) throws Exception;
}
@Service
public class UserBiz implements IUser{
```

```
        @Transactional(rollbackFor = Throwable.class,
                       propagation = Propagation.REQUIRED)
    public void card(String sno) throws Exception {
        Log.logger.info("UserBiz-->> card , 下班打卡开始 ...");
        if(sno == null) {
            throw new RuntimeException("打卡失败，出现异常！");
        }
        Log.logger.info("UserBiz-->> card, 下班打卡结束 ...");
    }
}
```

（2）配置 spring 事务环境，数据源 dataSource 的配置必须真实有效。

```xml
<bean id="dataSource"
      class="org.springframework.jdbc.datasource.DriverManagerDataSource">
      <property name="driverClassName" value="com.mysql.cj.jdbc.Driver" />
      <property name="url  value="jdbc:mysql://localhost:3306/staff?
                    useSSL=false&amp;serverTimezone=Asia/Shanghai
                    &amp;allowPublicKeyRetrieval=true" />
      <property name="username" value="root" />
      <property name="password" value="123456" />
  </bean>
  <bean id="txManager"
     class="org.springframework.jdbc.datasource.DataSourceTransactionManager">
      <property name="dataSource" ref="dataSource" />
  </bean>
  <tx:annotation-driven  transaction-manager="txManager" />
<context:component-scan base-package="com.icss.biz"></context:component-scan>
<context:component-scan base-package="com.icss.dao"></context:component-scan>
```

（3）编写员工打卡的测试代码。

```java
public static void main(String[] args) throws Exception {
      IUser userBean = SpringFactory.getBean(IUser.class);
      userBean.card("s01");
      System.out.println("打卡成功");
}
```

测试结果如下：

```
DEBUG - Creating new transaction with name …
DEBUG - Acquired Connection for JDBC transaction…
DEBUG - Switching JDBC Connection to manual commit
INFO - UserBiz-->> card, 下班打卡开始...
INFO - UserBiz-->> card, 下班打卡结束...
DEBUG - Initiating transaction commit
DEBUG - Committing JDBC transaction on Connection
DEBUG - Releasing JDBC Connectionafter transaction
 打卡成功
```

（4）编写员工打卡异常测试。设置 sno 为 null，重新进行打卡测试，测试结果如下：

```
DEBUG - Creating new transaction with name…
DEBUG - Creating new JDBC DriverManager Connection to …
DEBUG - Acquired Connection JDBC transaction
DEBUG - Switching JDBC Connection to manual commit
INFO - UserBiz-->> card, 下班打卡开始...
DEBUG - Initiating transaction rollback
DEBUG - Rolling back JDBC transaction on Connection
DEBUG - Releasing JDBC Connection after transaction
```

```
java.lang.RuntimeException: 打卡失败，出现异常！
```

（5）定义员工每日工作总结，此为外部事务环境。

```
public interface IStaff {
    public void workingDaySummary(String sno,String info) throws Exception;
}
@Service
public class StaffBiz implements IStaff{
    @Autowired
    private IUser userBiz;        //注入其他服务层 Bean 对象
    @Transactional(rollbackFor = Throwable.class)
    public void workingDaySummary(String sno, String info) throws Exception {
        Log.logger.info("提交工作总结开始...");
        try {
            userBiz.card(sno);      //调用打卡操作
        } catch (Exception e) {
            throw e;
        }
        if(info == null) {
            throw new RuntimeException("工作总结提交异常！");
        }
        Log.logger.info("提交工作总结完成...");
    }
}
```

（6）测试：提交工作总结，同时自动完成打卡。

```
public static void main(String[] args) throws Exception{
    IStaff staffBean = SpringFactory.getBean(IStaff.class);
    staffBean.workingDaySummary("s01", "按照计划，工作正常");
    System.out.println("工作总结提交 OK...");
}
```

测试结果如下（新事务只创建了一次，内部事务参与到外部事务中）：

```
DEBUG - Creating new transaction with name …
DEBUG - Creating new JDBC DriverManager Connection…
DEBUG - Acquired Connection for JDBC transaction
DEBUG - Switching JDBC Connection to manual commit
INFO - 提交工作总结开始...
DEBUG - Participating in existing transaction
INFO - UserBiz-->> card, 下班打卡开始...
INFO - UserBiz-->> card, 下班打卡结束...
INFO - 提交工作总结完成...
DEBUG - Initiating transaction commit
DEBUG - Committing JDBC transaction on Connection
DEBUG - Releasing JDBC Connection after transaction
工作总结提交 OK...
```

（7）测试：员工编号为 null，引发打卡异常（内部事务异常），同时异常抛给了外部事务。在内部事务的 Propagation.REQUIRED 属性设置下，它和外部事务拥有同一个物理事务，内部事务的异常导致唯一的物理事务回滚。

```
DEBUG - Creating new transaction with name…
DEBUG - Creating new JDBC DriverManager Connection to…
DEBUG - Acquired Connection for JDBC transaction…
DEBUG - Switching JDBC Connection to manual commit
```

```
INFO - 提交工作总结开始...
DEBUG - Participating in existing transaction
INFO - UserBiz-->> card, 下班打卡开始...
DEBUG - Participating transaction failed - marking existing transaction as
rollback-only
DEBUG - Setting JDBC transaction rollback-only
DEBUG - Initiating transaction rollback
DEBUG - Rolling back JDBC transaction on Connection
DEBUG - Releasing JDBC Connection after transaction
java.lang.RuntimeException: 打卡失败，出现异常！
```

（8）测试：修改提交工作总结的代码，catch 到打卡异常后，不再向外抛出。

```
@Transactional(rollbackFor = Throwable.class)
 public void workingDaySummary(String sno, String info) throws Exception {
     Log.logger.info("提交工作总结开始...");
     try {
         userBiz.card(sno);
     } catch (Exception e) {
         //throw e;  不再向外抛出捕获的异常
     }
     if(info == null) {
         throw new RuntimeException("工作总结提交异常！");
     }
     Log.logger.info("提交工作总结完成...");
 }
```

测试结果如下，工作总结提交完成后事务被回滚，最终打卡与工作总结都失败了：

```
DEBUG - Creating new transaction with name
DEBUG - Creating new JDBC DriverManager Connection to
DEBUG - Acquired Connection for JDBC transaction
DEBUG - Switching JDBC Connection to manual commit
INFO - 提交工作总结开始...
DEBUG - Participating in existing transaction
INFO - UserBiz-->> card, 下班打卡开始...
DEBUG - Participating transaction failed marking existing transaction as rollback-
only
DEBUG - Setting JDBC transaction rollback-only
INFO - 提交工作总结完成...
DEBUG - Global transaction is marked as rollback-only but transactional code
requested commit
DEBUG - Initiating transaction rollback
DEBUG - Rolling back JDBC transaction on Connection
DEBUG - Releasing JDBC Connection after transaction
org.springframework.transaction.UnexpectedRollbackException: Transaction rolled
back because it has been marked as rollback-only
```

（9）测试：打卡正常，工作总结信息为 null，导致提交工作总结异常（外部事务异常）。
打卡虽然正常提交，后面也由于外部事务回滚，而导致打卡失败。

```
DEBUG - Creating new transaction with name…
DEBUG - Creating new JDBC DriverManager Connection to…
DEBUG - Acquired Connection for JDBC transaction
DEBUG - Switching JDBC Connection to manual commit
INFO - 提交工作总结开始...
DEBUG - Participating in existing transaction
INFO - UserBiz-->> card, 下班打卡开始...
```

```
INFO - UserBiz-->> card, 下班打卡结束...
DEBUG - Initiating transaction rollback
DEBUG - Rolling back JDBC transaction on Connection
DEBUG - Releasing JDBC Connection  after transaction
java.lang.RuntimeException: 工作总结提交异常!
```

4.8.2　Propagation.REQUIRES_NEW 设置

PROPAGATION_REQUIRES_NEW 与 PROPAGATION_REQUIRED 相反，在其各自事务范围内，永远使用各自独立的物理事务环境，见图 4-7。内部事务永远不会参与外部已存在的事务环境。

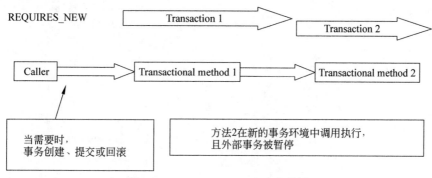

图 4-7　REQUIRES_NEW 事务传播

Propagation.REQUIRES_NEW 测试步骤如下所述。

（1）修改员工打卡操作的事务传播属性为 Propagation.REQUIRES_NEW，其他代码与 4.8.1 节相同。

```
@Transactional(rollbackFor = Throwable.class,
propagation = Propagation.REQUIRES_NEW)
public void card(String sno) throws Exception {}
```

（2）正常提交工作总结，同时自动完成打卡操作。测试结果如下，下班打卡与工作总结为两个事务，分别进行了独立提交。

```
DEBUG - Creating new transaction with name …
DEBUG - Creating new JDBC DriverManager Connection …
DEBUG - Acquired Connection  for JDBC transaction
DEBUG - Switching JDBC Connection to manual commit
INFO - 提交工作总结开始...
DEBUG - Suspending current transaction, creating new transaction with name …
DEBUG - Creating new JDBC DriverManager Connection to
DEBUG - Acquired Connection  for JDBC transaction
DEBUG - Switching JDBC Connection  to manual commit
INFO - UserBiz-->> card, 下班打卡开始...
INFO - UserBiz-->> card, 下班打卡结束...
DEBUG - Initiating transaction commit
DEBUG - Committing JDBC transaction on Connection
DEBUG - Releasing JDBC Connection after transaction
DEBUG - Resuming suspended transaction after completion of inner transaction
INFO - 提交工作总结完成...
```

```
DEBUG - Initiating transaction commit
DEBUG - Committing JDBC transaction on Connection
DEBUG - Releasing JDBC Connection after transaction
工作总结提交 OK...
```

4.8.3 Propagation.NESTED 设置

PROPAGATION_NESTED 使用了一个单一的物理事务，这个事务拥有多个可以回滚的保存点。允许内部事务在它的事务范围内部分回滚，并且外部事务能够不受影响。这个设置仅仅在 Spring 管理 JDBC 资源时有效，它对应 JDBC 的 savepoint。

第 5 章　当当书城 Spring 整合 JDBC

5.1　当当书城基本功能

本节为当当书城项目介绍。它分为前台和后台两部分，前台是普通用户和游客访问，后台为系统管理员访问。

前台基本功能有主页图书推荐、图书详情显示、购物车管理、图书付款、我的订单等。

后台基本功能有用户订单查询、图书上架、图书下架、图书促销管理等。

用户的角色共分为四种：游客、注册用户、会员（会员为预留用户）、管理员。游客为非注册用户，可以浏览主页和图书详情；注册用户登录后可以添加商品到购物车，并付款结算；会员也可称为 VIP 用户，可以进入会员专区；管理员进入系统后台，可以浏览用户订单、上架图书、下架图书、修改图书价格等。

本章项目所有代码，参见附件中的 DangDang（基础版）和 DangSpring 源码包。

5.1.1　项目开发环境

项目环境是以 Jakarta EE 9+为基础，具体为 JDK17、Tomcat 10.1、Sevlet 5.0、Spring 6.0。数据库采用 MySQL 8 或 Oracle 11。IDE 为 Eclipse，选择 2022-12-eclipse-inst-jre-win64 或更高版本均可。数据库的设计工具使用 Power Designer 15。逻辑设计工具使用 Rational Rose。

5.1.2　表结构设计

当当书城项目同时支持两套数据库，即 MySQL 和 Oracle，还可以扩展支持其他数据库。

书城项目的主要目的是在实际项目中强化前面的知识点，应该尽量覆盖更多知识点，而不是使功能更完善，因此设计上不能过于复杂，重复功能都尽量省略了，这与大型的实际企业级项目是有很大区别的。

当当书城的 MySQL 表结构见图 5-1。

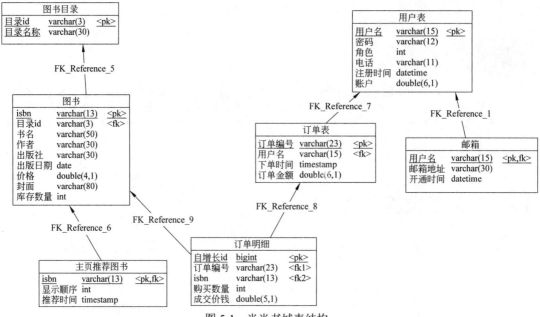

图 5-1   当当书城表结构

表设计需注意以下几点。

（1）Oracle 中使用 varchar2 类型，MySQL 中使用 varchar 类型。

（2）Oracle 中的整型和浮点型推荐使用 number，MySQL 中使用 int 和 double。

（3）Oracle 与 MySQL 库的所有字段名称、字段数量相同。

（4）"订单"表的主键为字符型，需要保证订单编号在高并发环境的唯一性。

（5）"订单明细"表的主键为长整型，Oracle 采用 sequence，MySQL 使用 auto_increment。一个用户可以有多个订单，每个订单有多个订单明细。

（6）"图书"表用 isbn 作为主键，即每个 isbn 只存储一条记录，不是每本书一条记录。这与大型设备的管理模式不同，大型设备如汽车，必须是一辆车存一条记录。

（7）"主页推荐图书"与"图书"表为一对一关系，即从所有图书中挑选部分图书，作为主页推荐，而且可以设置推荐图书的显示顺序。

（8）在 MySQL 中创建数据库 bk，然后创建表。

```
create database bk;        //创建数据库，名字为 bk
use bk;                    //打开库
                           //其他创建表的 SQL 语句，参见本书配套资源
```

5.1.3   当当书城原型

当当书城部分功能的原型样式见图 5-2~图 5-9。

图 5-2　书城主页

图 5-3　图书详情页

图 5-4　用户登录页

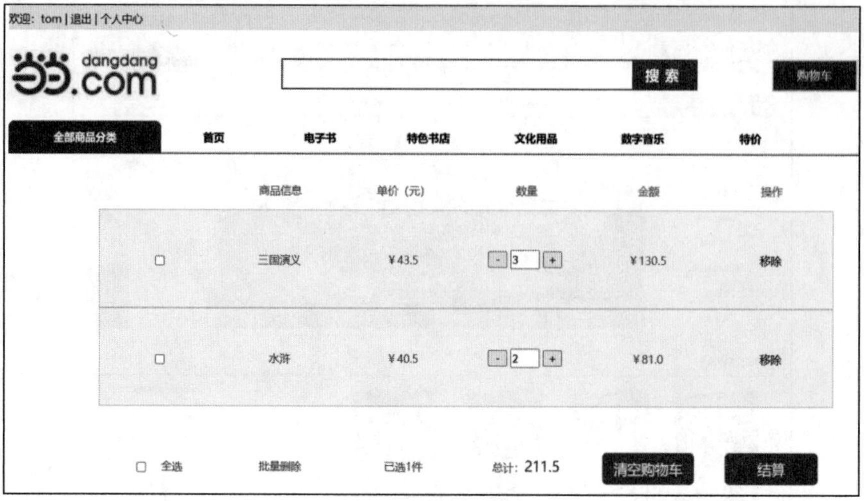

图 5-5　购物车页

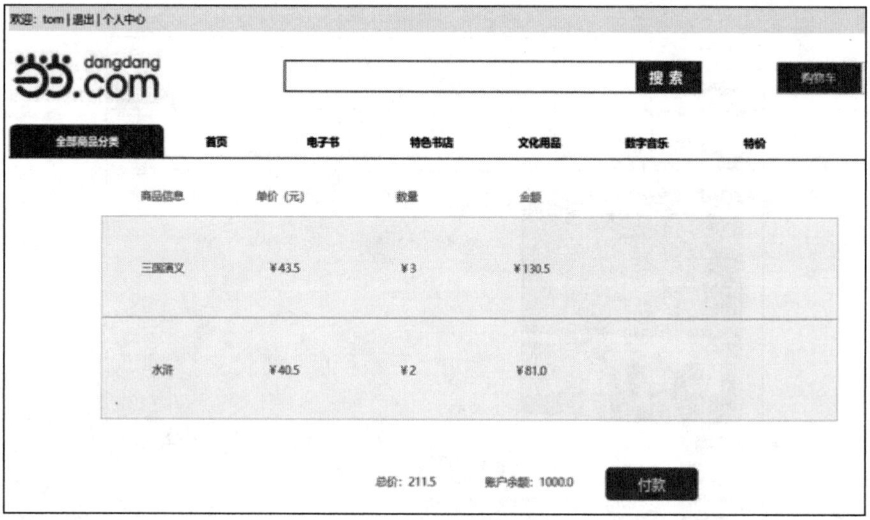

图 5-6　商品结算页

图 5-7　付款页

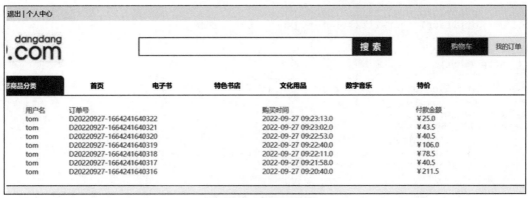

图 5-8　我的订单页

图 5-9　图书上架页

5.2　Spring 整合 JDBC 实战

本节基于当当书城基础版（使用 Servlet+JSP+JDBC+Spring 实现，参见本书配套资源），使用 Spring 框架的 IoC、AOP 和持久层整合技术，实现当当书城逻辑层和持久层的代码管理。

5.2.1　导包

配置 pom.xml 文件，导入相应的包。主要依赖包的配置如下：

```
<dependency>
    <groupId>jakarta.servlet</groupId>
    <artifactId>jakarta.servlet-api</artifactId>
    <version>5.0.0</version>
</dependency>
<dependency>
```

```
    <groupId>org.glassfish.web</groupId>
    <artifactId>jakarta.servlet.jsp</artifactId>
    <version>3.0.0</version>
</dependency>
<dependency>
    <groupId>org.glassfish.web</groupId>
    <artifactId>jakarta.servlet.jsp.jstl</artifactId>
    <version>3.0.1</version>
</dependency>
<dependency>
    <groupId>jakarta.servlet.jsp.jstl</groupId>
    <artifactId>jakarta.servlet.jsp.jstl-api</artifactId>
    <version>3.0.0</version>
</dependency>
<dependency>
    <groupId>org.springframework</groupId>
    <artifactId>spring-context</artifactId>
    <version>6.0.3</version>
</dependency>
<dependency>
    <groupId>org.springframework</groupId>
    <artifactId>spring-jdbc</artifactId>
    <version>6.0.3</version>
</dependency>
<dependency>
    <groupId>mysql</groupId>
    <artifactId>mysql-connector-java</artifactId>
    <version>8.0.27</version>
</dependency>
<dependency>
    <groupId>org.apache.logging.log4j</groupId>
    <artifactId>log4j-slf4j-impl</artifactId>
    <version>2.13.3</version>
</dependency>
```

5.2.2　Spring 配置文件

在当当书城项目的 src 下，新建 beans.xml 文件，此为 Spring 的核心配置文件。配置信息操作如下。

（1）配置 schema。

```
<beans xmlns="http://www.springframework.org/schema/beans"
    xmlns:xsi="http://www.w3.org/2001/XMLSchema-instance"
    xmlns:tx="http://www.springframework.org/schema/tx"
    xmlns:context="http://www.springframework.org/schema/context"
    xsi:schemaLocation="http://www.springframework.org/schema/beans
    https://www.springframework.org/schema/beans/spring-beans.xsd
    http://www.springframework.org/schema/tx
    https://www.springframework.org/schema/tx/spring-tx.xsd
    http://www.springframework.org/schema/context
    https://www.springframework.org/schema/context/spring-context.xsd">
</beans>
```

（2）配置数据源。

```
<bean id="dataSource"
    class="org.springframework.jdbc.datasource.DriverManagerDataSource">
    <property name="driverClassName" value="com.mysql.cj.jdbc.Driver" />
```

```
<property name="url"
        value="jdbc:mysql://localhost:3306/bk?useSSL=false&amp;
        serverTimezone=Asia/Shanghai&amp;allowPublicKeyRetrieval=true" />
<property name="username" value="root" />
<property name="password" value="123456" />
</bean>
```

（3）配置事务管理器。

```
<bean id="txManager"
     class="org.springframework.jdbc.datasource.DataSourceTransactionManager">
     <property name="dataSource" ref="dataSource" />
  </bean>
<tx:annotation-driven transaction-manager="txManager" />
```

（4）配置 Spring Bean 的扫描位置。

```
<context:component-scan base-package="com.icss.dao"/>
<context:component-scan base-package="com.icss.biz"/>
```

5.2.3　封装 BaseDao

BaseDao 是所有持久层类的抽象父类，在此类中注入数据源，同时封装获取数据库连接和关闭连接的操作。下面讲述操作步骤。

（1）BaseDao 继承 JdbcDaoSupport 工具类。在 JdbcDaoSupport 中封装 JdbcTemplate 和 DataSourceUtils（参见 4.5.3 节）。

```
public abstract class BaseDao extends JdbcDaoSupport{    }
```

（2）注入数据源。

```
public abstract class BaseDao extends JdbcDaoSupport{
    @Autowired
    private void setDataSource(DriverManagerDataSource ds) {
        super.setDataSource(ds);
    }
}
```

（3）从 Spring 事务环境中获取数据库连接。

```
public Connection openConnection() throws Exception{
    return this.getConnection();
}
```

（4）关闭数据库连接，如果当前为 Spring 事务环境则不关闭。

```
public void closeConnection(Connection con) {
    boolean isTransaction = DataSourceUtils.isConnectionTransactional
                            (con, this.getDataSource());
    if(isTransaction) {
        Log.logger.info("事务环境，重用数据库连接");
    }else {
        Log.logger.info("非事务环境，关闭数据库连接");
        try {
            con.close();
        } catch (SQLException e) {
            Log.logger.error(e.getMessage(),e);
        }
    }
}
```

5.2.4 封装 SpringFactory

在 com.icss.util 包下，自定义工厂类，封装 Spring 的 IoC 容器，确保 IoC 容器为单例模式，同时封装 getBean()方法。

```java
public class SpringFactory {
    private static ApplicationContext ctx;
    static {
        ctx = new ClassPathXmlApplicationContext("beans.xml");
    }
    public static Object getBean(String name) throws BeansException{
        return ctx.getBean(name);
    }
    public static <T> T getBean(Class<T> requiredType) throws BeansException{
        return ctx.getBean(requiredType);
    }
}
```

5.2.5 定义 Spring Bean 和依赖关系

使用@Service 定义逻辑层的 Bean，使用@Repository 定义持久层的 Bean，同时使用 Autowire 注入模式。

（1）定义逻辑层的 Bean。

```java
@Service
public class BookBiz implements IBook{}
@Service
public class UserBiz implements IUser{}
```

（2）定义持久层的 Bean。

```java
@Repository
public class BookDao extends BaseDao implements IBookDao{}
@Repository
public class UserDao extends BaseDao implements IUserDao{}
```

（3）Autowire 注入 Bean 的依赖。

```java
@Service
public class BookBiz implements IBook{
    @Autowired
    private IBookDao bookDao;
}
@Service
public class UserBiz implements IUser{
    @Autowired
    private IUserDao userDao;
}
```

5.2.6 配置声明性事务

在当当书城项目中，用户在商品结算页进行付款时，需要创建订单、创建订单明细、账户扣款、减少图书库存等很多步操作，这些操作具有 ACID 特性，因此应该使用事务管理。在当当书城基础版中使用本地事务进行付款管理，本节使用 Spring 的声明性事务管理。

下面使用@Transactional 注解，对用户付款行为使用声明性事务进行管理。

```
@Transactional(rollbackFor=Throwable.class)
public void buyBooks(String uname, double allMoney,
      Map<String, Integer>shopCar) throws Exception {
    if(uname== null || uname.equals("")) {
        throw new Exception("用户名不能为空");
    }
    if(allMoney<=0) {
        throw new Exception("金额错误");
    }
    if(shopCar==null || shopCar.size()==0) {
        throw new Exception("购物车为空");
    }
    userDao.updateUserAccount(uname, -allMoney);
    userDao.addBuyRecord(uname, allMoney, shopCar);
}
```

5.2.7　控制器调用 Bean

在当当书城的 Servlet 中，调用业务逻辑对象时，不能再使用传统的 new 方式创建对象，而是应该从 IoC 容器中获取 Bean 对象。下面以当当书城主页的 MainAction 为例，其他项目代码参见本书配套资源。

```
protected void service(HttpServletRequest req, HttpServletResponse res)
                    throws ServletException, IOException {
    IBook ibook = SpringFactory.getBean(IBook.class);
    try {
        List<MainBook> bks = ibook.getMainBook();
        request.setAttribute("bks", bks);
        request.getRequestDispatcher("/jsp/main.jsp").forward(req, res);
    } catch (Exception e) {
        Log.logger.error(e.getMessage(),e);
        request.getRequestDispatcher("/error/err.jsp").forward(req, res);
    }  }
```

5.2.8　项目部署

参见本书配套资源中的 DangSpring 项目，这是一个 Maven Web 项目，项目部署到 Tomcat 10.1 中。注意：项目部署后，由于 Tomcat 10.1 中已存在 Servlet 和 JSP 环境，这会导致环境冲突报错。因此项目部署后，在启动 Tomcat 前，需要进入 Tomcat 10.1 的 webapps 目录，找到 DangSpring 的 WEB-INF\lib 目录，删除该目录下 jakarta.servlet.jsp 和 jakarta.servlet-api 等相关包。

第 6 章

Spring Web MVC

6.1 Spring Web MVC 介绍

Spring Web MVC（简称 Spring MVC）是当前最为流行的 MVC 框架，它功能强大、使用简单、扩展性极强。用 Spring MVC 框架做开发的特点是上手容易、使用简单，但是想要理解 Spring MVC 的运行机制，全面深入地掌握 Spring MVC 的使用，却不是一件简单的事情。

6.1.1　视图与控制层技术介绍

在 Java EE 6 之前，使用 Servlet、Filter、Listener 等，都必须要在 web.xml 中配置，非常烦琐。用户自定义的 Servlet 控制器都需要继承 HttpServlet，然后重写 doGet()、doPost() 等方法。这种操作模式，无法采用面向对象编程，非常死板。还有接收的 http 参数转为 POJO 对象时也很麻烦。这些问题，都可以使用 MVC 框架来解决。

针对 Java EE 传统方案的缺陷，许多 MVC 框架陆续诞生，如 Struts、Struts2、WebWorks 等，当前最流行的就是 Spring MVC 框架技术。

针对 JSP 响应速度慢、数据修改不灵活的问题，可以采用模板技术进行优化，如 velocity 和 FreeMarker 等。Spring MVC 不仅支持 JSP，也支持视图使用模板。

现在视图层的主要趋势是使用 HTML5 + JQuery + Vue 等前端框架，这样数据传输量小，前端页面响应速度快，用户体验好。Spring MVC 支持与 AJAX 交互，支持视图层使用模板，支持报表技术 JasperReport，支持输出 PDF 或 Excel，支持 XSLT，支持 WebSocket 等，非常灵活。

使用 Spring MVC 的@RestController 注解，可以把控制器变成对外服务，这是当前微服务开发的一种重要应用形式。

6.1.2　Spring MVC 概述

不要重复发明轮子是 Rod Johnson 奉行的至理名言，也是整个 Spring Framework 的基石。但是 Spring MVC 是个唯一的例外，原因据说是 Rod 觉得市场上现有 MVC 框架都太烂了，没有整合的必要性，因此干脆重新制造了一个轮子。

Spring MVC 框架围绕 DispatcherServlet 这个核心控制器设计而成。DispatcherServlet 的主要作用是分发请求到不同的 Action 并根据 Action 返回的结果转向不同的视图。

Action 的处理基于@Controller 和@RequestMapping 等注解，还可以将@PathVariable 注解与@Controller 联合使用，创建 RESTful 风格的 Web 站点。

Spring MVC 框架设计的核心理念是著名的 OCP 原则：open for extension, closed for modification（对于需求扩展是开放的，对于逻辑修改是关闭的）。Spring MVC 框架的很多核心类的重要方法都被标记了 final，即不允许通过重写的方式改变其行为，这也是满足 OCP 原则的体现。

Spring MVC 的视图解决方案非常灵活。视图名字和 Action 返回的 Model 数据被组成 ModelAndView 对象。一个 ModelAndView 实例包含一个视图名字和一个类型为 Map 的 model 对象。视图名字由可配置的视图解析器处理。

Map 类型的 model 是高度抽象的，适用于各种表现层技术。这些视图技术有 JSP、Velocity、Freemarker、JSON、XML 等。Map 可以根据不同的视图选择合适的格式，如 JSP 页面转为 request 属性格式，Velocity 转为模板格式。

6.1.3　Spring MVC 特性支持

Spring 的 Web MVC 模块提供了如下很多独特的功能。

- 清晰的角色划分：控制器（controller）、验证器（validator）、命令对象（command object）、表单对象（form object）、模型对象（model object）、分发器（DispatcherServlet）、处理器映射（handler mapping）、视图解析器（view resolver）等，每一个角色都可以由一个专门的对象来实现。
- 强大而直接的配置方式：框架类和业务类都能作为 Bean 配置，支持跨多个 context 的引用，例如，在 Web 控制器中对业务对象和验证器（validator）的引用。
- 可适配、非侵入、灵活：使用一个简单的带参数注解，即可定义控制器方法签名。参数传入用@RequestParam、@RequestHeader、@PathVariable 等。
- 可重用的业务代码：可以使用现有的业务对象作为命令或表单对象，而不需要去扩展某个特定框架的基类。
- 可定制的绑定（binding）和验证（validation）：如将类型不匹配作为应用级的验证错误，这可以保存错误的值。再比如本地化的日期和数字绑定等。在其他某些框架中，只能使用字符串表单对象，需要手动解析它并转换到业务对象。
- 控制映射和视图解析：控制映射转换，从最简单的 URL 映射到复杂的、专用的定制策略映射均可。与某些 Web MVC 框架强制开发人员使用单一特定技术相比，Spring MVC 显得更加灵活。
- 灵活的 model 转换：在 Spring MVC 框架中，使用基于 Map 的键-值对可轻易达到与各种视图技术的集成。

- 可定制本地化（locale）、定制时间区域和主题（theme）解析。支持在 JSP 中使用无 Spring 标签库的 JSP，支持 JSTL，支持 Velocity 等。
- 简单而强大的 JSP 标签库（Spring Tag Library）：支持诸如数据绑定和主题之类的许多功能。
- 支持 JSP 表单和标签库。
- Spring Bean 的生命周期可以与当前的 HTTP Request 或者 HTTP Session 绑定。

6.2 案例：HelloMVC

下面先用 Servlet 做一个简单的入门项目案例，后面会用 Spring MVC 框架改造这个 HelloMVC 项目，通过将两个项目进行对比，看看 Spring MVC 带来了哪些变化。

6.2.1 环境配置

开发工具使用 Eclipse 的 2022-12-eclipse-inst-jre-win64 或更高版本（可以从 Eclipse 官方网站免费下载），Web 服务器使用 Tomcat 10.1。下面讲述操作步骤。

（1）新建动态 Web 项目，名字为 HelloMVC，然后创建控制器 HelloAction。

```
package com.icss.action;
@WebServlet("/HelloAction")
public class HelloAction extends HttpServlet {
    protected void doGet(HttpServletRequest req, HttpServletResponse res)
                            throws ServletException, IOException {
        String name = request.getParameter("name");
        request.setAttribute("name", name);
        request.getRequestDispatcher("/main/hello.jsp").forward(req, res);
    }
}
```

（2）在 webapp 下新建 main 文件夹和 hello.jsp 页。

```
<%@ page language="java" contentType="text/html"
        pageEncoding="utf-8" isELIgnored="false"%>
<html>
<body>
        hello Mr. ${name}
</body>
</html>
```

（3）把项目部署到 Tomcat 10.1 中，启动外部浏览器，进行测试（http://localhost:8080/HelloMVC/HelloAction?name=tom）。

6.2.2 Model 与控制器

前面的 HelloMVC 中只有简单的控制器和 JSP 视图，这一节增加逻辑层，让项目满足 MVC 架构思想，同时增加 Model 返回。下面讲述操作步骤。

（1）新增业务逻辑类（Model）。

```
public class HelloBiz {
    public String sayHello(String name) {
        return "hello,Mr. " + name;
    }
}
```

（2）修改 HelloAction 代码，在 HelloAction 中调用业务逻辑对象 HelloBiz。

```
protected void doGet(HttpServletRequest req,HttpServletResponse res)
                    throws ServletException, IOException {
    String name = request.getParameter("name");
    HelloBiz biz = new HelloBiz();
    String hello = biz.sayHello(name);
    request.setAttribute("hello", hello);
    request.getRequestDispatcher("/main/hello.jsp").forward(req, res);
}
```

（3）在 hello.jsp 中显示打招呼信息。

```
<html>
<body>
        张三 说：${hello}
</body>
</html>
```

6.2.3　MVC 架构

图 6-1 是标准的 MVC 架构图，Controller 为控制器，Model 泛指逻辑层和持久层对象，还有 POJO 返回值也属于 Model，View 表示视图。

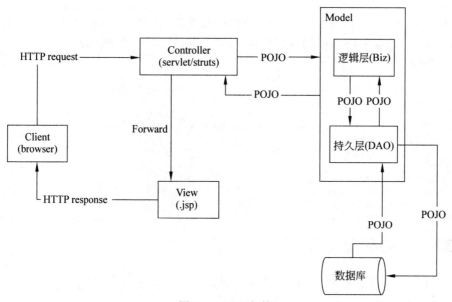

图 6-1　MVC 架构

不管控制器使用 Servlet 还是 Struts2/Spring MVC，MVC 架构的基本思想不变。控制器的作用是接收客户端传来的 HTTP 请求，转交给业务逻辑对象处理。业务逻辑处理完成后，把结果信息通过 POJO（简单 Java 对象）返回。控制器根据业务逻辑返回结果的不同，转向不同的视图，同时把 POJO 对象传给视图。

6.3 案例：HelloSpringmvc 入门示例

下面使用 Spring MVC 框架重写前面的 HelloMVC 项目。这是 Spring MVC 的入门案例，包含了 Spring MVC 开发的所有重要步骤。

6.3.1 导包

新建 HelloSpringmvc 项目，在 Spring 核心包和 AOP 包的基础上，导入 MVC 相关包，pom.xml 的核心配置如下：

```
<dependency>
    <groupId>org.springframework</groupId>
    <artifactId>spring-webmvc</artifactId>
    <version>6.0.3</version>
</dependency>
```

6.3.2 配置前端控制器 DispatcherServlet

在 web.xml 中配置前端控制器 DispatcherServlet，访问控制器的所有 HTTP 请求都会通过 DispatcherServlet 进行转发。

<load-on-startup>为 1 的配置，表示项目启动时就会创建 IoC 容器，加载 Spring 的 Bean。spring-mvc.xml 为 Spring MVC 的核心配置文件，一般会放在 WEB-INF 目录下。

```
<servlet>
<servlet-name>app</servlet-name>
<servlet-class>org.springframework.web.servlet.DispatcherServlet</servlet-class>
<init-param>
        <param-name>contextConfigLocation</param-name>
        <param-value>/WEB-INF/spring-mvc.xml</param-value>
    </init-param>
    <load-on-startup>1</load-on-startup>
</servlet>
<servlet-mapping>
    <servlet-name>app</servlet-name>
    <url-pattern>/app/*</url-pattern>
</servlet-mapping>
```

6.3.3 核心配置文件

在 WEB-INF 目录下，新建 spring-mvc.xml 文件（其他文件名也可以）。

（1）配置 schema：

```
<beans xmlns="http://www.springframework.org/schema/Beans"
xmlns:xsi="http://www.w3.org/2001/XMLSchema-instance"
xmlns:context="http://www.springframework.org/schema/context"
xsi:schemaLocation="
```

```
http://www.springframework.org/schema/Beans
https://www.springframework.org/schema/Beans/spring-beans.xsd
http://www.springframework.org/schema/context
https://www.springframework.org/schema/context/spring-context.xsd">
</beans>
```

（2）配置组件扫描。

```
<context:component-scan base-package="com.icss.action"/>
```

（3）配置视图解析器。

```
<bean class="org.springframework.web.servlet.view.InternalResourceViewResolver">
    <property name="prefix" value="/WEB-INF/views/" />
</bean>
```

6.3.4　编写 HelloAction

使用@Controller 和@RequestMapping 注解，分别标注控制器类与接收请求的方法。

```
@Controller("helloAction")
public class HelloAction {
    @RequestMapping("/hello")
    public String sayHello(String name,Model model) {
        model.addAttribute("name",name);
        return "/main/hello.jsp";
    }
}
```

6.3.5　编写视图

在 WEB-INF 文件夹下新建 views 文件夹，在 views 下新建 main 文件夹，在 main 下新
建 hello.jsp。之所以要把视图放到 WEB-INF 目录下，是为了提高 Web 项目的安全性，不允
许通过浏览器直接访问 JSP 页面，所有的 JSP 页必须通过控制器对象访问。

```
<html>
    <body>
        hello Mr. ${name}
    </body>
</html>
```

6.3.6　浏览器测试

从浏览器中发出请求：http://localhost:8080/HelloSpringmvc/app/hello?name=tom，即可看
到在浏览器中显示"hello Mr. tom"。

6.3.7　配置 log4j

日志框架 log4j 与 Spring MVC 结合，可以检查控制器和映射是否配置成功，这在开发
实践中非常重要。下面讲述操作步骤。

（1）导入日志包。

```
<dependency>
    <groupId>org.apache.logging.log4j</groupId>
```

```
    <artifactId>log4j-slf4j-impl</artifactId>
    <version>2.13.3</version>
</dependency>
```

（2）在项目 src 下新建 log4j2.xml：

```
<configuration status="WARN">
<appenders>
<console name="Console" target="SYSTEM_OUT">
    <PatternLayout pattern="%d{yyyy-MM-dd HH:mm:ss.SSS} [%t] %-5level %logger{36}
- %msg%n"/>
</console>
</appenders>
<loggers>
    <root level="debug">
        <appender-ref ref="Console"/>
    </root>
</loggers>
</configuration>
```

（3）Tomcat 启动成功后，如果输出了如下信息，说明 HelloAction 的映射方法配置正确。

```
信息: Initializing Spring FrameworkServlet 'app'
DEBUG _org.springframework.web.servlet.HandlerMapping.Mappings
- c.i.a.HelloAction: { [/hello]}: sayHello(String,Model)
```

6.4 前端控制器 DispatcherServlet

前端控制器 DispatcherServlet 是 Spring MVC 框架的核心，所有访问用户自定义控制器的 HTTP 请求都会被 DispatcherServlet 拦截处理后，再转发给用户控制器（见图 6-2）。

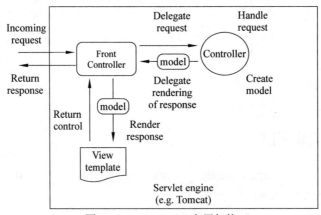

图 6-2 Spring MVC 高层架构

6.4.1 Spring MVC 架构图

图 6-2 是 Spring MVC 的高层架构图，它的组成如下。

- Front Controller：前端控制器。
- Controller：用户自定义控制器。

- View template：视图模板。
- Incoming request：接收浏览器或其他客户端发出的 HTTP 请求。
- Return response：前端控制器把处理结果的数据流返回客户端。
- Delegate request：前端控制器代理请求，转发给用户自定义控制器。
- Delegate rendering of response：前端控制器转发 model 数据。
- Handle request：用户自定义控制器处理客户端请求。
- Create model：用户自定义控制器调用服务层对象，生成 model。
- Render response：前端控制器提交 model 数据给视图模板。
- Return control：解析 model 和视图模板，把结果返回给前端控制器。
- Servlet engine(e.g.Tomcat) : Servlet 引擎，如 Tomcat 服务器。

前端控制器 DispatcherServlet 的工作流程如下：

（1）客户端向用户自定义控制器发送 HTTP 请求。

（2）前端控制器 DispatcherServlet 拦截 HTTP 请求。

（3）前端控制器调用动态代理对象，把请求转发给用户自定义控制器处理。

（4）用户自定义控制器收到 HTTP 请求，调用业务逻辑对象进行处理，然后把处理结果通过 model 对象返回给前端控制器。

（5）前端控制器再次把 model 结果发给视图模板进行处理。

（6）视图模板把视图解析结果返回给前端控制器。

（7）前端控制器把最终的视图信息通过流返回给客户端。

6.4.2　DispatcherServlet 与 IoC 容器的关系

如图 6-3 所示，前端控制器 DispatcherServlet 中有一个 IoC 容器（WebApplicationContext），

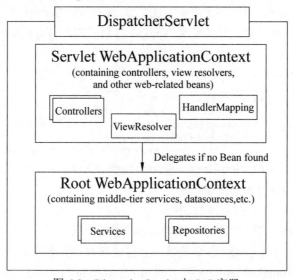

图 6-3　DispatcherServlet 与 IoC 容器

这个 IoC 容器调用它的父容器 Root WebApplicationContext。

- DispatcherServlet：前端控制器。
- Servlet WebApplicationContext：Web 层的 IoC 容器，需要依赖 Servlet 环境。
- containing controllers ,view resolvers and other web-related beans：包含用户自定义控制器、视图解析器和其他与 Web 相关的 Bean 对象。
- Controllers：所有用户自定义控制器。
- ViewResolver：视图解析器。
- HandlerMapping：视图映射处理接口，用于返回拦截处理链。
- Delegates if no Bean found：如未找到 Bean，到根容器查找。
- Root WebApplicationContext（containing middle-tier services, datasources, etc.）：Web 应用的根容器，包含中间层服务、数据源等。
- Services：服务层 Bean 对象。
- Repositories：持久层 Bean 对象。

习惯上把自定义控制器（Controller）、视图解析器（ViewResolver）、映射器（HandlerMapping）等当成 Spring 的 Bean，配置在 Servlet WebApplicationContext 中。

服务层对象和持久层对象也是 IoC 容器中的 Bean，它们习惯上配置在 Root WebApplicationContext 容器中。

当 Tomcat 启动时，读取 web.xml 中关于 DispatcherServlet 的初始化参数。配置项 <load-on-startup>等于 1 的配置，会使 Tomcat 在启动时创建 DispatcherServlet 对象实例，同时创建 IoC 容器，加载 spring-mvc.xml 文件中的 Bean 到 IoC 容器中。

6.4.3　DispatcherServlet 核心功能

DispatcherServlet 继承了 HttpServlet，实现了 javax.servlet.Servlet 接口。注意所有的 Servlet 对象都是 Jakarta EE 容器中的组件，它受 Tomcat 容器管理。DispatcherServlet 核心功能参见 API 描述：

```
org.springframework.web.servlet.DispatcherServlet
java.lang.Object
    javax.servlet.GenericServlet
        javax.servlet.http.HttpServlet
            org.springframework.web.servlet.HttpServletBean
                org.springframework.web.servlet.FrameworkServlet
                    org.springframework.web.servlet.DispatcherServlet
```

所有已实现的接口：java.io.Serializable、Servlet、ServletConfig、Aware、ApplicationContextAware、EnvironmentAware、EnvironmentCapable。

DispatcherServlet 提供了如下核心功能。

- 它基于 JavaBeans 的配置机制，由 Servlet 容器加载。
- 它使用 HandlerMapping 的实现类，前置处理对控制器的请求路由。默认使用的是 BeanNameUrlHandlerMapping 和 DefaultAnnotationHandlerMapping。HandlerMapping

作为 Bean 对象由 IoC 容器统一管理。

- 使用 HandlerAdapter 处理请求。对于 Spring 的 HttpRequestHandler 和 Controller 接口，默认使用 HttpRequestHandlerAdapter 和 SimpleControllerHandlerAdapter 适配器处理。同时 AnnotationMethodHandlerAdapter 将被注册。HandlerAdapter 也是作为 Bean 对象由 IoC 容器统一管理。

- 前端控制器中的异常由 HandlerExceptionResolver 解析。可以映射异常到指定的错误显示页。默认使用 AnnotationMethodHandlerExceptionResolver、ResponseStatusExceptionResolver 和 DefaultHandlerExceptionResolver 等几个异常解析器。

- 视图解析策略由配置的 ViewResolver 实现类来处理，它可以把视图名字解析成视图对象。默认使用 InternalResourceViewResolver 视图解析器。所有视图解析器也被 IoC 容器统一管理。

- 如果用户没有提供视图对象或视图名字，使用 RequestToViewNameTranslator 配置，可以把请求转换到相应的视图对象，默认视图名字为 viewNameTranslator。默认解析器是 DefaultRequestToViewNameTranslator。

- 前端控制器使用 MultipartResolver 的实现类处理实体文件的上传。典型使用的解析器为 CommonsMultipartResolver，它基于 Apache 的 Commons FileUpload。还可以使用 Part 解决方案。

- 国际化使用 LocaleResolver，它的默认实现类是 AcceptHeaderLocaleResolver。

- 主题解析策略使用 ThemeResolver，默认实现类是 FixedThemeResolver。

6.5　DispatcherServlet 的工作流程

本节采用源代码跟踪的方式，详细观察前端控制器 DispatcherServlet 的工作流程。通过源码分析，可以更加容易地理解前端控制器的工作机制。

6.5.1　查看源代码

动态 Web 项目需要附加源代码操作后才能查看源代码，而 Maven 项目直接双击 DispatcherServlet.class 即可看到源代码，见图 6-4。

6.5.2　断点观察 DispatcherServlet 运行流程

下面以用户登录为例观察 DispatcherServlet 运行流程。首先通过浏览器发送请求给 UserAction 的 login()方法，触发如图 6-5 所示的调用流程。

图 6-5 为 DispatcherServlet 运行流程的时序图，下面这些类和接口是时序图中的重点内容：

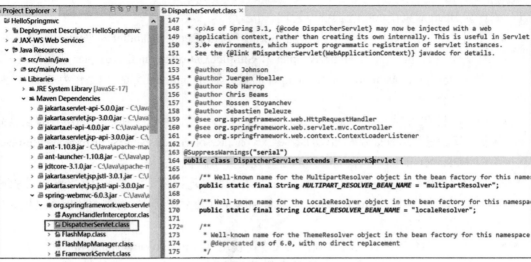

图 6-4　源代码

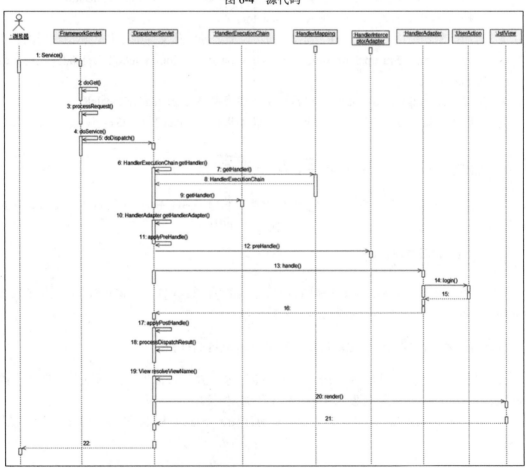

图 6-5　DispatcherServlet 运行流程

```
public class DispatcherServlet extends FrameworkServlet {}
  public abstract class FrameworkServlet
                      extends HttpServletBean implements ApplicationContextAware {
    protected void service(HttpServletRequest request, HttpServletResponse response)
        throws ServletException, IOException {}
  }
  public class HandlerExecutionChain {
      private final Object handler;  //处理请求的 Action，如 HelloAction 对象
      private HandlerInterceptor[] interceptors;  //多个拦截器组成链
      }
  public interface HandlerMapping {
      HandlerExecutionChain getHandler(PortletRequest request) throws Exception;
      }
  public interface HandlerAdapter {
      ModelAndView handle(HttpServletRequest request,
            HttpServletResponse response, Object handler) throws Exception;
}
```

通过源代码的断点跟踪，了解 HTTP 请求从前端控制器到 UserAction 的处理流程。

（1）FrameworkServlet 是 DispatcherServlet 的父类。

（2）FrameworkServlet 的 service()方法是所有 HTTP 请求的入口。

（3）DispatcherServlet 的 doDispatch()方法是所有流程控制的核心。

（4）调用 HandlerMapping 的 getHandler()，返回 HandlerExecutionChain。

（5）HandlerExecutionChain 中包含用户自定义控制器和多个拦截器。

（6）调用 HandlerAdapter 的 handle 方法，前端控制器把客户端请求转发给用户自定义控制器。

（7）doDispatch 接收 UserAction 的返回结果 ModelAndView，然后调用 processDispatchResult 方法，处理视图。

6.5.3　前端控制器的 doDispatch 方法

前端控制器的所有核心控制都在 DispatcherServlet 的 doDispatch()方法中，主要处理流程如下（见图 6-5）：

（1）WebAsyncManager 判断是同步处理还是异步处理。

（2）检查是否为 multipart 实体文件上传。

（3）mappedHandler 为拦截器处理。

（4）"HandlerAdapter::handle(processedRequest, response, mappedHandler.getHandler())"为调用自定义控制器的方法处理 HTTP 请求。

（5）返回 ModelAndView 对象。

（6）不管是否存在异常，最后统一由 processDispatchResult()处理。

如下为 doDispatch()方法的核心代码：

```
protected void doDispatch(HttpServletRequest request,
                    HttpServletResponse response) throws Exception {
    HttpServletRequest processedRequest = request;
    HandlerExecutionChain mappedHandler = null;  //处理器链
```

```
try {
    ModelAndView mv = null;           //控制器返回对象
    try {
        mappedHandler = getHandler(processedRequest);
        HandlerAdapter ha = getHandlerAdapter(mappedHandler.getHandler());
        if (!mappedHandler.applyPreHandle(processedRequest, response)) {
            //拦截器前置处理
            return;
        }
        // 适配器调用自定义Action方法处理请求，返回ModelAndView
        mv = ha.handle(processedRequest, response, mappedHandler.getHandler());
        //拦截器后置处理
        mappedHandler.applyPostHandle(processedRequest, response, mv);
    }
    catch (Exception ex) {
        dispatchException = ex;
    }
    //调用视图的render方法，返回视图给用户
    processDispatchResult(processedRequest, response, mappedHandler, mv,
                        dispatchException);
}finally {
    }
}
```

6.5.4　创建 IoC 容器

在 spring-mvc.xml 中配置 DispatcherServlet 的初始化参数，传递给 IoC 容器。此处的 IoC 容器是 WebApplicationContext，它通常为单例模式。Web IoC 容器是在 Tomcat 启动时自动创建的，它的创建流程见图 6-6。

（1）HttpServletBean 是前端控制器 DispatcherServlet 的父类。

```
public abstract class HttpServletBean extends HttpServlet
                implements EnvironmentCapable, EnvironmentAware {}
```

在 Servlet 的 init()方法中，可以使用 ServletConfig 读取初始化参数中配置的 spring-mvc. xml 的配置信息，然后把这个信息传递给 WebApplicationContext。

```
<servlet>
    <servlet-name>app</servlet-name>
    <servlet-class>org.springframework.web.servlet.DispatcherServlet
    </servlet-class>
    <init-param>
        <param-name>contextConfigLocation</param-name>
        <param-value>/WEB-INF/spring-mvc.xml</param-value>
    </init-param>
    <load-on-startup>1</load-on-startup>
</servlet>
```

（2）在 initWebApplicationContext 方法中读取配置信息，创建 Web IoC 容器。

```
public abstract class FrameworkServlet extends HttpServletBean
                    implements ApplicationContextAware {
    protected final void initServletBean() throws ServletException {
        this.webApplicationContext = initWebApplicationContext();
        initFrameworkServlet();
    }
```

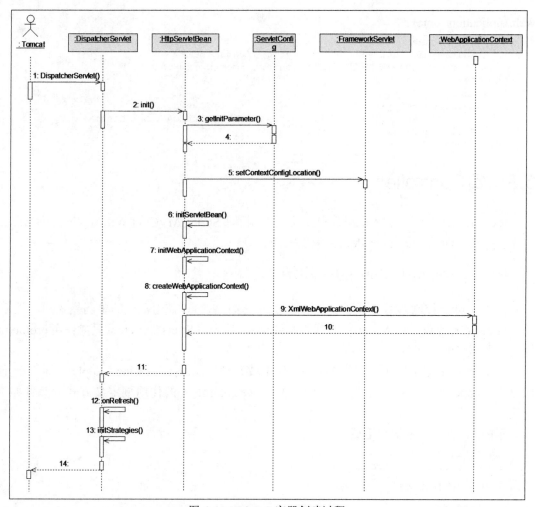

图 6-6 Web IoC 容器创建过程

```
protected WebApplicationContext initWebApplicationContext() {
    WebApplicationContext rootContext =
        WebApplicationContextUtils.getWebApplicationContext
(getServletContext());
    if (this.webApplicationContext != null) {
        wac = this.webApplicationContext;
    }
}
}
```

（3）还可以使用监听器创建 Web IoC 容器。

ContextLoaderListener 实现了 ServletContextListener 接口，这个监听器在 Tomcat 启动时被触发。即 Tomcat 启动时加载配置文件 root-context.xml。

```
public class ContextLoaderListener extends ContextLoader
                    implements ServletContextListener {}
```

使用 ServletContext 的 getInitParameter()方法读取配置信息，然后把读取的配置信息传给

WebApplicationContext 容器。

```
<context-param>
    <param-name>contextConfigLocation</param-name>
    <param-value>/WEB-INF/root-context.xml</param-value>
</context-param>
<listener>
    <listener-class>
        org.springframework.web.context.ContextLoaderListener
    </listener-class>
</listener>
```

6.6　@Controller

@Controller 注解用于标识用户自定义的控制器。Spring MVC 的 WebApplicationContext 容器会扫描并加载用@Controller 注解的 Bean。

6.6.1　@Controller 的作用域

@Controller 控制器尽量不要定义属性信息，这样就可以使用默认的单例模式。

Struts 的特点就是在 Action 中用属性传递信息，这导致 Struts 的 Action 只能使用 prototype 模式，严重影响了性能。

@Controller 还可以使用其他 Scope（作用域），如 request、session、application 等。使用哪个 Scope 更好，由具体的业务环境决定。@Controller 的作用域定义方式，参见如下示例。

示例 1：默认为单例作用域。

```
@Controller
public class HelloAction {}
```

示例 2：原形作用域。

```
@Controller
@Scope("prototy")
public class HelloAction {}
```

示例 3：request 作用域（Web 环境）。

```
@Controller
@RequestScope
public class HelloAction {}
```

示例 4：session 作用域（Web 环境）。

```
@Controller
@SessionScope
public class HelloAction {}
```

示例 5：application 作用域（Web 环境）。

```
@Controller
@ApplicationScope
public class HelloAction {}
```

6.6.2　@RequestMapping

1. HTTP 请求映射

在@Controller 控制器中使用@RequestMapping 注解去映射 HTTP 的 URL，如使用@RequestMapping("/hello")注解对应到 URL 就是 http://ip:port/site name/app/hello。

@RequestMapping 可用于注解类和方法。类映射是把 URL 对应到表单控制器；方法映射对应 HTTP 请求中的具体方法，如 GET、POST、PUT、DELETE 等方法。

@RequestMapping 注解类请求的 URL 中可以同时包含类和方法的请求值，如客户端请求 URL 为 http://localhost:8080/HelloSpringMVC/app/back/buyinfo，则/back 对应类的映射，/buyinfo 对应方法的映射。

```
@Controller
@RequestMapping("/back")
public class BackAction {
    @RequestMapping("/buyinfo")
    public String lookBuyinfo() {
        return null;
    }
}
```

注意：@RequestMapping 有多个属性，不写属性名，默认对应 value 属性。value 属性和 path 属性在 Servlet 环境下是等效的。method 属性与 HTTP 方法对应，如果在@RequestMapping 中没有指定 HTTP 的方法类型，即默认映射所有 HTTP 方法，如 GET、POST/PUT、DELETE 等。

2. @RequestParam

@RequestParam 的作用是绑定 HTTP 请求参数到控制器的方法参数。当 HTTP 请求中的参数与控制器中的映射方法参数名不一致时，必须使用@RequestParam 进行转换。如下 URL 请求 http://localhost:8080/HelloSpringMVC/app/hello?uname=tom 中，请求参数名为 uname，而映射方法 sayHello 的参数名为 name，如果没有参数映射转换，就无法接收到正确的参数。

```
@RequestMapping("/hello")
public String sayHello(String name,Model model) {
    ...
}
```

使用@RequestParam 参数转换后，HTTP 请求中的 uname 值会映射到方法参数 name 上：

```
@RequestMapping("/hello")
public String sayHello(@RequestParam("uname")String name,
                       Model model) {
    ...
}
```

注意：@RequestParam 注解的参数在 URL 中必须存在，否则报错（见图 6-7）。

如果请求参数是可选的，需要设置 required 属性为 false，这样当 HTTP 请求中没有这个参数时也不会报错了（required 属性默认为 true）。

示例如下：

```
@RequestParam(name="uname",required=false)
```

图 6-7　缺少请求参数报错

在@RequestParam 中还可以设置默认值，当请求中没有这个参数时，就使用默认值。在传递翻页参数时，可以设置翻页参数 page 的默认值为 1。

示例如下：

```
@Controller
@RequestMapping("/back")
public class OrderAction {
        @RequestMapping("/buyinfo")
        public String readUserBuyRecord(
                    @RequestParam(name = "page", defaultValue = "1") int page,
                    String uname, Model model) throws Exception {}
}
```

3. @PathVariable

使用@PathVariable 注解可以创建 RESTful 风格的 Web 站点。在@PathVariable 解析时使用了 URI 模板。传统的参数传递方法是通过 HTTP 的方法参数进行传递，而@PathVariable 则是通过 URL 中存放的变量传递参数，这种请求风格属于小众，并不常见。示例如下：

```
@Controller("helloAction")
public class HelloAction {
    @RequestMapping("/hello/{name}")
    public String sayHello(@PathVariable String name,Model model) {
        model.addAttribute("name",name);
        return "/main/hello.jsp";
    }
}
```

调用 sayHello()映射的 URL 格式：http://locaolhost:8080/HelloSpringMVC/app/hello/tom，{name}参数的具体值 tom 直接在 URL 中传入，而不是通过?name=tom 的参数方式传入。

在使用@PathVariable 时，需要注意以下几点。

（1）当变量名与映射方法的参数名不匹配时，需要在@PathVariable 中指明。

```
@GetMapping("/owners/{ownerId}")
public String findOwner(@PathVariable("ownerId") String theOwner, Model model)
{
    Owner owner = ownerService.findOwner(ownerId);
    model.addAttribute("owner", owner);
    return "displayOwner";
}
```

（2）在同一个方法参数中，可以有多个@PathVariable 注解。

```
@GetMapping("/owners/{ownerId}/pets/{petId}")
public String findPet(@PathVariable String ownerId,
```

```
        @PathVariable String petId, Model model) {
    Owner owner = ownerService.findOwner(ownerId);
    Pet pet = owner.getPet(petId);
    model.addAttribute("pet", pet);
    return "displayPet";
}
```

（3）URL 模板装配使用@RequestMapping 注解类、方法均可。

```
@Controller
  @RequestMapping("/owners/{ownerId}")
  public class RelativePathUriTemplateController {
      @RequestMapping("/pets/{petId}")
      public void findPet(@PathVariable String ownerId,
                          @PathVariable String petId, Model model) {}
}
```

4. 映射处理类

从 Spring Framework 3.1 起，@RequestMapping 映射方法的处理，用 RequestMappingHandlerMapping 和 RequestMappingHandlerAdapter 解析。RequestMappingHandlerMapping 会实现 HandlerMapping 接口，RequestMappingHandlerAdapter 会实现 HandlerAdapter 接口。HandlerMapping 和 HandlerAdapter 接口都非常重要，它们是处理@RequestMapping 的关键。

在 RequestMappingHandlerMapping 的父类 AbstractHandlerMapping 中实现了接口 HandlerMapping，代码如下：

```
public class RequestMappingHandlerMapping
              extends RequestMappingInfoHandlerMapping
      implements MatchableHandlerMapping, EmbeddedValueResolverAware{}

public abstract class AbstractHandlerMapping
              extends WebApplicationObjectSupport
      implements HandlerMapping, Ordered {}
```

HandlerMapping 接口的核心方法是调用 getHandler()，返回 HandlerExecutionChain。

```
public interface HandlerMapping {
      HandlerExecutionChain getHandler
              (HttpServletRequest request) throws Exception;
}
```

HandlerExecutionChain 中包含核心处理对象 handler，它是处理 HTTP 请求的用户自定义 Action，如 HelloAction。它还包含拦截器集合，即 Action 在处理请求前，需要先处理拦截器行为。

```
public class HandlerExecutionChain {
      private final Object handler;
      private HandlerInterceptor[] interceptors;
}
```

RequestMappingHandlerAdapter 的父类 AbstractHandlerMethodAdapter 实现了 HandlerAdapter 接口：

```
public class RequestMappingHandlerAdapter
      extends AbstractHandlerMethodAdapter
      implements BeanFactoryAware, InitializingBean {}
public interface HandlerAdapter {
      ModelAndView handle(HttpServletRequest request,
```

```
            HttpServletResponse response, Object handler)throws Exception;
}
```

@RequestMapping 的处理流程参见 DispatcherServlet 中的 doDispatch()方法，核心代码如下：

```
//调用 HandlerMapping 的 getHandler 返回处理链
 HandlerExecutionChain mappedHandler = getHandler(processedRequest);
//创建处理适配器，激活 helloAction 的方法
//mappedHandler.getHandler()返回的就是 HelloAction 对象
HandlerAdapter ha = getHandlerAdapter(mappedHandler.getHandler());
ModelAndView mv =
        ha.handle(processedRequest, response, mappedHandler.getHandler());
```

5. @GetMapping 与@PostMapping

Spring Framework 4.3 之后，可以使用如下注解简化@RequestMapping 的写法：

- @GetMapping。
- @PostMapping。
- @PutMapping。
- @DeleteMapping。
- @PatchMapping。

为了使@GetMapping 生效，必须要在核心配置文件中增加<mvc:annotation-driven />配置。

```
<beans xmlns="http://www.springframework.org/schema/Beans"
   xmlns:xsi="http://www.w3.org/2001/XMLSchema-instance"
      xmlns:mvc="http://www.springframework.org/schema/mvc"
      xsi:schemaLocation="http://www.springframework.org/schema/mvc
               https://www.springframework.org/schema/mvc/spring-mvc.xsd">
               <mvc:annotation-driven />
</beans>
```

示例如下：

```
@Controller
public class UserAction {
    @GetMapping("/login")
    public String login() {
        return "/main/login.jsp";
    }
    @PostMapping(value = "/login")
    @ResponseBody
    public String login(@RequestBody String user) {
    }
}
```

6. 消费媒体类型与@RequestBody

在网络请求中，使用 Content-Type 标识要访问的资源类型，常用的 Content-Type 如下。

- 访问 HTML 或 Servlet：text/html, text/plain。
- 访问 JS 和 CSS 文件：text/css, text/javascript。
- 访问图片：image/jpeg, image/png, image/gif。
- 表单提交的默认类型：application/x-www-form-urlencoded。
- 表单上传实体文件：multipart/form-data。

- AJAX 提交数据：application/json, application/xml。

@RequestMapping 有一个 consumes 属性，它表示映射方法消费的媒体类型。

只有 HTTP 的请求头中的 content-type 与@RequestMapping 中规定的媒体类型一致时，控制器的方法才能响应。注意 content-type 中可以使用通配符，如 "content-type=text/*"，会匹配"text/plain"和"text/html"。

示例：用户异步登录，在 JS 脚本中指明 "contentType :"application/json""。

```
function tijiao(){
    var uname = $('#uname').val();
    var pwd = $('#pwd').val();
    var user =  {uname: uname, pwd: pwd};
    if(uname != ""){
        var destUrl = "<%=basePath%>app/login";
        $.ajax({
            type :"post",
            url : destUrl,
            data:user,
            dataType:"json",
            contentType :" application/json",
            success : function(msg) {  }
        });
    }   }
```

UserAction 中登录方法的处理：

```
@Controller
public class UserAction {
    @GetMapping(value="/login",consumes="")
    public String login() {
        return "/main/login.jsp";
    }
    @PostMapping(value = "/login",consumes = "application/json")
    @ResponseBody
    public String login(@RequestBody String user) {
        System.out.println("收到: " + user);
        return "1";
    }
}
```

如上代码中@PostMapping(value = "/login",consumes = "application/json")表明了请求数据的提交格式只能为 JSON 字符串。

@RequestBody 注解指明了方法参数与 HTTP 请求体数据绑定。上面示例中@RequestBody 用来接收前端传递给后端的 JSON 字符串，数据不是源于 HTTP 请求中的参数，而是源于 HTTP 的请求体。

@ResponseBody 用于 AJAX 的数据回应，不再使用 ModelAndView 进行 MVC 转向，这个注解后面会详细讲解。

如果修改客户端的代码为 contentType :"text/html"，则会提示如下错误：

```
Resolved [org.springframework.web.HttpMediaTypeNotSupportedException: Content
type 'text/html' not supported]
```

7. 生产媒体类型

@RequestMapping 有一个 produces 属性，它表示生产的媒体类型。如果在映射方法中指明了生产媒体类型，则 HTTP 请求的 Accept 必须与生产媒体类型一致才可以。

在 AJAX 中指定 dataType:"json"后，HTTP 的请求头格式如下：

```
Accept: application/json, text/javascript, */*
```

示例如下：

```
function tijiao(){
    var uname = $('#uname').val();
    var pwd = $('#pwd').val();
    var user = {uname: uname, pwd: pwd};
    if(uname != ""){
        var destUrl = "<%=basePath%>app/login";
        $.ajax({
                type :"post",
                url : destUrl,
                data:user,
                dataType:"json",
                success : function(msg) {  }
        });
    } }
```

在 UserAction 中设置 produces=MediaType. APPLICATION_JSON_UTF8_VALUE，表示只能接收 JSON 数据类型的请求。

```
@Controller
public class UserAction {
    @PostMapping(value = "/login",produces=MediaType.APPLICATION_JSON_UTF8_VALUE)
    @ResponseBody
      public User login(String uname,String pwd) {
        User user = new User();
        user.setUname(uname);
        user.setRole(1);
        return user;
    }
}
```

如果修改@PostMapping 的 produces 属性为文本类型，与上传的 JSON 不符，就会报错。

```
@PostMapping(value = "/login",produces=MediaType.TEXT_HTML_VALUE)
```

错误提示：

```
Resolved [org.springframework.web.HttpMediaTypeNotAcceptableException:Could
not find acceptable representation]
```

8. params

params 表示只有 HTTP 请求中包含指定的参数值时，映射方法才会处理请求，否则报错。如下示例要求在 HTTP 请求中，必须包含 userName 参数。示例如下：

```
@PostMapping(value = "/login", params = {"userName"})
public User login(String uname, String pwd) {
}
```

参数信息不匹配，会报如下错误：

```
WARN - Resolved
```

```
[org.springframework.web.bind.UnsatisfiedServletRequestParameterException:
Parameter conditions "username" not met for actual request
parameters: uname={admin}, pwd={123}]
```

9. headers

指定 HTTP 请求中必须包含指定的 header 值，才能让映射方法处理请求。HTTP 请求的 header 中可以携带很多信息，因此约束性更加灵活。

示例（百度主页抓包的请求头）：

```
Accept: text/html,application/xhtml+xml,application/xml;
        q=0.9,image/webp,image/apng,*/*;q=0.8,application/signed-exchange;v=b3
Accept-Encoding: gzip, deflate, br
Accept-Language: zh-CN,zh;q=0.9
Cache-Control: max-age=0
Connection: keep-alive
Cookie: BIDUPSID=8D58C3E297D1EA655AFB2866FD3F7FDB;
        PSTM=1517223831; Host: www.baidu.com
Upgrade-Insecure-Requests: 1
```

示例：使用 headers 约束 Content-Type 和 Accept，起到 consumes 和 produces 参数约束的效果。当然，还可以增加其他头属性约束。

```
@PostMapping(value = "/login",
        headers = {"Content-Type=application/json", "Accept=application/json" })
@ResponseBody
public User login(@RequestBody String userString) {
    User user = new User();
    String uname = userString.split("&")[0].split("=")[1];
    user.setUname(uname);
    user.setRole(2);
    return user;
}
```

10. path 与 value

@RequestMapping 的 path 属性与 value 属性容易混淆。在 Servlet 环境下 "@RequestMapping("/foo")" "@RequestMapping(path="/foo")" "@RequestMapping(value="/foo")" 三者等效。

参考 RequestMapping 源码中的属性定义：value 属性的别名是 path，path 属性的别名是 value，它们相互等效。

```
@Target({ElementType.METHOD, ElementType.TYPE})
@Retention(RetentionPolicy.RUNTIME)
public @interface RequestMapping {
        @AliasFor("path")
        String[] value() default {};
        @AliasFor("value")
        String[] path() default {};
    }
```

value 可以应用于类和方法，当应用于类时，方法映射的 value 值都继承于类。

```
@Controller
  @RequestMapping(value="/user")
  public class UserAction {
      @GetMapping(value="/login")
      public String login() {
```

```
            return "/main/login.jsp";
        }
    }
```

11. 控制器方法参数

控制器的方法支持表 6-1 中参数类型。也就是说，表 6-1 中参数类型的对象，可以直接注入 Spring MVC 的控制器环境中。

表 6-1 控制器方法参数类型

参 数 类 型	描　　述
HttpServletRequest，HttpServletResponse，HttpSession	Servlet API 对象
org.springframework.web.context.request.WebRequest 和 NativeWebRequest	允许使用泛化的请求参数，不和本地 Servlet/Portlet API 耦合
java.util.Locale	在 MVC 环境中，使用 LocaleResolver/ LocaleContextResolver 等本地化解析器
java.time.ZoneId	时间区域
java.io.InputStream/java.io.Reader	从 Servlet API 中提取字节和字符输入流的原生对象
java.io.OutputStream/java.io.Writer	从 Servlet API 中提取字节和字符输出流的原生对象
org.springframework.http.HttpMethod	HTTP 请求中的方法
ava.security.Principal	包含当前授权用户信息
@PathVariable	请求路径中包含参数
@MatrixVariable	请求中包含多个 name-value 对
@RequestParam	从 HTTP 请求中提取参数
@RequestHeader	从 HTTP 请求头中提取信息
@RequestBody	从 HTTP 请求体中提取信息
@RequestPart	请求中包含 multipart/form-data 数据
@SessionAttribute	从 session 中提取数据
@RequestAttribute	从 request 对象中提取数据
HttpEntity<?>	包含请求头和请求体信息
java.util.Map org.springframework.ui.Model java.util.Map org.springframework.ui.ModelMap	模型数据
org.springframework.web.servlet.mvc.support.RedirectAttributes	重定向时传递的属性数据
Java Bean	使用属性编辑器，HTTP 参数自动绑定到 Java Bean 对象
org.springframework.validation.Errors org.springframework.validation.BindingResult	数据校验结果
org.springframework.web.bind.support.SessionStatus	会话状态

续表

参　数　类　型	描　　　述
org.springframework.web. util.UriComponentsBuilder	在 Servlet 映射中，提取 host、port、scheme、context、path 等信息

在业务 Bean 中，要获取 IoC 容器环境，通常使用的方法是实现 Aware 接口。在控制器的方法参数中，直接注入表 6-1 中类型的对象，效果等同于使用 Aware 接口注入对象，而且这种注入方式比 Aware 接口更加方便、灵活。

示例如下：

```
@RequestMapping("/test")
public void test(HttpServletRequest request, HttpServletResponse response,
                 HttpSession session, Writer out, Reader reader, Model model){
}
```

Spring MVC 在高并发环境下使用 HttpSession 对象时，需要考虑到并发访问的安全性。可以设置 RequestMappingHandlerAdapter 的 synchronizeOnSession 标记为 true，这样可以通过锁增加并发访问的安全性。

```
public class RequestMappingHandlerAdapter extends AbstractHandlerMethodAdapter
                              implements BeanFactoryAware, InitializingBean {
    private boolean synchronizeOnSession = false;
    public void setSynchronizeOnSession(boolean synchronizeOnSession) {
        this.synchronizeOnSession = synchronizeOnSession;
    }
}
```

HttpSession 的底层数据结构是 Map<String,Object>，即按照 sessionid 来操作数据。它没有线程的并发控制。当高并发访问 HttpSession 对象时，可以在 Bean 启动时设置并发访问的同步约束。参见如下示例，通过实现 BeanPostProcessor 接口，在 IoC 容器启动时，查找 RequestMappingHandlerAdapter 对象，并设置它的 synchronizeOnSession 属性为 true。

示例如下：

```
@Component
public class MyProcessor implements BeanPostProcessor {
    @Override
    public Object postProcessAfterInitialization(Object Bean, String arg1)
throws BeansException {
        if (Bean instanceof RequestMappingHandlerAdapter) {
            RequestMappingHandlerAdapter adapter =
                                (RequestMappingHandlerAdapter) Bean;
            adapter.setSynchronizeOnSession(true);
            Log.logger.info("MyProcessor,setSynchronizeOnSession(true)");
        }
        return Bean;
    }
}
```

12. 控制器方法返回类型

Spring MVC 的控制器方法支持表 6-2 中的返回类型。控制器方法的返回类型最常用的是 String，它表示返回视图的名字。前端控制器激活用户自定义控制器，返回的类型是

ModelAndView。如果采用 AJAX 方式访问控制器，则返回类型可以任意。

表 6-2 控制器方法返回类型

返 回 类 型	说 明
ModelAndView	包含 Model 和 View 两部分数据
Model	模型数据
Map	Key/value 结构的模型数据
View	视图
String	MVC 模式时，解析为视图名字； AJAX 模式时，为字符型返回值
void	空，可以使用 ServletResponse 直接写数据
Any	用@ResponseBody 注解的方法，可以返回任意类型的数据 返回信息，被 HttpMessageConverters 合理转换
HttpEntity<?> ResponseEntity<?>	包含 HTTP 头和 HTTP 体的回应信息
HttpHeaders	回应信息中无 body
Callable<?>	Spring MVC 的异步处理
DeferredResult<?>	用于耗时的异步处理
ListenableFuture<?> CompletableFuture<?> CompletionStage<?>	返回线程池的异步处理结果
ResponseBodyEmitter	服务器的异步处理结果
SseEmitter	服务器的异步处理结果
StreamingResponseBody	OutputStream 的异步处理结果
others	在方法上使用@ModelAttribute，结果存于 model 中

示例：控制器方法的多种返回值。

```
@Controller
@RequestMapping(value="/user")
public class UserAction {
    @GetMapping(value="/login")
    public String login() { }
    @PostMapping(value = "/login")
    public ModelAndView login(String uname,String pwd) { }
    @PostMapping(value = "/login2")
    @ResponseBody
    public User login2(String uname,String pwd) { }
    @PostMapping(value = "/login3")
    @ResponseBody
    public void login3(Writer out) { }
}
```

13. @RequestBody 与消息转换器

@RequestBody 注解指明方法参数与 HTTP 的请求体绑定。前面讲过用户异步登录示例，

@RequestBody 用来接收前端传递给后端的 JSON 字符串，数据不是源于 HTTP 的参数，而是源于 HTTP 的请求体。

示例如下：

```
@Controller
public class UserAction {
    @PostMapping(value = "/login",consumes = "application/json")
    @ResponseBody
    public String login(@RequestBody String user) {
        System.out.println("收到: " + user);
        return "1";
    }
}
```

转换 HTTP 请求体信息到控制器方法参数需要使用 HttpMessageConverter。消息转换器还负责把方法参数转换为 HTTP 回应体（response body）。

RequestMappingHandlerAdapter 支持@RequestBody 注解，使用如下默认消息转换器：

- ByteArrayHttpMessageConverter：转换字节数组。
- StringHttpMessageConverter：转换字符串。
- FormHttpMessageConverter：转换表单数据到 MultiValueMap<String, String>。
- SourceHttpMessageConverter：与 XML 数据源之间的数据转换。

在 Spring MVC 中使用消息转换器，需要在 spring-mvc.xml 中进行配置。

示例 1：消息转换器配置方法 1。

```
<mvc:annotation-driven>
  <mvc:message-converters register-defaults="true"
  <bean class="org.springframework.http .converter.StringHttpMessageConverter" >
      <property name = "supportedMediaTypes">
          <list>
                  <value>application/json;charset=utf-8</value>
                  <value>text/html;charset=utf-8</value>
              </list>
          </property>
      </bean>
  </mvc:message-converters>
</mvc:annotation-driven>
```

示例 2：消息转换器配置方法 2。

```
<bean class="org.springframework.web.servlet.mvc.
              method.annotation.RequestMappingHandlerAdapter">
  <property name="messageConverters">
      <util:list id="BeanList">
              <ref Bean="stringHttpMessageConverter" />
              <ref Bean="marshallingHttpMessageConverter" />
          </util:list>
      </property>
</bean>
<bean id="stringHttpMessageConverter"
      class="org.springframework.http.converter.StringHttpMessageConverter" />
  <bean id="marshallingHttpMessageConverter"
        class="org.springframework.http.converter.xml.
                MarshallingHttpMessageConverter">
      <property name="marshaller" ref="castorMarshaller" />
```

```
        <property name="unmarshaller" ref="castorMarshaller" />
</bean>
        <bean id="castorMarshaller" class="org.springframework.oxm.castor.CastorMarshaller"/>
```

14. @ResponseBody 注解

@ResponseBody 注解用于方法，表明方法返回信息将直接写入 HTTP 回应体。因为使用回应体传递数据，所以映射方法不再返回视图数据。

如下示例中 sayHello()方法返回 String，如果没有@ResponseBody 注解，则返回的是视图名字。有了@ResponseBody 注解后，String 表示方法的返回值通过字符流直接返回给用户。

示例如下：

```
@Controller
public class HelloAction {
    @RequestMapping("/hello")
    public String sayHello(String name,Model model) {
        model.addAttribute("name",name);
        return "/main/hello.jsp";
    }
    @RequestMapping("/hello2")
    @ResponseBody
    public String sayHello(String name) {
        return "hello Mr." +  name;
    }
}
```

通过浏览器抓包对比，如上示例若没有@ResponseBody 注解，返回的数据流为 HTML 数据；使用@ResponseBody 后，只有最终数据本身被返回了（没有 HTML 标签）。

同@RequestBody 一样，@ResponseBody 也是使用 HttpMessageConverter 把方法返回数据转换为 HTTP 回应体的。如果访问参数中携带中文，会出现乱码，如"http://localhost:8080/HelloResponseBody/app/hello2?name=张三"。解决方法就是配置合适的消息转换器，如下所示。

```
<mvc:annotation-driven>
<mvc:message-converters register-defaults="true">
 <bean class="org.springframework.http .converter.StringHttpMessageConverter" >
    <property name = "supportedMediaTypes">
            <list>
                    <value>application/json;charset=utf-8</value>
                    <value>text/html;charset=utf-8</value>
            </list>
    </property>
 </bean>
 </mvc:message-converters>
</mvc:annotation-driven>
```

15. @RestController 注解

如果控制器只服务于 JSON、XML、多媒体数据等，使用 RESTful 风格，这适合使用@RestController 注解。@RestController 是一种简化写法，它相当于控制器中所有@RequestMapping 方法都使用了@ResponseBody 注解。

```
@RestController = @ResponseBody + @Controller
```

示例：在微服务开发中，所有的对外服务都使用@RestController 注解。

```
@RestController
public class HelloController {
    @RequestMapping("/hello")
    public String say() {
        return "hello xiaohp";
    }
}
@SpringBootApplication
public class App {
    public static void main( String[] args ){
        SpringApplication.run(App.class, args);
    }
}
```

配置下面这个参数后，@RestController 才能生效。

```
<mvc:annotation-driven></mvc:annotation-driven>
```

16. HttpEntity

HttpEntity 表示 HTTP 的 request 和 response 实体，它由消息头和消息体组成。从 HttpEntity 中可以获取 HTTP 请求头和回应头，也可以获取 HTTP 请求体和回应体信息。

HttpEntity 的使用与@RequestBody、@ResponseBody 类似。HttpEntity 的已知子类为 RequestEntity 和 ResponseEntity。

```
package org.springframework.http;
public class HttpEntity<T> {}
```

HttpEntity 的典型应用是在微服务中，使用 HttpEntity 可以携带很多额外的信息，如状态码、提示信息等。

示例如下：

```
HttpHeaders headers = new HttpHeaders();
headers.setContentType(MediaType.TEXT_PLAIN);
HttpEntity<String> entity = new HttpEntity<String>(helloWorld,headers);
URI location = template.postForLocation("http://example.com", entity);
```

或

```
HttpEntity<String> entity
                = template.getForEntity("http://example.com", String.class);
String body = entity.getBody();
MediaType contentType = entity.getHeaders().getContentType();
```

在 Spring MVC 中也可以直接使用 HttpEntity 的子类 RequestEntity 和 ResponseEntity。以用户登录示例，下面讲述操作步骤。

（1）在 Action 中提取 RequestEntity 中的请求头信息，并用 ResponseEntity 回应。

```
@RequestMapping("/login")
public ResponseEntity<User> handle(@RequestBody String userString,
                                   RequestEntity requestEntity){
    System.out.println(requestEntity.getHeaders().getContentLength());
    System.out.println(requestEntity.getHeaders().getContentType().toString());
    System.out.println(requestEntity.getHeaders().getAccept().toString());
    System.out.println(requestEntity.getHeaders().getOrigin());
    String requestHeader = requestEntity.getHeaders().getFirst("token");
    System.out.println(requestHeader);
```

```
        System.out.println(requestEntity.getUrl());
        //设置回应信息
        HttpHeaders responseHeaders = new HttpHeaders();
        responseHeaders.set("myResponseHeader", "myValue");
        User user = new User();
        String uname = userString.split("&")[0].split("=")[1];
        user.setUname(uname);
        user.setRole(2);
       return new ResponseEntity<User>(user,responseHeaders,HttpStatus.CREATED);
    }
```

（2）客户端发出登录请求，在 HTTP 请求头中携带了一个用于安全校验的令牌 token。

```
function tijiao(){
var uname = $('#uname').val();
var pwd = $('#pwd').val();
var user = {uname: uname, pwd: pwd};
if(uname != ""){
    var destUrl = "<%=basePath%>app/login";
    $.ajax({
      type : "post",
      url : destUrl,
      data:user,
      dataType:"json",
      contentType :"application/json",
      beforeSend: function (xhr) {
    xhr.setRequestHeader("token", "eyJhbGciOJzdWIiOiIxOD...");
      },
      success : function(msg) { }
    });
  } }
```

（3）代码测试。

浏览器发出请求：http://localhost:8080/HelloHttpEntity/app/login，运行结果如下：

```
20
  application/json
  [application/json, text/javascript, */*]
  http://localhost:8080
  eyJhbGciOJzdWIiOiIxOD...
  http://localhost:8080/HelloHttpEntity/app/login
```

17. @ModelAttribute

@ModelAttribute 注解可以用于方法或方法参数，含义不同。

1）@ModelAttribute 注解方法

@ModelAttribute 注解方法是将方法的处理结果添加到 model 属性中。

@ModelAttribute 注解的方法会在此控制器的所有@RequestMapping 方法前执行，一个控制器中允许存在多个@ModelAttribute 注解方法。示例如下：

```
@Controller
  public class AccountAction {
      //在@RequestMapping 前执行，查找 Account 对象并自动存储在 model 属性中
      @ModelAttribute
      public Account addAccount(@RequestParam String number) {
          return accountManager.findAccount(number);
      }
  }
```

如果@ModelAttribute 中没有指明 model 的名字，则使用默认名。

```
@ModelAttribute ("account")
public Account addAccount(@RequestParam String number) {
    return accountManager.findAccount(number);
}
```

@ModelAttribute 既可应用于有返回值的方法，也可应用于无返回值的方法。无返回值的方法需要使用 model 对象设置属性值。

```
@ModelAttribute
public void populateModel(@RequestParam String number, Model model) {
    model.addAttribute("account",accountManager.findAccount(number));
}
```

2）案例：账户查询

案例需求：每次 HTTP 请求，根据参数 number 读取相应账户的信息。

（1）服务层代码（模拟系统中的所有账户数据）。

```
@Service
public class AccountManager {
    private static Map<String,Account> allAccount;
    static {
        allAccount = new HashMap<>();
        allAccount.put("001", new Account("001",1000));
        allAccount.put("002", new Account("002",2000));
        allAccount.put("003", new Account("003",3000));
        allAccount.put("004", new Account("004",4000));
        allAccount.put("005", new Account("005",5000));
    }
    public Account findAccount(String number) {
        return allAccount.get(number);
    }
}
```

（2）控制器代码：根据入参账户编号，查找用户的账户信息。URL 格式如下：http://localhost:8080/HelloModelAttribute/app/info?number=00， getAccountInfo() 方法执行前，addAccount()先执行，获得当前控制器要操作的账户对象。

```
@Controller
public class AccountAction {
    @Autowired
    private AccountManager accountManager;
    @ModelAttribute
    public Account addAccount(@RequestParam String number) {
        return accountManager.findAccount(number);
    }
    @RequestMapping("/info")
    public String getAccountInfo(String number) {
        return "/main/account.jsp";
    }
}
```

（3）在并发环境中，AccountAction 控制器默认是单例模式，这样后面的请求会把前面请求存在 Model 中的 account 对象替掉。因此必须要修改作用域为@RequestScope。

```
@Controller
```

```
@RequestScope
public class AccountAction {  }
```

（4）视图层代码：

```
<html>
      <body>
            账户编号：  ${account.number}  <br>
            余额：       ${account.money}
      </body>
</html>
```

（5）测试：http://localhost:8080/HelloModelAttribute/app/info?number=003。

浏览器显示结果：

```
账户编号：003
余额：3000.0
```

总结：示例使用了@ModelAttribute 后，AccountAction 与要处理的账户 AccountManager 捆绑得更加紧密，它表示 AccountAction 中的所有请求都必须与一个当前账户有关。

3）@ModelAttribute 注解方法参数

@ModelAttribute 应用于方法参数，表明这个参数的值应该从 Model 中获取。如果在 Model 中没有找到对应名称的对象，则创建一个对象并添加到 Model 中。如果在 Model 中找到了对应名称的对象，这个对象的属性值应该从 request 请求参数中按名字对应去匹配查找。

示例如下：

```
@Controller
public class PetAction {
      @GetMapping("/owner/{ownerId}/pet/{petId}/info")
      public String processSubmit(@ModelAttribute Pet pet) {
            return "/main/pet.jsp";
      }
}
```

如上代码，第一次访问会自动创建一个 pet 对象，然后存于 Model 中。pet 对象的属性值从 request 请求中提取。

```
<html>
      <body>
            ${pet.ownerId} <br>
            ${pet.petId}
      </body>
</html>
```

测试：http://localhost:8080/HelloModelAttribute/app/owner/tom/pet/cat/info。

浏览器显示结果：

```
tom
cat
```

总结：@ModelAttribute 应用于方法参数，代码更加简洁，而且可读性强。这是一种非常重要的应用，在 Spring MVC 项目中经常被使用。

18. @SessionAttributes 与@SessionAttribute

@SessionAttributes 用于在会话中存储 Model 对象指定名称的属性，用在类的级别。它可以同时存储多个对象。

@SessionAttribute 用于方法参数，获取已经存储的 session 数据。注意它与@ModelAttribute 的使用有显著不同。

示例 1：从 Model 中提取属性 user 和 shopcar 对象，然后存储在 session 中。

```
@SessionAttributes(value = {"user","shopcar"})
public class TestAction {...}
```

示例 2：从 session 中查找 account 对象并使用，找不到就提示错误。

```
@GetMapping("/buypet")
public String processSubmit(@SessionAttribute Account account) {...}
```

案例（参见账户查询的案例）：

（1）发送请求，提取指定账户数据存储于 session 中。HTTP 请求的 URL 格式如下：http://localhost:8080/HelloSessionAttribute/app/account?number=003，方法 addAccount()会在 getAccountInfo()之前执行。它提取指定账户的数据存储在 Model 中。框架自动提取 Model 中的属性对象 account，然后存储在 session 中。

```
@Controller
@SessionAttributes("account")
public class AccountAction {
    @Autowired
    private AccountManager accountManager;
    @ModelAttribute("account")
    public Account addAccount(@RequestParam String number) {
        return accountManager.findAccount(number);
    }
    @RequestMapping("/account")
    public String getAccountInfo(String number) {
        return "/main/account.jsp";
    }
}
```

（2）购买宠物，从当前账户扣款。

@SessionAttribute 注解用于方法参数类似于@ModelAttribute 应用于方法参数，二者不同之处在于：当 Model 中没有这个对象时，会自动创建一个对象，而@SessionAttribute 只是从 session 中查找对象，不会自动创建对象。

先调用 account 获取当前账户信息：

http://localhost:8080/HelloSessionAttribute/app/account?number=003。

再调用 buypet 从当前账户扣款：

http://localhost:8080/HelloSessionAttribute/app/buypet?money=200。

```
@GetMapping("/buypet")
public String processSubmit(@SessionAttribute Account account,
                            double money,Model model) {
    System.out.println(account.getNumber() + ":" + account.getMoney());
    model.addAttribute("oldMoney", account.getMoney());
    model.addAttribute("money", money);
    double pay = account.getMoney() - money;
    account.setMoney(pay);
    return "/main/pet.jsp";
}
```

如果 session 中没有 account 对象，会报 400 错误（见图 6-8）。

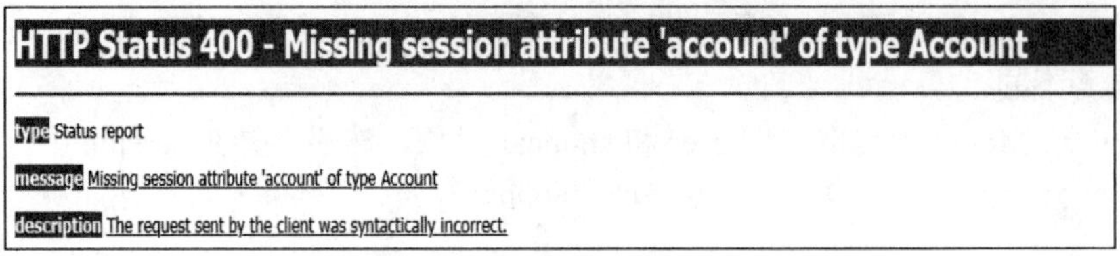

HTTP Status 400 - Missing session attribute 'account' of type Account

type Status report

message Missing session attribute 'account' of type Account

description The request sent by the client was syntactically incorrect.

图 6-8　会话对象未找到错误

（3）页面代码 pet.jsp。

```html
<html>
    <body>
        原有金额: ${oldMoney}<br>
        付款: ${money}<br>
        余额: ${account.money}
    </body>
</html>
```

测试结果如下：

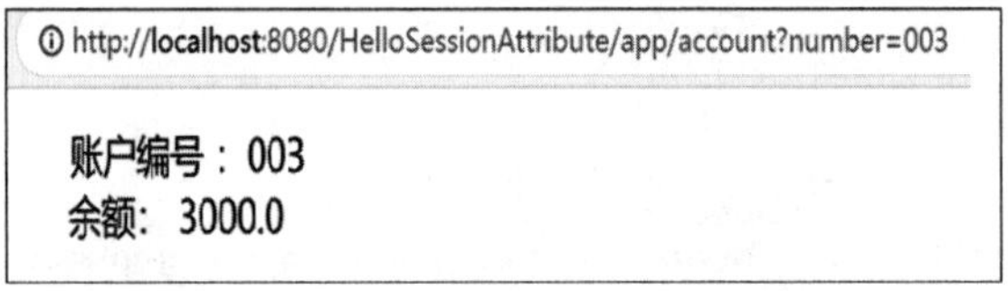

① http://localhost:8080/HelloSessionAttribute/app/account?number=003

账户编号：003
余额：3000.0

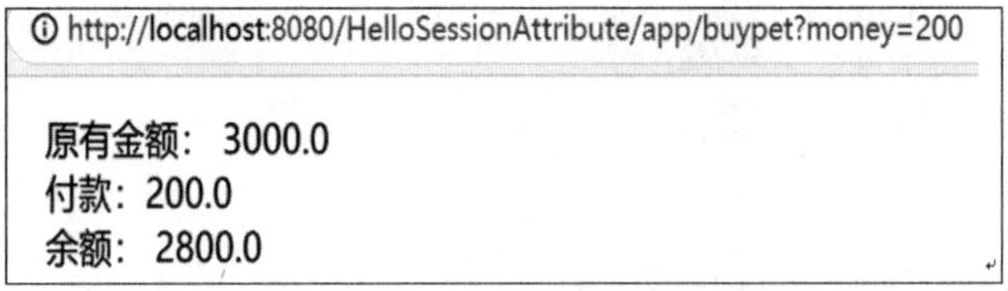

① http://localhost:8080/HelloSessionAttribute/app/buypet?money=200

原有金额：3000.0
付款：200.0
余额：2800.0

19. @RequestAttribute

使用@RequestAttribute 注解可以提取 HttpServletRequest 对象的属性数据。

示例如下：

（1）在过滤器中校验用户是否登录，若登录成功则获得令牌。

```java
public void doFilter(ServletRequest request, ServletResponse response,
        FilterChain chain) throws IOException, ServletException {
    if(request instanceof HttpServletRequest){
        HttpServletRequest req = (HttpServletRequest)request;
        Object object = req.getSession().getAttribute("user");
        if(object != null){
            //创建一个令牌
            Stringtoken = new String("tk" + new Date().getTime());
            req.setAttribute("token", token);
            chain.doFilter(request, response);
        }else{ }
    }
}
```

（2）用户登录成功，在业务操作时先收取令牌，用于增强安全校验。

```
@Controller
@RequestMapping("/user")
public class AccountAction {
    @RequestMapping("/account")
    public String getAccountInfo(String number,
                                 @RequestAttribute String token) {
        System.out.println("收到令牌: " + token);
        return "/main/account.jsp";
    }
}
```

20. PUT 和 PATCH 请求

Jakarta EE 规范要求: 使用 ServletRequest.getParameter*()接收 GET 和 POST 请求参数, 不支持 PUT 和 PATCH 请求。

浏览器使用 HTTP GET 或 HTTP POST 提交 form 数据, 非浏览器可以使用 HTTP PUT 提交数据 (向微服务提交请求不需要浏览器)。

为了支持 HTTP PUT 和 PATCH 请求, Spring MVC 提供了 HttpPutFormContentFilter, 在 web.xml 中可以进行配置:

```
<filter>
<filter-name>httpPutFormcontentFilter</filter-name>
<filter-class>
    org.springframework.web.filter.HttpPutFormContentFilter
</filter-class>
</filter>
<filter-mapping>
    <filter-name>httpPutFormContentFilter</filter-name>
    <url-pattern>/*</url-pattern>
</filter-mapping>
```

在 RESTful 风格的项目中通常使用 GET/POST/PUT/DELETE 对应增、删、改、查操作, 分别为 GET (查)、POST (增)、PUT (修改)、DELETE (删除)。

示例如下:

```
RestTemplate restTemplate = new RestTemplate();
HttpHeaders header = new HttpHeaders();
header.setContentType(MediaType.APPLICATION_JSON_UTF8);
Map<String, Object> m = new HashMap<String, Object>();
m.put("t1", "xx");
m.put("flag", "1");
ObjectMapper mapper = new ObjectMapper();
String value = mapper.writeValueAsString(m);
HttpEntity<String> entity = new HttpEntity<String>(value,header);
restTemplate.put("http://localhost:8080/orders/app/update", entity);
```

示例: 使用 PUT 请求, 实现用户登录。

```
function tijiao(){
        var uname = $('#uname').val();
        var pwd = $('#pwd').val();
        if(uname != ""){
            var destUrl = "<%=basePath%>app/login?uname=" + uname + "&pwd=" + pwd;
            $.ajax({
                    type :"put",
                    url : destUrl,
```

```
                                success : function(msg) {…}
                            });
                }        }
```

控制器使用@PutMapping 接收客户端的 PUT 请求。

```
@Controller
public class UserAction {
        @PutMapping(value = "/login")
        @ResponseBody
        public String login(String uname,String pwd) { }
}
```

21. @CookieValue

@CookieValue 用于提取 HTTP 请求中指定名称的 Cookie。HTTP 的每次会话，都有一个唯一的 sessionid 标识这次会话，这个 sessionid 一般会存储于 Cookie 中。下面的例子简单地提取了存在于 Cookie 中的会话 id。如果自己创建 Cookie 对象，通过@CookieValue 也同样可以提取到。

示例如下：

（1）客户端第一次访问/app/hello 时，写入 Cookie 数据。

```
@Controller
public class HelloAction {
    @RequestMapping("/hello")
    public String sayHello(String name,Model model,
                            HttpServletResponse response) {
        model.addAttribute("name",name);
        Cookie ck = new Cookie("user", "xiaohp");
        response.addCookie(ck);
        return "/main/hello.jsp";
}
```

（2）客户端访问/app/login 时，读取 Cookie 数据。

```
@Controller
public class UserAction {
    @GetMapping("/login")
    public String login(@CookieValue("JSESSIONID") String cookie,
                        @CookieValue String user) {
        System.out.println("会话 ID: " + cookie);
        System.out.println("用户: " + cookie);
        return "/main/login.jsp";
    }
}
```

（3）通过浏览器抓包，可以查看当前请求携带了哪些 Cookie：Cookie:user=xiaohp;
JSESSIONID=3efb7e810b0abab8b48517465c83f76。

22. @RequestHeader

@RequestHeader 用于提取 HTTP 请求头中的信息，请求头中有很多信息，可以按照 key 值提取指定键的 value 信息。

示例：读取请求头中的信息。

```
@GetMapping("/login")
public String login(@RequestHeader("Accept-Encoding") String encoding,
```

```
                @RequestHeader Map<String, String> headers) {
        System.out.println(encoding);
        for(String key : headers.keySet()) {
            System.out.println(key);
        }
        return "/main/login.jsp";
    }
```

结果输出如下：

```
gzip, deflate, br
host
connection
cache-control
upgrade-insecure-requests
user-agent
accept
accept-encoding
accept-language
cookie
```

23. @InitBinder

当 HTTP 请求中的参数与控制器方法中的对象进行数据绑定时，使用@InitBinder 定制绑定行为。

WebDataBinder 的作用是选择合适的属性绑定器，把 HTTP 请求参数与 Java Bean 对象的属性进行绑定。常规的操作模式是用 ServletRequest.getParameter()接收参数，然后再用 Set 方法给 Java Bean 对象的属性赋值。当参数很多时，这个操作相当麻烦。使用了 WebDataBinder 后，参数对象绑定的操作变得非常便利。WebDataBinder 被设计用于 Web 环境，但不依赖于 Servlet API。

参见 API 描述：

```
org.springframework.web.bind  Class WebDataBinder
java.lang.Object
      org.springframework.validation.DataBinder
            org.springframework.web.bind.WebDataBinder
```

所有实现的接口：PropertyEditorRegistry, TypeConverter。

直接子类：PortletRequestDataBinder，ServletRequestDataBinder，WebRequestDataBinder。

案例：添加员工，其项目要求如下：

（1）保证输入的字符型日期格式，正确转为 Date 对象。

（2）出生日期为空时，转换不能出错。

（3）身高为数值型，类型转换不能出错，为空时应该转为 0。

下面讲述操作步骤。

（1）使用 jquery-easyui 的两个控件输入出生日期和身高（见图 6-9）。还可以使用正则表达式、JS 脚本等进行客户端校验。

```
<table>
    <tr><td>出生日期</td>
    <td>
        <input type="text" name="birthday" class="easyui-datebox"/>
    </td>
```

```
        </tr>
        <tr><td>身高</td>
        <td>
            <input class="easyui-numberbox" value="0" name="height"></input>
        </td>
</tr>
</table>
```

图 6-9　用户注册

（2）客户端其他的 HTTP 请求参数自动绑定到实体 Staff 对象的属性上。

```
public class Staff {
    private String name;
    private String sex;
    private Date birthday;
    private int height;
}
```

（3）控制器数据绑定。

```
@Controller
public class StaffAction {
    @InitBinder
        public void initBinder(WebDataBinder binder,String height) {
            binder.registerCustomEditor(String.class,
                                new StringTrimmerEditor(true));
            binder.registerCustomEditor(Date.class,
            new CustomDateEditor(new SimpleDateFormat("MM/dd/yyyy"), true));
            if(height==null || height.equals("")) {
                binder.setDisallowedFields("height");
             }
         }
    @GetMapping("/add")
    public String add() {
        return "/main/addStaff.jsp";
    }
    @PostMapping("/add")
    public String add(Staff staff) { }
}
```

总结：

（1）@InitBinder 注解方法在@RequestMapping 映射方法前执行。

（2）调用 WebDataBinder 的父接口 PropertyEditorRegistry::registerCustomEditor()方法，可以定制属性编辑器的特性行为，如 CustomDateEditor 为字符串转为日期对象时需要使用的编辑器。下面的代码定义了日期格式，并允许属性绑定时日期为空：

```
new CustomDateEditor(new SimpleDateFormat("MM/dd/yyyy"), true);
```

（3）调用 WebDataBinder::setDisallowedFields()方法，可以在属性绑定时把某些属性排除在外；否则，当身高的输入为空时进行属性绑定，空(null)是无法转换为 0 的，因此会抛出异常。

24. @JsonView

使用@JsonView 在@ResponseBody 返回的 JSON 数据中，标识哪些敏感数据应该忽略，如密码，即回应数据中不包含密码信息。

示例如下：

（1）用@JsonView 标识 User 的属性。

```java
public class User {
    public interface WithoutPasswordView {};
    public interface WithPasswordView extends WithoutPasswordView {
    };
    private String username;
    private String password;
    public User(String username, String password) {
        this.username = username;
        this.password = password;
    }
    @JsonView(WithoutPasswordView.class)
    public String getUsername() {
        return this.username;
    }
    @JsonView(WithPasswordView.class)
    public String getPassword() {
        return this.password;
    }
}
```

（2）在 Action 的方法中，标识返回数据的类型。

```java
@RestController
public class UserAction {
    @GetMapping("/user")
    @JsonView(User.WithoutPasswordView.class)
    public User getUser() {
        return new User("tom", "7!jd#h282");
    }
    @GetMapping("/userDetail")
    @JsonView(User.WithPasswordView.class)
    public User getUser2() {
        return new User("tom", "7!jd#h282");
    }
}
```

（3）测试。

请求用户信息，密码内容被屏蔽：

```
ⓘ http://localhost:8080/HelloJsonView/app/user

{"username" : "tom"}
```

请求用户详细信息，会显示密码内容：

```
ⓘ http://localhost:8080/HelloJsonView/app/userDetail

{ "username" : "tom" , "password" : "7!jd#h282" }
```

25. @ControllerAdvice

@ControllerAdvice 可以简单理解为全局控制器，它比@Component 注解的控制器的功能多。@ControllerAdvice 声明一个类为组件后，表示当前控制器中用@ExceptionHandler、@InitBinder、@ModelAttribute 注解的方法在所有组件中共享。

示例：定义全局异常处理器。

@ControllerAdvice 也是 IoC 容器的 Bean，在容器启动时需要统一加载。

Spring MVC 项目所有未捕获的异常，最后都会抛给全局异常处理器来统一处理。这里可以统一设置各种异常类型的提醒页面。同一类型的异常转到不同页面处理的，不能在全局异常处理器中设置。

（1）定义全局异常处理器。

```
@ControllerAdvice
public class GlobalExceptionHandler {
    @ExceptionHandler(Exception.class)
    public ModelAndView otherException(Exception e) {
        ModelAndView mv = new ModelAndView();
        mv.addObject("msg", e.getMessage());
        mv.setViewName("/error/error.jsp");
        return mv;
    }
    @ExceptionHandler(MaxUploadSizeExceededException.class)
    public ModelAndView fileMaxException(MaxUploadSizeExceededException e) {
        ModelAndView mv = new ModelAndView();
        mv.addObject("msg", "上传文件超过了允许范围");
        mv.setViewName("/error/OverMaxUploadSize.jsp");
        return mv;
    }
}
```

（2）代码测试。

```
@RestController
public class UserAction {
    @GetMapping("/user")
    public User getUser() {
        throw new RuntimeException("getUser 异常...");
    }
    @GetMapping("/login")
    public String login(){
        throw new MaxUploadSizeExceededException(1024);
    }
}
```

6.6.3 控制器异步处理

从 Java EE 6 开始，服务器端支持异步处理。从 Spring MVC 3.2 开始，Spring 支持 Java EE 的异步处理规范。当遇到耗时处理时，Servlet 容器的主线程可以先退出，用于处理其他请求。这时启动异步线程，专门用于处理耗时任务。控制器异步处理的结果一般使用 java.util.concurrent.Callable 返回。

1. AsyncContext

Spring MVC 与 Java EE 的异步控制器都是基于 AsyncContext 来实现的。参见 Servlet API：

```
public interface AsyncContext{
        void addListener(AsyncListener listener);
        void complete()
        void dispatch(String path)
        ServletResponse getResponse()
        void start(Runnable run)
}
public interface ServletRequest{
        AsyncContext startAsync(ServletRequest servletRequest,
                ServletResponse servletResponse) throws IllegalStateException
}
```

AsyncContext 表示异步执行环境，它的对象在 ServletRequest 中被实例。在 Java EE 容器的主线程调用 ServletRequest.startAsync() 或 ServletRequest.startAsync(ServletRequest, ServletResponse) 创建 AsyncContext 的实例。重复调用 startAsync()，返回的是相同的 AsyncContext 实例。

2. Callable 与服务器异步

Spring MVC 包装了 Java EE 的异步机制，其以下本质完全相同：

（1）request.startAsync() 在 Servlet 中启动后，Servlet 的主线程退出当前 Servlet 和过滤器，只有 response 对象持续打开，直到处理结束。

（2）Spring MVC 在 Callable 的 call() 中隐式调用 request.startAsync()，启动一个新的线程，提交 Callable 任务到 TaskExecutor 并在新线程中执行。

（3）启动异步后，DispatcherServlet 和所有的过滤器都退出当前的 Servlet 容器线程，只有 response 对象保持打开。

参见 JDK 1.8 对于 Callable 接口的描述如下：

```
public interface Callable<V>{
        V  call();        //V 表示异步执行任务返回的结果类型
}
```

Callable 接口表示一个可以返回结果并可能抛出异常的任务。实现者定义一个没有参数的单一方法，称为 call。

Callable 接口类似于 Runnable 接口，它们都表示其他线程要执行的任务。区别是 Runnable 不返回结果，也不能抛出 checked 异常。

3. 案例：抢票 Spring MVC 异步实现

使用 Spring MVC 的服务器异步机制，可实现 12306 抢票功能，缓解服务器在高并发时的过载压力。

（1）配置前端控制器的异步支持。必须要在 web.xml 中配置 DispatcherServlet 支持异步模式。

```
<servlet>
        <servlet-name>app</servlet-name>
```

```
        <servlet-class>
        org.springframework.web.servlet.DispatcherServlet
    </servlet-class>
        ...
        <async-supported>true</async-supported>
</servlet>
```

（2）异步处理客户端的并发请求。

控制器是一个并发环境，允许很多客户端同时访问/auction，客户端的每个请求在控制器方法中都对应一个服务器线程。每个线程在进入 Callable 的 call()方法后，都会隐式启动一个新的线程，原来的主线程则退出。

```
@PostMapping("/auction")
@ResponseBody
public Callable<String> buy(String lineNum) {
    System.out.println("servlet 主线程: " + Thread.currentThread().getId());
    return new Callable<String>() {
        public String call() throws Exception {
            Thread.sleep(200);
            String name = "异步线程: " + Thread.currentThread().getId();
            long duration = System.currentTimeMillis();
            String retStr = lineNum + " " + name + " " + duration;
            return retStr;
        }
    };
}
```

总结：采用 Spring MVC 的服务器异步机制后，没有采用阻塞队列，代码更加简洁。所有出票的请求，都是在异步线程池中进行的操作，对主线程没有影响。在实际的项目中，会使用集群的消息中间件代替阻塞队列，这样异步线程就可以并发调用消息中间件进行出票处理，这样的效率明显会更高。

6.7　拦截器

6.7.1　HandlerMapping

```
public interface HandlerMapping {
    HandlerExecutionChain getHandler(HttpServletRequest request)
                                    throws Exception;
}
```

HandlerMapping 接口的实现类有 AbstractUrlHandlerMapping、RequestMappingHandlerMapping、SimpleUrlHandlerMapping 等。

HandlerMapping 接口主要用于设置 HTTP 请求与处理请求的控制器对象之间的映射关系。在 Spring MVC 中最常见的自定义控制器方法与 HTTP 请求之间的关系，就是通过 HandlerMapping 接口的子类 RequestMappingHandlerMapping 来实现的。

```
public abstract class AbstractHandlerMapping
                            extends ApplicationObjectSupport
                            implements HandlerMapping, Ordered {
        private Object defaultHandler;
```

```
        private int order = Integer.MAX_VALUE;
        private final List<Object> interceptors = new ArrayList<Object>();
        private HandlerInterceptor[] adaptedInterceptors;
    }
```

所有的 HandlerMapping 类都继承于 AbstractHandlerMapping，它用于定制映射行为。要想自定义拦截器，必须通过 HandlerMapping 来实现。

6.7.2　案例：非工作时间拒绝服务

自定义一个拦截器，实现如下功能：可以配置业务系统的工作时间，如果是在正常工作时间段则接收请求，否则拒绝请求。

（1）新建拦截器。

```
public class TimeBasedAccessInterceptor extends HandlerInterceptorAdapter{
    private int openingTime;
    private int closingTime;
    public void setOpeningTime(int openingTime) {
        this.openingTime = openingTime;
    }
    public void setClosingTime(int closingTime) {
    this.closingTime = closingTime;
    }
    public boolean preHandle(HttpServletRequest request,
                             HttpServletResponse response,
                             Object handler) throws Exception {
        System.out.println("TimeBasedAccessInterceptor doing ...");
        Calendar cal = Calendar.getInstance();
        int hour = cal.get(Calendar.HOUR_OF_DAY);
        if (openingTime <= hour && hour < closingTime) {
            return true;
        } else {
            request.getRequestDispatcher(
                "/WEB-INF/views/error/outsideOfficeHours.html")
                .forward(request, response);
            return false;
        }
    }
}
```

（2）配置拦截器，在 RequestMappingHandlerMapping 中使用拦截器。

```
<bean class="org.springframework.web.servlet.mvc
             .method.annotation.RequestMappingHandlerMapping">
    <property name="interceptors">
        <list>
            <ref Bean="officeHoursInterceptor" />
        </list>
    </property>
</bean>
<bean id="officeHoursInterceptor"
      class="com.icss.intercept.TimeBasedAccessInterceptor">
    <property name="openingTime" value="9" />
    <property name="closingTime" value="20" />
</bean>
```

（3）注意拦截器配置与<mvc:annotation-driven>元素可能冲突。系统中的消息转换器需要通过 RequestMappingHandlerAdapter 属性设置，不能使用<mvc:annotation-driven>方式，否则拦截器会失效。

```
<bean class="org.springframework.web.servlet.mvc
            .method.annotation.RequestMappingHandlerAdapter">
    <property name="messageConverters">
        <list>
            <bean class="org.springframework.http
                  .converter.StringHttpMessageConverter">
                <constructor-arg value="utf-8" />
                <property name="writeAcceptCharset" value="false" />
            </bean>
            <bean  class="org.springframework.http
                  .converter.ByteArrayHttpMessageConverter" />
            <bean  class="org.springframework.http
                  .converter.json.MappingJackson2HttpMessageConverter" />
        </list>
    </property>
</bean>
```

（4）测试：所有请求都会被拦截器捕获，访问时间符合要求的会被放行，否则拒绝访问。

6.7.3 拦截器运行流程分析

图 6-10 为 Spring 拦截器的运行流程，图中组成如下：Request（请求）、Dispatcher Servlet（分发器）、Handler Mapping（映射操纵器）、Handler Adapter（操纵适配器）、choose Handler（选择操纵器）、Controller（控制器）、Execute Business Logic（执行业务逻辑）、Service（服务）、Repository（数据访问存储）、set processing result models（设置处理结果模型）、Database（数据库）、Model（模型）、view name（视图名字）、View Resolver（视图解析器）、Response

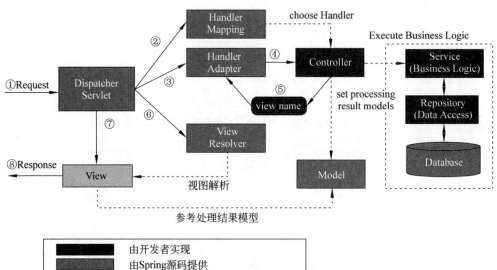

图 6-10 拦截器运行流程

（回应）、View（视图）。

　　拦截器的运行流程参见 6.5 节的 DispatcherServlet 的 doDispatch()方法，此处可以采用断点调试的方式观察拦截器的运行：

```
protected void doDispatch(HttpServletRequest request,
                HttpServletResponse response) throws Exception {
    HttpServletRequest processedRequest = request;
    HandlerExecutionChain mappedHandler = null;  //处理器链
    try {
        ModelAndView mv = null;
        try {
            mappedHandler = getHandler(processedRequest);
            HandlerAdapter ha = getHandlerAdapter(mappedHandler.getHandler());
            if (!mappedHandler.applyPreHandle(processedRequest, response)) {
                //拦截器前置处理
                return;
            }
            // 适配器调用自定义 Action 方法处理请求
            mv=ha.handle(processedRequest,response,mappedHandler.getHandler());
            //拦截器后置处理
            mappedHandler.applyPostHandle(processedRequest, response, mv);
        }
        catch (Exception ex) {
            dispatchException = ex;
        }
        processDispatchResult(processedRequest, response,
                        mappedHandler, mv, dispatchException);
    }finally {}
}
```

核心处理流程如下。

（1）HTTP 请求首先被前端控制器 DispatchServlet 的 service()方法接收。

（2）service()调用 doDispatch()方法。

（3）调用 HandlerMapping 的 getHandler()方法，返回 HandlerExecutionChain。

（4）HandlerExecutionChain 提取成员 interceptors，找到拦截器。

（5）激活拦截器的 preHandle()方法，对 HTTP 请求进行前置处理。

（6）HandlerAdapter 调用 handle()方法，激活自定义控制器处理 HTTP 请求。

（7）激活拦截器的 postHandle ()方法，对 HTTP 请求进行后置处理。

6.8　视图解析

　　Spring MVC 没有把 Model 与具体的视图技术绑定，它提供了很大的灵活性，允许使用不同的视图技术解析 Model，如 JSP、Velocity 模板和 XSLT 等。

6.8.1　视图解析的主要接口

　　Spring MVC 管理视图主要使用 ViewResolver 和 View 这两个接口：

```
public interface ViewResolver {
```

```
        View resolveViewName(String viewName, Locale locale) throws Exception;
    }
```

ViewResolver 的接口实现调用 resolveViewName()方法，可以通过视图的名字解析视图对象。在程序的运行过程中，视图状态不能改变，因此视图解析器对象可以缓存视图数据。使用视图解析器，还可以支持国际化。

```
public interface View {
        String getContentType();
        void render(Map<String, ?> model, HttpServletRequest request,
                    HttpServletResponse response) throws Exception;
    }
```

在 Web 交互中，MVC 的视图负责提交内容、展示模型数据。一个单一的视图可以展示很多 Model 属性数据。视图的实现有很多种，典型实现方式是 JSP，其他还有 XSLT、HTML、PDF 等。

视图解析器负责管理视图对象的创建过程。

View 接口是无状态的，View 接口实现应该保证线程安全。View 接口的最主要作用是调用 render()方法，把 Model 数据提交处理。

render()方法的主要作用是提交视图和 Model，以 JSP 视图为例，操作如下：

（1）把 Model 数据转换为 request.setAttribute()模式。

（2）使用 RequestDispatcher 提交 JSP 视图。

（3）视图提交的本质是从前端控制器把视图数据提交给 Web 服务器，如 Tomcat。

6.8.2   JSP 视图

在 Web 应用下，InternalResourceView 包装了 JSP 或其他资源，解析 Model 属性数据为 request 对象的属性值，使用 RequestDispatcher 的 forward 转到指定的 URL 目标地址。

```
public class InternalResourceView extends AbstractUrlBasedView {
        void render(...);
        RequestDispatcher getRequestDispatcher(HttpServletRequest request, String
path);
    }
```

如下示例中，控制方法返回 "/main/hello.jsp"，InternalResourceView 负责解析 Model 数据，存储到 request 属性中，然后 forward 到 hello.jsp 下。

```
<bean
        class="org.springframework.web.servlet.view.InternalResourceViewResolver">
        <property name="prefix" value="/WEB-INF/views/" />
</bean>
@Controller
public class HelloAction {
        @RequestMapping("/hello")
        public String sayHello(String name,Model model) {
            model.addAttribute("name",name);
            return "/main/hello.jsp";
        }
}
```

6.8.3　ViewResolver 解析视图

视图解析器通过逻辑视图名字或ModelAndView解析视图。常见的视图解析器见表6-3。

表 6-3　视图解析器

ViewResolver	描　　述
AbstractCachingViewResolver	抽象的缓存视图解析器。它实现了 ViewResolver 接口。通常视图在使用之前需要准备继承这个解析器，用于提供缓存功能
XmlViewResolver	它继承于 AbstractCachingViewResolver 抽象类。实现了 ViewResolver 接口，接受相同 DTD 定义的 XML 配置文件作为 Spring 的 XML Bean 工厂。通俗来说就是通过 XML 指定逻辑名称与真实视图间的关系，它从 XML 配置文件中查找视图实现（默认 XML 配置文件为 /WEB-INF /views.xml）
ResourceBundleViewResolver	它继承于 AbstractCachingViewResolver 抽象类。和 XmlViewResolver 一样，它也需要有一个配置文件来定义逻辑视图名称和真正的 View 对象的对应关系。不同的是 ResourceBundleViewResolver 的配置文件是一个属性文件，而且必须是放在 classpath 路径下面的。默认情况下这个配置文件是放在 classpath 根目录下的 views.properties 文件
UrlBasedViewResolver	它继承于 AbstractCachingViewResolver 抽象类。无须显式地映射定义，它直接把逻辑视图的名字映射到 URL 资源
InternalResourceViewResolver	它继承于 UrlBasedViewResolver，用于解析 InternalResourceView 视图
VelocityViewResolver / FreeMarkerViewResolver	它继承于 UrlBasedViewResolver，用于解析 VelocityView 和 FreeMarkerView 视图
ContentNegotiatingViewResolver	直接实现 ViewResolver 接口，它不能直接解析视图，而是代理到其他视图解析器

JSP 视图解析示例：

```
<bean id="viewResolver"
      class="org.springframework.web.servlet.view.UrlBasedViewResolver">
    <property name="viewClass"
            value="org.springframework.web.servlet.view.JstlView"/>
    <property name="prefix" value="/WEB-INF/jsp/"/>
    <property name="suffix" value=".jsp"/>
</bean>
```

注意：AbstractCachingViewResolver 的子类，缓存了解析的视图实例，用于提高性能。可以设置 cache 属性为 false，关闭缓存功能；也可以调用 removeFromCache 方法，刷新视图。

6.8.4　视图解析器链

Spring MVC 支持多种视图解析器，也可以同时配置多个解析器，形成解析器链。如果必要，可以通过 order 属性设置解析顺序。order 数值越高，解析顺序越晚。

```
<bean id="jspViewResolver"
        class="org.springframework.web.servlet
                .view.InternalResourceViewResolver">
    <property name="viewClass"
```

```
                value="org.springframework.web.servlet.view.JstlView"/>
        <property name="prefix" value="/WEB-INF/jsp/"/>
        <property name="suffix" value=".jsp"/>
</bean>
<bean id="excelViewResolver"
        class="org.springframework.web.servlet.view.XmlViewResolver">
        <property name="order" value="1"/>
        <property name="location" value="/WEB-INF/views.xml"/>
</bean>
```

上面示例配置了两个视图解析器。InternalResourceViewResolver 用于解析 JSP，它总是自动定位在解析器链的最后。XmlViewResolver 用于解析 Excel 视图，这种视图 InternalResourceViewResolver 不支持。

6.8.5　重定向到视图

1. 重定向作用

通常情况下，控制器返回一个逻辑视图名字，视图解析器使用具体的视图技术进行视图解析。例如，JSP 的视图解析需要 JSP 或 Servlet 引擎 InternalResourceViewResolver 和 InternalResourceView 联合处理，在其内部调用 Servlet API 的 RequestDispatcher.forward()方法或 RequestDispatcher.include()方法进行处理，这个模式可以称为转发。JSP 的视图解析过程，还可以使用重定向模式。

使用重定向方式的好处如下：

（1）防止客户端提交的数据，在多个控制器间共享（forward 意味着 POST 数据可以在其他控制器间共享，有很大的安全隐患）。

（2）防止表单数据重复提交（重定向会修改浏览器的地址栏）。

2. RedirectView

参见 RedirectView 的 API 描述：

```
public class RedirectView extends AbstractUrlBasedView implements SmartView{
private boolean contextRelative = false;
private boolean http10Compatible = true;
private boolean exposeModelAttributes = true;
private String encodingScheme;
private HttpStatus statusCode;
private boolean expandUriTemplateVariables = true;
private boolean propagateQueryParams = false;
private String[] hosts;
}
```

RedirectView 实现了 View 接口，可以直接作为控制器方法的返回类型。DispatcherServlet 解析请求时，遇到 RedirectView，它会调用 HttpServletResponse.sendRedirect()发送 HTTP 重定向码到浏览器。

示例如下：

```
@RequestMapping("/user/logout")
public View logout(HttpServletRequest request) {
    request.getSession().invalidate();
    String basePath = request.getContextPath() + "/";
```

```
        String target = basePath + "app/main";
        return new RedirectView(target);
}
```

重定向的路径有相对路径和绝对路径，上面使用的是绝对路径，相对路径容易出错，要小心。

相对路径示例：

```
@RequestMapping("/user/logout")
public View logout(HttpServletRequest request) {
        request.getSession().invalidate();
        return new RedirectView("/app/main");
}
```

希望用户退出后转向主页 main，然而发送退出请求后报 404 错误。这是因为代码"new RedirectView("/app/main")"，这里使用了相对路径，容易出现定位错误。

3. 传输数据到重定向目标

重定向的本质是客户端向浏览器发送了二次 HTTP 请求，因此基于 HTTP 请求的 request 对象携带的数据，无法用重定向方式传递到后面的资源。如何通过重定向传递信息？Spring MVC 提供了多种解决方案。

（1）使用 Model 属性携带数据，测试目标地址是否能接收到数据。

```
@RequestMapping("/user/logout")
public View logout(HttpServletRequest request,Model model) {
        request.getSession().invalidate();
        String basePath = request.getContextPath() + "/";
        String target = basePath + "app/main";
        model.addAttribute("data", "tom");
        return new RedirectView(target);
}
@RequestMapping("/main")
public String main(@ModelAttribute String data) {
        System.out.println("data=" + data);
        return "/main/main.jsp";
}
```

测试结果：在重定向模式下，用 Model 属性携带数据，目标地址无法接收到数据。

（2）在重定向目标地址的 URL 中携带参数。

```
@RequestMapping("/user/logout")
public View logout(HttpServletRequest request,RedirectAttributes ra) {
        request.getSession().invalidate();
        String basePath = request.getContextPath() + "/";
        String target = basePath + "app/main";
        ra.addAttribute("data", "tom");
        return new RedirectView(target);
}
```

上面代码中 RedirectAttributes 携带参数信息，其本质是在目标地址后面携带参数，参考如下代码：

```
String target = basePath + "app/main?data=xiaohp";
```

通过 HTTP 参数传递的数据，目标地址可以直接接收。

（3）通过临时对象 Flash 传递数据。

```
@RequestMapping("/user/logout")
public View logout(HttpServletRequest request,RedirectAttributes ra) {
        request.getSession().invalidate();
        String basePath = request.getContextPath() + "/";
        String target = basePath + "app/main";
        ra.addFlashAttribute("token", "admesgs");
        return new RedirectView(target);
}
```

代码"ra.addFlashAttribute("token", "admesgs")"，会将数据暂时存于 session 中，数据传递后再删除这个 session 的临时键值。flash 模式有一定的局限，它可以在 main.jsp 中接收这个数据，但是无法在/app/main 的方法中接收。

```
<html>
        <body>
                welcome you ${token}
        </body>
</html>
```

4. redirect:前缀

使用 RedirectView 传递数据不是最佳方案，它会产生过多的耦合。控制器方法一般只需返回视图名字，使用 redirect:前缀可以更好地解决问题。

若返回视图名字带有 redirect:前缀，UrlBasedViewResolver 就会知道这是一个特殊的指示，即重定向到 redirect:后面的 URL 中。

redirect:前缀后面的 URL，可以使用相对地址，也可以使用绝对地址。

相对地址：redirect:/myapp/some/resource。

绝对地址：redirect:http://myhost.com/some/arbitrary/path。

```
@RequestMapping("/user/logout")
public View logout(HttpServletRequest request,RedirectAttributes ra) {
        request.getSession().invalidate();
        String basePath =  request.getContextPath() + "/";
        String target = basePath + "app/main";
        ra.addAttribute("data", "tom");
        return "redirect:" + target;
}
```

5. forward:前缀

带有 forward:前缀的视图名最终被 UrlBasedViewResolver 解析。这个前缀对于 InternalResourceViewResolver 和 InternalResourceView 没有特殊作用，最终都是调用 Servlet API 的 RequestDispatcher.forward()方法。

从一个 Action 方法转到另一个 Action 方法时，可以使用 forward:前缀。服务器资源之间的跳转应该优先使用相对地址。示例如下：

```
@RequestMapping("/m1")
public String method1(Model model) {
        model.addAttribute("token", "tom24678");
        return "forward:/app/m2";
}
@RequestMapping("/m2")
public String method2(@ModelAttribute String token,HttpServletRequest request){
        System.out.println("token=" + token);
```

```
        System.out.println("req:" + request.getAttribute("token"));
        return "/main/main.jsp";
    }
```

注意：在 m1 中，用 "model.addAttribute("token", "tom24678")" 存储数据，在 m2 的方法中，"@ModelAttribute String token" 无法取得数据。

代码 "request.getAttribute("token")" 可以读取 m1 中传递的数据。因为@ModelAttribute 是从 HTTP 请求参数中去查找填充数据的。

6.9　使用 Flash 属性

Flash 属性提供方法，在一个 HTTP 请求中存储数据，在另外一个请求中提取数据。这在 redirect 的请求模式下很常见。

在重定向到新 URL 之前，数据被临时保存（例如放在 session 中）。redirect 之后，该数据被立即移除。

Spring MVC 有两个主要的抽象用于 Flash 属性管理：FlashMap 和 FlashMapManager。FlashMap 用于管理 Flash 属性数据：

```
public final class FlashMap
            extends HashMap<String, Object>
            implements Comparable<FlashMap> {
}
```

在 Web 控制器中通常无须接使用 FlashMap，可以通过注入 RedirectAttributes 调用 FlashMap。FlashMapManager 用于存储、读取 Flash 属性并管理 FlashMap 实例。

```
public interface FlashMapManager {
    FlashMap retrieveAndUpdate(HttpServletRequest request,
                               HttpServletResponse response);
    void saveOutputFlashMap(FlashMap flashMap,
                            HttpServletRequest request,
                            HttpServletResponse response);
}
```

Flash 属性数据的 input 和 output，使用 RequestContextUtils 的相关静态方法实现。

```
public abstract class RequestContextUtils {
    public static FlashMap getOutputFlashMap(
                          HttpServletRequest request) {}
    public static FlashMapManager getFlashMapManager(
                          HttpServletRequest request) {}
}
```

6.10　使用 Locale

Locale 对象代表某个区域的具体地理信息、政治信息、文化信息，如国家名称、语言、时区等。一个需要操作 Locale 执行的任务被称为语言环境敏感。例如，屏幕显示一个数字或时间，这就是区域敏感性操作，该数字或时间应该根据用户的国家、地区或文化习惯进行格式化。

参见 JDK 8 中 Locale 定义：

```
public final class Locale
                implements Cloneable, Serializable {
    static public final Locale US
                            = createConstant("en", "US");
    static public final Locale SIMPLIFIED_CHINESE
                        = createConstant("zh", "CN");
    static public final Locale CHINA = SIMPLIFIED_CHINESE;
    public Locale(String language, String country) {
    }
    public static Locale getDefault() {}
}
```

示例如下：

```
Locale locale = new Locale("zh", "CN");
Locale locale = new Locale("en", "US");
```

6.10.1　Locale 解析器

Spring 架构支持国际化。DispatcherServlet 调用 LocaleResolver 自动解析消息，使用本地的 Locale 信息。LocaleResolver 解析器接口定义如下：

```
public interface LocaleResolver {
    Locale resolveLocale(HttpServletRequest request);
    void setLocale(HttpServletRequest request,
            HttpServletResponse response, Locale locale);
}
```

调用 LocaleResolver::setLocale 设置时区信息。DispatcherServlet 调用 RequestContext.getLocale()方法，获取时区信息。

```
public class RequestContext {
    private Locale locale;
    private TimeZone timeZone;
    public final Locale getLocale() {
        return this.locale;
    }
    public TimeZone getTimeZone() {
        return this.timeZone;
    }
}
```

如下几个类是 LocaleResolver 接口的常用实现类。

- AcceptHeaderLocaleResolver：它通过浏览器头部的语言信息来进行多语言选择。
- FixedLocaleResolver：设置固定的语言信息，这样整个系统的语言是一成不变的，用处不大。
- CookieLocaleResolver：将语言信息设置到 Cookie 中，这样整个系统通过 Cookie 就可以获得语言信息。
- SessionLocaleResolver：与 CookieLocaleResolver 类似，将语言信息放到 Session 中，这样整个系统就可以从 Session 中获得语言信息。

6.10.2　Locale 拦截器

使用 Locale 拦截器，通过参数变化，可以改变 Locale 的设置。在拦截器中，调用当前 context 中的 LocaleResolver 的 setLocale()方法，改变当前 Locale 的设置。

使用 LocaleChangeInterceptor 拦截器可以在每一次 HTTP 请求中，改变 Locale 的设置，这可以应用到国际化项目中，按照用户的请求信息显示不同语言的资源内容。

```
public class LocaleChangeInterceptor extends HandlerInterceptorAdapter {
    public static final String DEFAULT_PARAM_NAME = "locale";
    private String paramName = DEFAULT_PARAM_NAME;
    public void setParamName(String paramName) {
        this.paramName = paramName;
    }
    public boolean preHandle(HttpServletRequest request,
                            HttpServletResponse response, Object handler){
        LocaleResolver localeResolver
                    = RequestContextUtils.getLocaleResolver(request);
        String newLocale = request.getParameter(getParamName());
        localeResolver.setLocale(request, response, parseLocaleValue(newLocale));
    }
}
```

设置 LocaleChangeInterceptor 的参数值，调用所有 "*.view" 的资源。

```
<bean id="localeChangeInterceptor"
        class="org.springframework.web.servlet.i18n.LocaleChangeInterceptor">
    <property name="paramName" value="siteLanguage"/>
</bean>
<bean id="localeResolver"
        class="org.springframework.web.servlet.i18n.CookieLocaleResolver"/>
<bean id="urlMapping"
        class="org.springframework.web.servlet.handler.SimpleUrlHandlerMapping">
    <property name="interceptors">
        <list>
            <ref Bean="localeChangeInterceptor"/>
        </list>
    </property>
    <property name="mappings">
        <value>/**/*.view=someController</value>
    </property>
</bean>
```

6.10.3　案例：国际化应用

项目需求：使用国际化设置，让用户信息页既可以用中文展示，也可以用英文显示。下面讲述操作步骤。

（1）配置 LocaleResolver，此处使用 SessionLocaleResolver，SessionLocaleResolver 类通过一个预定义会话名将区域化信息存储在会话中。

```
<bean id="localeResolver"
        class="org.springframework.web.servlet.i18n.SessionLocaleResolver" />
```

（2）配置国际化资源。在项目的 src 目录下的资源文件中，新建 messages_en.properties 和 messages_zh.properties，分别使用中文和英文进行配置。

messages_en.properties 资源配置如下：

```
userManage=userManagement
userName=username
age=age
photoName=photo name
photo=photo
addUser=add user
showUserInfo=this is display user information
```

messages_zh.properties 资源配置如下（输入中文，在 properties 文件中自动转换成如下格式）：

```
userManage=\u7528\u6237\u7BA1\u7406
userName=\u59D3\u540D
age=\u5E74\u9F84
photoName=\u7167\u7247\u540D\u79F0
photo=\u7167\u7247
addUser=\u589E\u52A0\u7528\u6237
showUserInfo=\u8FD9\u91CC\u662F\u5C55\u73B0\u7528\u6237\u4FE1\u606F
```

（3）配置消息源，加载资源文件。

```
<bean id="messageSource" class="org.springframework.context
                        .support.ReloadableResourceBundleMessageSource">
    <property name="basename" value="classpath:messages" />
</bean>
```

（4）配置拦截器改变 Locale。此处使用了自定义拦截器，没有使用 Spring 的 LocaleChangeInterceptor，这样更加灵活。

```
<mvc:interceptors>
    <bean class="com.icss.intercept.LangInterceptor">
        <property name="paramName" value="lang" />
    </bean>
</mvc:interceptors>
```

（5）自定义拦截器代码实现。可以参考 LocaleChangeInterceptor 的源代码，与自定义拦截器实现方式完全一致。

```
public class LangInterceptor extends HandlerInterceptorAdapter{
    private String paramName;
    public void setParamName(String paramName) {
        this.paramName = paramName;
    }
    public String getParamName() {
        return this.paramName;
    }
    public boolean preHandle(HttpServletRequest request,
            HttpServletResponseresponse, Object handler) throws Exception {
        Locale locale = new Locale("zh", "CN");
        String language = request.getParameter(this.paramName);
            if(language!=null && language.equals("en")){
                locale = new Locale("en", "US");
            }
        LocaleResolver localeResolver =
                RequestContextUtils.getLocaleResolver(request);
        if (localeResolver == null) {
            throw new IllegalStateException("没有找到方言解析器");
        }
```

```
        localeResolver.setLocale(request, response, locale);
        return true;
    }
}
```

（6）从控制器代码中提取资源文件中的 key，此处的 showUserInfo 是资源文件中的某个 key 值。

```
@RequestMapping("/user")
    public ModelAndView getUsers(HttpServletRequest request){
        List<User> userList = new ArrayList<>();
        userList.add(new User("tom",18,"aa"));
        userList.add(new User("jack",28,"bb"));
        userList.add(new User("rose",38,"cc"));
        ModelAndView mv =  new ModelAndView();
        RequestContext requestContext = new RequestContext(request);
        String value = requestContext.getMessage("showUserInfo");
        mv.addObject("showUserInfo", value);
        mv.addObject("userList", userList);
        mv.setViewName("/main/user.jsp");
        return mv;
}
```

（7）视图层使用标签调用资源。

示例如下：

```
<spring:message code="userName"/>
```

使用这行代码时，需要引用 Spring 的标签库，如

```
<%@ taglib prefix="spring" uri="http://www.springframework.org/tags"%>
```

核心代码如下：

```
<c:forEach var="user" items="${userList}">
    <div class="form-group">
    <label for="inputEmail3" class="col-sm-2 control-label">
            <spring:message code="userName"/>
    </label>
      <div class="col-sm-10">
         <input class="form-control" placeholder="Email" value="${user.name }">
      </div>
</div>
  <div class="form-group">
      <label for="inputPassword3" class="col-sm-2 control-label">
          <spring:message code="age"/>
      </label>
      <div class="col-sm-10">
         <input class="form-control" placeholder="Password" value="${user.age }">
      </div>
  </div>
</c:forEach>
```

（8）浏览器测试（见图 6-11）：http://localhost:8080/HelloLocale/app/user?lang=zh，http://localhost:8080/HelloLocale/app/user （默认为中文显示）。

当请求参数为 lang=en 时，拦截器动态设置 Locale 为英文环境（见图 6-12），URL 格式如下：http://localhost:8080/HelloLocale/app/user?lang=en。

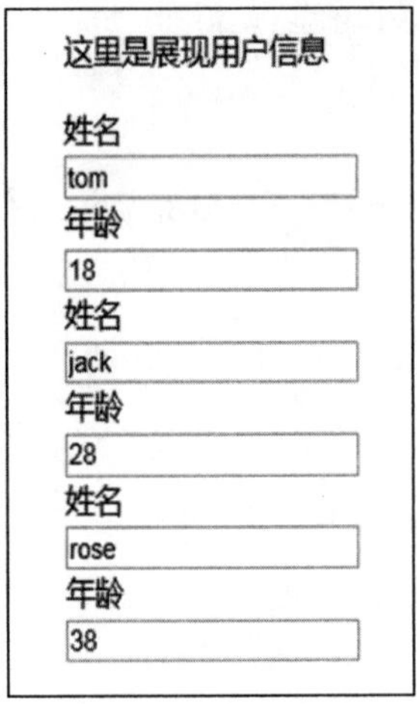

图 6-11　中文界面

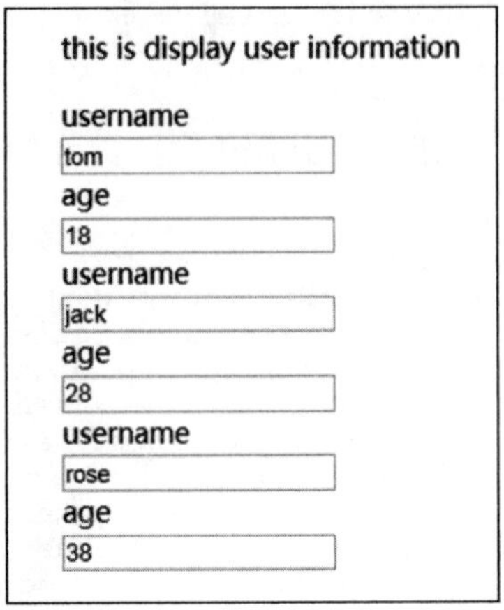

图 6-12　英文界面

6.11　主题 Theme

在 Spring MVC 中可以使用主题，动态改变页面的显示效果。

（1）properties 文件配置如下：

```
styleSheet=/themes/cool/style.css
background=/themes/cool/img/coolBg.jpg
```

（2）在 JSP 文件中使用<spring:theme>标签库调用主题：

```
<%@ taglib prefix="spring" uri="http://www.springframework.org/tags"%>
<html>
    <head>
        <link rel="stylesheet" href="<spring:theme code='styleSheet'/>"
type ="text/css"/>
    </head>
    <body style="background=<spring:theme code='background'/>">
        ...
    </body>
</html>
```

（3）使用 ResourceBundleThemeSource 设置从哪个位置加载主题配置文件。即前面定义的 properties 文件所在路径，需要配置说明。

（4）使用 ThemeResolver 接口解析主题。

```
public interface ThemeResolver {
String resolveThemeName(HttpServletRequest request);
void setThemeName(HttpServletRequest request,
                HttpServletResponse response, String themeName);
}
```

主题解析器的实现类见表 6-4。

表6-4 主题解析器的实现类

类（Class）	描　　述
FixedThemeResolver	使用 defaultThemeName 属性设置一个固定的主题
SessionThemeResolver	基于 HTTP Session 存储的主题，不能在会话间共享
CookieThemeResolver	主题存储于客户端的 Cookie 中

下面用完整的案例，演示如何应用主题改变页面的显示效果。

（1）定义两套简单的 CSS 文件，在 JSP 页面动态选择使用哪套主题。分别定义 blue.css 和 yellow.css 文件，并放置在 Web 项目的 CSS 文件夹下。

```
blue.css:
body{
     color: blue;
     font-size:20px;
}
a{
     font-size:16px;
}
   yellow.css:
body{
     color: yellow;
     font-size:28px;
}
a{
     font-size:20px;
}
```

（2）在 properties 文件中设置主题，在 src 下新建 themes 文件夹，然后新建三个配置文件。

```
blue.properties:
css.link=http://localhost:8080/HelloTheme/css/blue.css
default.properties:
css.link=
yellow.properties:
css.link=http://localhost:8080/HelloTheme/css/yellow.css
```

（3）在 spring-mvc.xml 中配置资源绑定。

```
<bean id="themeSource" class="org.springframework.ui
                   .context.support.ResourceBundleThemeSource">
     <property name="basenamePrefix" value="themes/" />
</bean>
```

（4）在 spring-mvc.xml 中配置主题解析器，此处使用 SessionThemeResolver。

```
<bean id="themeResolver" class="org.springframework
                   .web.servlet.theme.SessionThemeResolver">
     <!--默认主题文件的名字是default-->
     <property name="defaultThemeName" value="default" />
</bean>
```

（5）将控制器代码注入 SessionThemeResolver。

```
@Controller
public class OrderAction {
     @Autowired
```

```
        private ThemeResolver themeResolver;
        @GetMapping("/order")
        public String orderIndex(Model model) {
            model.addAttribute("order", new Order("12", "预输入", "email", 188));
            return "/main/orders.jsp";
        }
        @GetMapping("/themes/{css}")
        public String changeCss(@PathVariable("css") String css,
                            HttpServletRequest req, HttpServletResponse resp) {
            themeResolver.setThemeName(req, resp, css);
            return "redirect:/app/order";
        }
    }
```

（6）页面显示引用主题设置，在 orders.jsp 中，通过*.properties 文件中的 key 引用主题。
<spring:theme>中的 code 值指向 properties 文件中的 key。

```
<%@ taglib prefix="spring" uri="http://www.springframework.org/tags" %>
<html>
  <head>
      <link rel="stylesheet" href="<spring:theme code="css.link"/>"/>
  </head>
  <body>
          <h1>主题测试</h1>
      <div align="center">
        <p>
            <a href="<%=basePath%>app/themes/yellow">黄色主题</a>  
            <a href="<%=basePath%>app/themes/blue">蓝色主题</a>
        </p>
        <p>${order.id}</p>
        <p>${order.name}</p>
        <p>${order.email}</p>
        <p>${order.price}</p>
      </div>
  </body>
</html>
```

（7）主题测试。分别发送如下请求，显示不同的主题样式。

http://localhost:8080/HelloTheme/app/themes/blue。

http://localhost:8080/HelloTheme/app/themes/yellow。

6.12　multipart 文件上传

multipart 为<form>表单的数据格式，表示非文本信息，它包含字节流内容。把实体文件如 zip 包、图片等，从客户端浏览器上传到 Web 服务器，与普通的文本信息上传是不同的。首先需要使用<input type="file">标签，然后需要使用<form>表单提交，不能使用 HTTP 参数形式。

<form>表单有一个 enctype 属性，它表示表单内容的 MIME 类型。表单的 enctype 属性默认值为 application/x-www-form-urlencoded，它表示上传的是文本信息。表单上传文件时，必须要配置<form enctype="multipart/form-data">。

由于<form>表单上传数据格式的变化，在服务器接收数据时，使用传统的 ServletRequest.getParameter()将无法接收到数据。早期解决方案是使用 smartUpload 控件解析数据。

6.12.1　Spring multipart 介绍

Spring MVC 使用 MultipartResolver 解析器支持文件上传，这个方案需要 Apache 的 commons-fileupload.jar 的支持。

示例如下：

```
<bean id="multipartResolver"
class="org.springframework.web.multipart.commons.CommonsMultipartResolver">
    <!-- 设置上传文件的最大 size 值 -->
    <property name="maxUploadSize" value="102400"/>
</bean>
```

在 Servlet 3.0 之后，Java EE 6 可以使用内置的 Part 来接收数据，可以不需要 commons 支持。

```
public interface Part {
    public InputStream getInputStream() throws IOException;
    public String getContentType();
    public long getSize();
    public Collection<String> getHeaders(String name);
}
```

基于 Servlet 3.0 的解析器使用 StandardServletMultipartResolver：

```
   <bean id="multipartResolver"
    class="org.springframework.web.multipart.support.
        StandardServletMultipartResolver">
</bean>
```

CommonsMultipartResolver 和 StandardServletMultipartResolver 都实现了 MultipartResolver 接口（注意 Spring 6.x 不再支持 CommonsMultipartResolver）：

```
public class CommonsMultipartResolver
            extends CommonsFileUploadSupport
            implements MultipartResolver, ServletContextAware {}
public class StandardServletMultipartResolver
            implements MultipartResolver {}
```

6.12.2　案例：图片上传

本节演示使用传统的 CommonsMultipartResolver 解析方案接收上传的图片数据，StandardServletMultipartResolver 的案例在第 7 章图书上架时演示。

（1）导入 Spring 的核心包和 Web 包，导入依赖包 commons-fileupload.jar 和 commons-io.jar。

（2）配置 CommonsMultipartResolver 解析器，配置文件最大允许 100KB。

```
<bean id="multipartResolver"
    class="org.springframework.web.multipart.commons.CommonsMultipartResolver">
    <property name="maxUploadSize" value="102400" />
```

```
</bean>
```

（3）配置 upload.jsp 中 form 的 enctype="multipart/form-data"。

```
<form method="post" action="<%=basePath%>app/form" enctype="multipart/form-data">
        文件名：<input type="text" name="name" id="fname"/>
                <input type="file" name="file" onchange="show(this)" />
                <br>
        <input type="submit" value="提交" />
        ${msg}
</form>
```

（4）使用 js 接收选定的文件名。

```
function show(source) {
        var arrs = $(source).val().split('\\');
        var filename=arrs[arrs.length-1];
        $('#fname').val(filename);
}
```

（5）控制器接收上传的图片，保存在 Web 项目的根目录下的 pic 文件夹下，使用 Apache 的 FileUtils 存储字节流到文件中。

```
@PostMapping("/form")
public String handleFormUpload( String name, @RequestParam("file") MultipartFile
file,Model model) throws Exception{
    if (!file.isEmpty()) {
            byte[] bytes = file.getBytes();
            Filepic = new File( context.getRealPath("/") + "pic/" + name);
            FileUtils.writeByteArrayToFile(pic, bytes);
            model.addAttribute("msg", name+"上传成功");
    }
    return "/main/uploadFile.jsp";
}
```

6.13 异常处理

6.13.1 HandlerExceptionResolver

Spring 的 HandlerExceptionResolver 用于处理控制器执行过程中未预期的异常。对于可以预期的异常，应该针对性地捕获并进行处理。

```
public interface HandlerExceptionResolver {
    ModelAndView resolveException(HttpServletRequest request,
                        HttpServletResponse response,
                        Object handler, Exception ex);
}
```

HandlerExceptionResolver 只有一个方法，其功能就是处理异常，然后根据异常类型，转到不同的错误页去。

6.13.2 SimpleMappingExceptionResolver

简单映射异常解析器（SimpleMappingExceptionResolver），实现了 HandlerExceptionResolver

接口，是最常使用的异常解析器。

```
public class SimpleMappingExceptionResolver
                    extends AbstractHandlerExceptionResolver {
    }
public abstract class AbstractHandlerExceptionResolver
                    implements HandlerExceptionResolver, Ordered {}
```

示例：在 beans.xml 中配置 SimpleMappingExceptionResolver，所有控制层统一处理已知错误，不同类型的异常抛到相应错误处理页；未知错误，统一抛到 error.jsp 中。

```
<bean
class="org.springframework.web.servlet.handler.SimpleMappingExceptionResolver">
    <property name="exceptionMappings">
        <props>
            <prop key="java.lang.Throwable">/error/error.jsp</prop>
            <prop key="org.springframework
                    .web.multipart.MaxUploadSizeExceededException">
                    /error/OverMaxUploadSize.jsp</prop>
            <prop key="com.icss.exception.InputEmptyException">
                    /error/InputEmpty.jsp</prop>
        </props>
    </property>
</bean>
```

6.13.3　@ExceptionHandler

在 6.6.2 节讲了全局控制器@ControllerAdvice，本节把@ControllerAdvice 与@ExceptionHandler 结合使用，捕获所有用户自定义控制器抛出的异常。

```
@ControllerAdvice
public class GlobalExceptionHandler {
    @ExceptionHandler(Exception.class)
    public ModelAndView otherException(Exception e) {
        ModelAndView mv = new ModelAndView();
        mv.addObject("msg", e.getMessage());
        mv.setViewName("/error/error.jsp");
        return mv;
    }
}
```

HandlerExceptionResolver 和实现类 SimpleMappingExceptionResolver 都允许配置指定的异常到对应的视图页面显示异常提示。但是对于@ResponseBody 注释的方法，没有视图返回，这时若出现异常，在 response 信息中携带状态码更合适。

示例如下：

```
@Controller
public class SimpleController {
    @ExceptionHandler
    public ResponseEntity<String> handle(IOException ex) {
        HttpHeaders responseHeaders = new HttpHeaders();
        responseHeaders.set("code", "059");
        responseHeaders.set("msg", ex.getMessage());
        return new ResponseEntity<String>(
            "-1",responseHeaders,HttpStatus.FAILED_DEPENDENCY);
    }
```

```
@RequestMapping("/check")
@ResponseBody
public int checkName(String name) throws IOException{
    throw new IOException("io exeception test");
}
}
```

直接使用浏览器发出请求：http://localhost:8080/HelloException/app/check，抓包分析控制器回应，对于@ResponseBody 的异常返回，通过 ResponseEntity 携带的头和体信息返回错误：

```
Response Headers:
code : 059
content-Length :2
Content-Type: text/html;charset=ISO-8859-1
Msg: io exception test
Response Body: -1
```

客户端收到-1 的回应后，知道出现了异常，可以从回应头中提取错误码和错误消息，这样就可以把@ResponseBody 注解的异常信息顺利传递到客户端。

6.13.4 标准异常解析

当 HTTP 客户端请求出现异常时用错误码提示客户端，如客户端错误(4xx)、服务器错误 (5xx)。我们最常见的 404 错误，就是客户端访问的服务器目标资源没找到。

Spring MVC 使用 DefaultHandlerExceptionResolver 把指定的异常（见表 6-5）转为状态码，参见 API 定义（部分代码）：

```
public class DefaultHandlerExceptionResolver
        extends AbstractHandlerExceptionResolver {
    protected ModelAndView handleHttpMediaTypeNotSupported(...);
    protected ModelAndView handleHttpMediaTypeNotAcceptable(...);
    protected ModelAndView handleMissingPathVariable(...);
    protected ModelAndView handleTypeMismatch(...);
}
```

表 6-5 异常类型与状态码

异 常 类 型	HTTP 状态码
BindException	400 (Bad Request)
ConversionNotSupportedException	500 (Internal Server Error)
HttpMediaTypeNotAcceptableException	406 (Not Acceptable)
HttpMediaTypeNotSupportedException	415 (Unsupported Media Type)
HttpMessageNotReadableException	400 (Bad Request)
HttpMessageNotWritableException	500 (Internal Server Error)
HttpRequestMethodNotSupportedException	405 (Method Not Allowed)
MethodArgumentNotValidException	400 (Bad Request)
MissingPathVariableException	500 (Internal Server Error)
MissingServletRequestParameterException	400 (Bad Request)

续表

异 常 类 型	HTTP 状态码
MissingServletRequestPartException	400 (Bad Request)
NoHandlerFoundException	404 (Not Found)
NoSuchRequestHandlingMethodException	404 (Not Found)
TypeMismatchException	400 (Bad Request)

示例：抛出不同的异常类型，显示相应的状态码提示，见图 6-13~图 6-15。

```
@Controller
public class DefaultExceptionAction {
    @GetMapping("/m1")
    public String method1() throws Exception{
        throw new BindException(new Object(),"test");
    }
    @GetMapping("/m2")
        public void method2() throws HttpRequestMethodNotSupportedException {
        throw new HttpRequestMethodNotSupportedException("test");
    }
    @GetMapping("/m3")
        public void method3() throws Exception{
        throw new HttpMediaTypeNotAcceptableException("test");
    }
}
```

图 6-13　BindException

图 6-14　HttpRequestMethodNotSupportedException

注意：DefaultHandlerExceptionResolver 是 DispatcherServlet 中默认激活的，无须配置。如果已经配置了 SimpleMappingExceptionResolver 或 ExceptionHandler，异常将会转到错误页，客户端无法收到错误码提示。

图 6-15　HttpMediaTypeNotAcceptableException

6.14　JSP & JSTL

6.14.1　JSP 与 JSTL 介绍

解析 JSP 页面,最常用的解析器是 InternalResourceViewResolver 和 ResourceBundleViewResolver。两者都定义在 WebApplicationContext 中。

示例如下:

```
<bean id="viewResolver"
        class="org.springframework.web.servlet.view.ResourceBundleViewResolver">
    <property name="basename" value="views"/>
</bean>
<bean id="viewResolver"
        class="org.springframework.web.servlet.view.InternalResourceViewResolver">
    <property name="viewClass" value="org.springframework.web.servlet.view.JstlView"/>
    <property name="prefix" value="/WEB-INF/jsp/"/>
    <property name="suffix" value=".jsp"/>
</bean>
```

使用 JSTL(Java Standard Tag Library),需要用专门的视图 JstlView 与之对应。为了便于 JSP 页的开发,把 Request 请求参数与命令对象进行绑定,可以使用 Spring 的标签库,它定义在 spring-webmvc.jar 中。使用 Eclipse 开发 Spring MVC 项目,需要导入 jstl-impl.jar 和 javax.servlet.jsp.jstl.jar 包。

6.14.2　Spring MVC 基础标签

在 6.10 节介绍 Spring 国际化与主题时使用了如下标签库:

```
<%@ taglib prefix="spring" uri="http://www.springframework.org/tags" %>
```

根据键值可以从国际化资源文件中,使用 Spring 标签提取数据:

```
<spring:message code="userName"/>
<spring:message code="age"/>
```

参看标签库描述文件 spring.tld,文件位置在 Spring-webmvc-x.x-RELEASE.jar--META-INF 文件夹下,message 标签定义如下:

```
<taglib xmlns="http://java.sun.com/xml/ns/j2ee"
    xsi:schemaLocation=https://java.sun.com/xml/ns/j2ee/web-jsptaglibrary_2_0.xsd"
    <short-name>spring</short-name>
```

```
    <uri>http://www.springframework.org/tags</uri>
    <tag>
        <name>message</name>
        <tag-class>org.springframework.web
                .servlet.tags.MessageTag</tag-class>
        <body-content>JSP</body-content>
        <attribute>
            <name>code</name>
            <required>false</required>
        </attribute>
    <tag>
</taglib>
public class MessageTag
            extends HtmlEscapingAwareTag implements ArgumentAware {
    private String code;
    protected String resolveMessage()
                            throws JspException, NoSuchMessageException {}
}
```

从主题文件中，根据键值提取数据，<spring:theme code="css.link"/>。theme 主题标签定义如下：

```
<taglib>
    <short-name>spring</short-name>
    <uri>http://www.springframework.org/tags</uri>
    <tag>
    <name>theme</name>
        <tag-class>org.springframework.web.servlet.tags.ThemeTag</tag-class>
        <body-content>JSP</body-content>
        <attribute>
            <name>code</name>
            <required>false</required>
        </attribute>
</taglib>
public class ThemeTag extends MessageTag {
    protected MessageSource getMessageSource() {}
}
```

6.14.3　form 标签库

Spring MVC 的 form 标签定义在 Spring-webmvc-x.x-RELEASE.jar--META-INF 文件夹下的 spring-form.tld 文件中：

```
<taglib xmlns="http://java.sun.com/xml/ns/j2ee">
    <tlib-version>6.0</tlib-version>
    <short-name>form</short-name>
    <uri>http://www.springframework.org/tags/form</uri>
</taglib>
```

可以使用的 form 标签非常多，简单示例如下：

```
<form:input id="" path="" />
<form:form  id="" name="" />
<form:password id="" path="" />
<form:hidden id="" path="" />
<form:select id="" path="" />
```

示例：用户数据提交。

（1）编写 JSP 文件 form.jsp，首先必须要在 JSP 的头部引入 form 标签库。

```
<%@ taglib prefix="form"
            uri="http://www.springframework.org/tags/form"%>
<form:form  modelAttribute="user"
            action=" ${pageContext.request.contextPath}/app/form">
    <table>
        <tr>
            <td>First Name:</td>
            <td><form:input path="firstName" /></td>
        </tr>
        <tr>
            <td>Last Name:</td>
            <td><form:input path="lastName" /></td>
        </tr>
        <tr>
            <td colspan="2"><input type="submit" value="Save Changes" /></td>
        </tr>
    </table>
</form:form>
```

（2）定义 User 实体。

```
public class User {
    private String firstName;
    private String lastName;
}
```

（3）控制器代码。

```
@Controller
public class UserAction {
    @GetMapping("/form")
    public String form(@ModelAttribute User user) {
        return "/main/form.jsp";
    }
    @PostMapping(value = "/form")
    public String formPost(@ModelAttribute User user) { }
}
```

如上所示，在 GET 请求时@GetMapping，也必须要有@ModelAttribute User user 这个参数，否则会报错：

```
Neither BindingResult nor plain target object for Bean name 'command' available
as request attribute.
```

第 7 章

当当书城 Spring MVC 实战

第 5 章在当当书城基础版的基础上，引入了 Spring 的 IoC、AOP 和 JDBC 整合功能，本章会引入 Spring MVC 框架，对当当书城项目进行再次升级（参见本书配套资源 DangSpringmvc 源码包）。

7.1 导包

在 5.2 节 DangSpring 项目基础上，导入 spring-web.jar 和 spring-webmvc.jar 包，还有 jackson 依赖包。参见 pom.xml 中的包依赖配置：

```
<dependency>
    <groupId>org.springframework</groupId>
    <artifactId>spring-webmvc</artifactId>
    <version>6.0.3</version>
</dependency>
<dependency>
    <groupId>com.fasterxml.jackson.core</groupId>
    <artifactId>jackson-databind</artifactId>
    <version>2.14.1</version>
</dependency>
```

7.2 配置 web.xml

在 web.xml 中配置前端控制器，核心配置文件为 spring-mvc.xml。配置项<servlet-name> 可以任意设置，此处采用的是传统的配置模式，没有采用 Servlet 3 的配置模式。

```
<servlet>
    <servlet-name>app</servlet-name>
    <servlet-class>
        org.springframework.web.servlet.DispatcherServlet
    </servlet-class>
    <init-param>
        <param-name>contextConfigLocation</param-name>
        <param-value>/WEB-INF/spring-mvc.xml</param-value>
    </init-param>
    <load-on-startup>1</load-on-startup>
    <multipart-config>
        <max-file-size>102400</max-file-size>
```

```
        </multipart-config>
    </servlet>
    <servlet-mapping>
        <servlet-name>app</servlet-name>
        <url-pattern>/app/*</url-pattern>
    </servlet-mapping>
```

在 web.xml 中配置 IoC 根容器，逻辑 Bean 和持久层 Bean 都配置在 beans.xml 中，然后加载到 IoC 根容器中。

```
    <listener>
        <listener-class>
                org.springframework.web.context.ContextLoaderListener
        </listener-class>
    </listener>
    <context-param>
        <param-name>contextConfigLocation</param-name>
        <param-value>classpath:beans.xml</param-value>
    </context-param>
```

7.3 配置 spring-mvc.xml

在项目的 WEB-INF 目录下新建 spring-mvc.xml 文件，配置信息如下。

（1）配置 schema。

```
<beans xmlns="http://www.springframework.org/schema/Beans"
  xmlns:xsi="http://www.w3.org/2001/XMLSchema-instance"
  xmlns:mvc="http://www.springframework.org/schema/mvc"
  xmlns:context="http://www.springframework.org/schema/context"
      xsi:schemaLocation="
  http://www.springframework.org/schema/Beans
  https://www.springframework.org/schema/Beans/spring-Beans.xsd
  http://www.springframework.org/schema/context
  https://www.springframework.org/schema/context/spring-context.xsd
  http://www.springframework.org/schema/mvc
  https://www.springframework.org/schema/mvc/spring-mvc.xsd">
```

（2）配置组件扫描位置，所有控制器都通过 spring-mvc.xml 加载到 IoC 容器中。

```
<context:component-scan base-package="com.icss.action" />
```

（3）配置 MVC 支持。

```
<mvc:annotation-driven />
```

（4）配置 JSP 的视图解析器和默认前缀。

```
<bean
    class="org.springframework.web.servlet.view.InternalResourceViewResolver">
    <property name="prefix" value="/WEB-INF/views/" />
</bean>
```

（5）配置 multiPartResolver。

```
<bean id="multipartResolver"
    class="org.springframework.web.multipart.support.
            StandardServletMultipartResolver">
</bean>
```

（6）配置消息转换器。

```xml
<mvc:annotation-driven>
    <mvc:message-converters register-defaults="true">
        <bean class="org.springframework
                    .http.converter.StringHttpMessageConverter">
            <constructor-arg value="utf-8" />
            <property name = "supportedMediaTypes">
            <list>
                <value>application/json;charset=utf-8</value>
                <value>text/html;charset=utf-8</value>
            </list>
            </property>
        </bean>
        <bean class="org.springframework.http
                    .converter.ByteArrayHttpMessageConverter"/>
        <bean class="org.springframework.http
                    .converter.json.MappingJackson2HttpMessageConverter" />
    </mvc:message-converters>
</mvc:annotation-driven>
```

7.4　用户权限校验

当当书城的权限设置比较简单，需求如下：

（1）所有游客可以访问书城主页和图书明细页，无须权限校验。

（2）购物车、商品结算、我的订单、用户退出等功能，需要用户登录后才能操作。

（3）图书上传、修改图书价格、用户订单查询等，需要管理员在后台操作。权限校验模式，使用过滤器根据用户的 URL 进行处理。

（4）注册用户统一使用的 URL 模式为/app/user/*。

（5）后台管理员统一使用的 URL 模式为/app/back/*。

注册用户使用 UserFilter 类进行校验权限。拦截所有"/app/user/*"的请求，只有登录成功的用户，才能访问/app/user/*下的资源。

```java
@WebFilter("/app/user/*")
public class UserFilter implements Filter {
  public void doFilter(ServletRequest request, ServletResponse response,
                    FilterChain chain) throws IOException, ServletException {
    HttpServletRequest req = (HttpServletRequest)request;
    User user = (User)req.getSession().getAttribute("user");
    if(user == null) {
        //未登录,转到登录页
        request.setAttribute("msg","你访问了受限资源，请先登录...");
        request.getRequestDispatcher("/WEB-INF/views/jsp/login.jsp")
                            .forward(request, response);
    }else {
        chain.doFilter(request, response); //登录成功,访问目标资源
    }
  }  }
```

后台使用 AdminFilter 校验权限。拦截所有"/app/back/*"的请求，只有登录成功且身份为

admin 的用户，才能访问后台资源。

```java
@WebFilter("/app/back/*")
public class AdminFilter implements Filter {
  public void doFilter(ServletRequest request, ServletResponse response,
             FilterChainchain) throws IOException, ServletException {
    HttpServletRequest req = (HttpServletRequest) request;
    User user = (User) req.getSession().getAttribute("user");
    if (user == null) {
        //未登录,转到登录页
        request.setAttribute("msg", "你访问了受限资源，请先登录...");
        request.getRequestDispatcher("/WEB-INF/views/jsp/login.jsp")
                                    .forward(request, response);
    } else {
        //登录成功，判断当前用户的身份
        if(user.getRole() == IRole.ADMIN) {
            chain.doFilter(request, response);
        }else {
            request.setAttribute("msg", "你的权限不足，请重新登录...");
            request.getRequestDispatcher("/WEB-INF/views/jsp/login.jsp")
                                    .forward(request, response);
        }
    }   }   }
```

7.5　书城主页实现

图 5-2 为当当书城主页样式。所有推荐图书从“主页推荐图书”表（见图 5-1）中提取，并按照设置的显示顺序进行显示。“主页推荐图书”表中的图书设置根据需求可以自由调整。

控制器代码实现如下：

```java
@Controller
public class BookAction {
    @Autowired
    private IBook bookBiz;
        @RequestMapping("/main")
    public String getAllBook(Model model) throws Exception {
        List<MBook> books = bookBiz.getAllMainBook();
        model.addAttribute("books",books);
        return "/jsp/main.jsp";
    }
}
```

注意：本章只讲解控制层代码实现，逻辑层和持久层代码与 DangSpring 项目一致，具体代码参见本书配套资源。

7.6　图书详情页实现

单击主页推荐图书列表中的任意图书，跳转到图书详情页（见图 5-3）。控制器代码实现如下：

```java
@Controller
```

```
public class BookAction {
    @Autowired
    private BookBiz bookBiz;
    @RequestMapping("/bookInfo")
    public String getBookInfo(@RequestParam String isbn,
                              Modelmodel) throws Exception {
        Book book = bookBiz.getBookInfo(isbn);
        model.addAttribute("bk", book);
        return "/jsp/BookDetail.jsp";
    }
}
```

7.7　用户管理

7.7.1　用户登录

若用户登录成功，系统会自动创建一个购物车存储于 session 中，用户对象也存储于 session 中，然后转到主页；若用户登录失败，则返回登录页；若用户名或密码为空，需要提示。

（1）用户进入登录页（见图 5-4）。

```
@Controller
public class UserAction {
    @GetMapping("/login")
    public String login() {
        return "/jsp/login.jsp";
    }
}
```

（2）填写用户名与密码，提交登录请求，若登录成功，会马上创建一个购物车。提交用户登录请求时，使用 AJAX 模式，所以此处使用@ResponseBody 注解。@RequestParam 注解校验用户名和密码两个参数不能为空。

```
@ResponseBody
@PostMapping("/login")
public int login(@RequestParam String uname, @RequestParam String pwd,
                 Model model,HttpSession session) throws Exception {
    int iRet;
    try {
        User user = userBiz.login(uname, pwd);
        if (user != null) {
            session.setAttribute("user", user);
            Map<String, Integer> shopCar = new HashMap<>(); // 创建一个购物车
            session.setAttribute("shopcar", shopCar);
            iRet = 1;
        } else {
            iRet = 2;
        }
    } catch (InputNullExcepiton e) {
        iRet = 0;
    }catch(Exception e) {
        iRet = -1;
    }
```

```
        return iRet;
    }
```

7.7.2 用户退出

用户退出，清空 session，返回书城主页。单击书城主页的"退出"按钮，执行代码如下：

```
@RequestMapping("/user/logout")
public String logout(HttpServletRequest request) {
    request.getSession().invalidate();    //清空 session
    String path = request.getContextPath();
    String basePath = request.getScheme() + "://" + request.getServerName()
                        + ":" + request.getServerPort() + path + "/";
    return "redirect:" + basePath + "app/main";
}
```

用户退出需要注销当前会话，然后重定向到书城主页。使用 redirect 可以改变浏览器地址栏的 URL，防止重复提交。

7.8 购物车实现

7.8.1 购物车设计

书城系统的购物车采用 session 存储，数据结构为 Map<String,Integer>，String 存储图书的 isbn，Integer 存储图书购买数量。

购物车中没有直接存储 Book 实体，这是因为当用户数量庞大时，服务器 session 占用的内存空间非常大，因此不能在 session 中存储大数据对象。

当需要显示购物车中的图书信息时，需要通过 isbn 直接到数据库中提取图书详细信息。

7.8.2 我的购物车

用户浏览图书时，可以把选中的图书先添加到购物车中。已经登录的用户，随时可以查看购物车中的数据（见图 5-5）。

```
@Controller
@RequestMapping("/user")
public class ShopCarAction {
    @Autowired
    private BookBiz bookBiz;
}
```

因为用户登录成功时已经创建了一个购物车，因此这里可以直接通过@SessionAttribute Map<String, Integer> shopcar 从会话中提取购物车里的数据：

```
@RequestMapping("/shopcar")
public String getShopcarInfo(@SessionAttribute Map<String,Integer> shopcar,
                             Model model) throws Exception{
    String isbns = "";
    int i = 0;
    for(String isbn : shopcar.keySet()) {
```

```
            if(i==0) {
                isbns = isbn;
            }else {
                isbns = isbns + "-" + isbn;
            }
            i++;
        }
        List<Book> books = bookBiz.getShopBooks(isbns);
        double allPrice = 0;
        if(books != null) {
            for(Book bk : books) {
                allPrice += bk.getPrice() * shopcar.get(bk.getIsbn());
            }
        }
        model.addAttribute("allPrice",allPrice);
        model.addAttribute("books",books);
        return "/jsp/ShopCar.jsp";
}
```

7.8.3　加入购物车

用户浏览图书详情页后，可以添加当前页图书到购物车中（未登录的转向登录页）（见图 5-5）：

```
@RequestMapping("/addcar")
public String addShopCar(@RequestParam String isbn,
            @SessionAttribute Map<String,Integer> shopcar) throws Exception{
    Integer num = shopcar.get(isbn);
    if(num == null) {
        shopcar.put(isbn,1);
    }else {
        num += 1;
        shopcar.put(isbn,num);    //向购物车中存数据
    }
    return "forward:/app/user/shopcar";
}
```

7.8.4　移出购物车

单击购物车中的"移除"按钮，可以把购物车中的某个商品移出购物车（见图 5-5）：

```
@RequestMapping("/rmcar")
public String removeShopCar(@RequestParam String isbn,
            @SessionAttribute Map<String,Integer> shopcar) throws Exception{
    shopcar.remove(isbn);
    return "forward:/app/user/shopcar";
}
```

7.9　用户付款

7.9.1　结算

在购物车中填写图书购买数量，然后单击"结算"按钮即可进行结算（见图 5-5）。

为了在控制器中接收到每本书的数量，必须要知道每个输入框的 name。注意每个文本框的 name 是按照 isbn 动态设置的，如 name="${bk.isbn}"。

```
<table border="1" width=100%>
    <tr>
        <td>书名</td>
      <td>商品价格</td><td width="5%">数量</td><td>操作</td>
    </tr>
    <c:forEach var="bk" items="${books}">
        <tr><td>${bk.bname}</td>
        <td>${bk.price}</td>
        <td><input type="text"  name="${bk.isbn}" value="1" /></td>
        <td>
         <a href="<%=basePath%>app/user/rmcar?isbn=${bk.isbn}">
         移除</a>
    </td>
        </tr>
    </c:forEach>
</table>
```

用户付款与结算在 PayAction 控制器中实现：

```
@RequestMapping("/user")
@Controller
public class PayAction {
    @Autowired
    private BookBiz bookBiz;
    @Autowired
    private UserBiz userBiz;
}
```

因为 session 中存储的购物车与页面提交的购物车数据必须要保持一致，所以遍历 session 中的购物车数据，并用 name 对应的 isbn 值，即可获取所有用户上传的图书购买数量。提取到图书数量后，把购买数量存储于 session 中的 Map<String,Integer>对象里。

```
@RequestMapping("/checkout")
 public String checkout(@SessionAttribute Map<String, Integer> shopcar,
                        Modelmodel,HttpSession session) throws Exception {
    int i=0;
    String isbns = "";
    for(Map.Entry<String,Integer> entry : shopcar.entrySet()) {
        if(i==0) {
            isbns = entry.getKey();
        }else {
            isbns = isbns + "-" + entry.getKey();
        }
        i++;
    }
    List<Book> books = bookBiz.getShopBooks(isbns);
    double allMoney = 0;
    for(Book bk : books) {
        int num = shopcar.get(bk.getIsbn());   //提取的图书购买数量
        bk.setNum(num);
        allMoney += bk.getPrice() * num;
    }
    model.addAttribute("books", books);
    session.setAttribute("allMoney", allMoney);
```

```
        return "/jsp/checkout.jsp";
    }
```

7.9.2　付款

如果选定图书的总价大于用户余额，则不能显示付款按钮；如果余额充足，用户可以付款（见图5-6）。用户付款成功，需要清空购物车，显示订单号，并更新账户余额（见图5-7）。用户单击"我的订单"按钮，可以查看自己的付款历史信息（见图5-8）。

```
@RequestMapping("/pay")
public String pay(@SessionAttribute double allMoney,@SessionAttribute User user,
                  @SessionAttribute Map<String, Integer> shopcar,
                  HttpSessionsession) throws Exception {
    StringorderNo = userBiz.payMoney(user.getUname(), allMoney, shopcar);
    //把会话中的user，扣掉付款金额
    user.setAccount(user.getAccount() - allMoney);
    shopcar.clear();          //清空购物车
    session.setAttribute("orderNo", orderNo);
    return "redirect:/app/user/payok";
}
```

7.10　图书上架

管理员在后台管理图书的上架和下架操作。图书上传涉及图片的字节流上传，与普通文本的提交完全不同。管理员从后台进入图书上架页（见图5-9）。

管理员录入图书基本信息，然后选择上架图书的封面图片。图片上传与文本信息提交完全不同，它需要multipart格式支持。

在Spring Framework 6中，传统模式的CommonsMultipartResolver已经被禁用，此处使用StandardServletMultipartResolver解析器。可以在spring-mvc.xml中配置multipartResolver解析器：

```
<bean id="multipartResolver"
      class="org.springframework.web.multipart.support.
             StandardServletMultipartResolver">
</bean>
```

在web.xml中，需要配置<multipart-config>：

```
<servlet>
    <servlet-name>app</servlet-name>
    <servlet-class>org.springframework.web.servlet.DispatcherServlet
</servlet-class>
        ...
    <load-on-startup>1</load-on-startup>
    <multipart-config>
        <max-file-size>102400</max-file-size>
    </multipart-config>
</servlet>
```

（1）属性绑定前设置日期格式、禁止图片直接绑定；"价格"输入框在视图层已经约束了浮点格式，但是如果为空，则禁止属性绑定。

```
@Controller
@RequestMapping("/back")
public class BookAddAction {
    @InitBinder
        public void initBinder(WebDataBinder binder,String price) {
            binder.registerCustomEditor(String.class,
                                        new StringTrimmerEditor(true));
            binder.registerCustomEditor(Date.class,
              new CustomDateEditor(new SimpleDateFormat("MM/dd/yyyy"), true));
            if(price==null || price.equals("")) {
                binder.setDisallowedFields("price");
            }
            binder.setDisallowedFields("pic");
        }
}
```

（2）接收图片，写入图片服务器。

```
@GetMapping("/addBook")
public String addBook(Model model) throws Exception{
    List<Category> caList = bookBiz.getAllCategory();
    model.addAttribute("caList", caList);
    return "/back/bookAdd.jsp";
}
@PostMapping("/addBook")
public String addBook(Book book,@RequestParam MultipartFile fpic,
                    Modelmodel) throws Exception {
    if (!fpic.isEmpty()) {
        String fname = "/bkpic/" + fpic.getOriginalFilename();
        book.setPic(fname);
        File file = new File("c:/img" + fname);
        fpic.transferTo(file);
    }
    bookBiz.addBook(book);
    model.addAttribute("msg", book.getBname() +" 录入成功");
    List<Category> caList = bookBiz.getAllCategory();
    model.addAttribute("caList", caList);
    return "/back/bookAdd.jsp";
}
```

（3）视图层代码中，form 表单的属性必须设置 enctype="multipart/form-data"。

```
<form action="<%=basePath%>app/back/bookadd" method="post" enctype="multipart/
form-data">
    <table border="0" width=60% align="center">
      ...
        <tr><td>书号 ISBN</td><td><input type="text" name="isbn" value="${isbn}"/>
</td></tr>
        <tr><td>书名</td><td><input type="text" name="bname" value="${bname}" />
                      <span id="NameNull"></span></td></tr>
        <tr><td>出版社</td><td><input type="text" name="press" value="${press}"/>
</td></tr>
        <tr><td>出版日期</td><td><input type="text" name="pdate" class="easyui-
datebox"/></td></tr>
        <tr><td>价格</td><td><input type="text" name="price"
                    class="easyui-numberbox" value=0 precision="2"/></td></tr>
        <tr><td>封面上传</td><td><input type="file" name="fpic"/></td></tr>
        <tr><td colspan=2 align=center><input type=submit value=提交 />${msg}
</td></tr>
```

```
        </table>
    </form>
```

7.11 系统异常设计

下面讲解在 Spring MVC 项目中常用的两种异常设置。

（1）如果使用简单异常处理器，则配置在 spring-mvc.xml 中，可以把指定的错误发送到约定的页面，但是这种模式的缺陷是无法记录日志。

```
<bean class="org.springframework.web.servlet.handler.SimpleMappingExceptionResolver">
    <property name="exceptionMappings">
        <props><prop key="java.lang.Throwable">/error/error.jsp</prop></props>
    </property>
</bean>
```

（2）采用@ExceptionHandler 模式的全局异常配置，既可以指定错误页，还可以在异常处理的代码中记录日志。

```
@ControllerAdvice
public class GlobalExceptionHandler {
    @ExceptionHandler(Exception.class)
    public ModelAndView otherException(Exception e) {
        ModelAndView mv = new ModelAndView();
        mv.addObject("msg", "网络异常，请和管理员联系");
        mv.setViewName("/error/error.jsp");
        Log.logger.error(e.getMessage(),e); //日志记录错误信息
        return mv;
    }
    @ExceptionHandler(MaxUploadSizeExceededException.class)
    public String overMaxUploadSize(MaxUploadSizeExceededException e,
                                    Model model) {
        Log.logger.error(e.getMessage(),e);
        model.addAttribute("msg", e.getLocalizedMessage());
        return "/error/OverMaxUploadSize.jsp";
    }
}
```

所有控制器未捕获的异常和 Exception 异常都统一抛给 GlobalExceptionHandler 处理，这样控制器的代码简单了很多，同时增加了日志信息，更加完善。

示例：

```
@RequestMapping("/shopcar")
public String getShopCar(@SessionAttribute Map<String, Integer> shopCar,
                         Modelmodel) throws Exception {
    ...
}
```

自定义的异常，由于转向位置不同，需要单独处理。如用户名或密码为空，不能抛到 error.jsp，则应该在 login.jsp 显示。InputNullExcepiton 为自定义异常，应该在具体控制器方法中捕获，不能抛给全局异常处理器。

示例：

```
@PostMapping("/login")
```

```java
public String login(String uname, String pwd,
        Modelmodel, HttpSession session) throws Exception {
    try {
        User user = userBiz.login(uname, pwd);
        if (user != null) {
            ...
            return "forward:/app/main";
        } else {
            ...
            return "/main/login.jsp";
        }
    } catch (InputNullExcepiton e) {
        model.addAttribute("msg", "用户名或密码为空");
        return "/main/login.jsp";
    }
}
```

已知类型的异常要单独处理。用户注册时的主键冲突异常应该在 regist.jsp 中显示。把 SQLIntegrityConstraintViolationException 这个异常放到 GlobalExceptionHandler 去处理是显然不合适的,因为在全局异常处理器中,它只能转到一个固定的异常提醒页,这无法满足用户注册冲突时的友好提示需求。

```java
@RequestMapping(value = "/regist", method = RequestMethod.POST)
public String regist(String uname, String pwd, Model model) throws Exception{
    ...
    try {
        userBiz.addUser(user);
        model.addAttribute("msg", "注册成功,请重新登录");
        return "/main/login.jsp";
    } catch (java.sql.SQLIntegrityConstraintViolationException e) {
        model.addAttribute("msg", "用户名冲突,请修改");
        return "/main/regist.jsp";
    }
}
```

AJAX 异常,由服务器返回错误码,在客户端显示会更加友好。如果需要传递给客户端更多的异常信息,返回类型可以使用 HttpEntity。

```java
@RequestMapping("/checkUname")
@ResponseBody
public int checkUname(String uname){
    int ret;
    if(uname==null || uname.trim().equals("")) {
        return -1;
    }
    try {
        boolean bRet = userBiz.isHaveUserName(uname);
        if (bRet) {
            ret = 1;
        } else {
            ret = 0;
        }
    } catch (Exception e) {
        ret = -2;                    //异常
        Log.logger.error(e.getMessage());
    }
    return ret;
}
```

第 8 章

MyBatis 持久层框架

MyBatis 是著名的持久层框架，它抢了 Hibernate 的很多市场。持久层使用 MyBatis 框架后，代码更加简单，而且 MyBatis 的性能优于 Hibernate。

对于同时支持多种数据库的业务需求，MyBatis 实现完全不同于 Hibernate 的 HQL 思路，它采用了更加简洁有效的解决方案。

当然 MyBatis 也有不足之处，对于复杂 SQL 查询，MyBatis 的解决方案不如 Hibernate 完美，这是 ORM（对象映射关系）中最棘手的问题。

进入 MyBatis 官网，可以查看 MyBatis 介绍，它的完整资料可以从 GitHub 上获取。

8.1　案例：MyBatis 快速入门

继续使用第 2 章的 StaffUser 项目，这节实现一个基于 MyBatis 的快速入门样例，功能是读取员工系统的所有用户信息。

8.1.1　导包

在 pom.xml 中配置 mybatis 和 log4j 包的依赖：

```
<dependency>
    <groupId>org.mybatis</groupId>
    <artifactId>mybatis</artifactId>
    <version>3.5.11</version>
</dependency>
<dependency>
    <groupId>org.apache.logging.log4j</groupId>
    <artifactId>log4j-slf4j-impl</artifactId>
    <version>2.13.3</version>
</dependency>
```

8.1.2　创建 SqlSessionFactory 单例

SqlSessionFactory 用于管理 SqlSession 对象，而 MyBatis 中的 SqlSession 对象类似 JDBC 中的 Connection 对象。

BaseDao 是所有持久层类的父类，在 BaseDao 中创建一个静态的 SqlSessionFactory，即整个项目只需要一个 SqlSessionFactory 实例即可。

在静态代码块中创建 SqlSessionFactory 对象，读取 myBatis.xml 配置文件。调用 sqlSessionFactory.openSession()，返回一个用于操作数据库的 SqlSession 对象。

```java
public class BaseDao {
    private static SqlSessionFactory sqlSessionFactory;
    public SqlSession getSession() {
        return  sqlSessionFactory.openSession();
    }
    static {
        try {
            String resource = "myBatis.xml";
            InputStream inputStream = Resources.getResourceAsStream(resource);
            sqlSessionFactory =
                        new SqlSessionFactoryBuilder().build(inputStream);
        } catch (Exception e) { }
    }
}
```

项目 src 下新建 myBatis.xml，配置如下：

```xml
<?xml version="1.0" encoding="UTF-8" ?>
 <!DOCTYPE configuration
 PUBLIC "-//MyBatis.org//DTD Config 3.0//EN"
 "http://MyBatis.org/dtd/MyBatis-3-config.dtd">
<configuration>
 <environments default="development">
     <environment id="development">
         <transactionManager type="JDBC" />
         <dataSource type="POOLED">
             <property name="driver" value="com.Mysql.cj.jdbc.Driver" />
             <property name="url"
             value="jdbc:Mysql://localhost:3306/staff?useSSL=false
                 &amp;serverTimezone=UTC&amp;allowPublicKeyRetrieval=true" />
             <property name="username" value="root" />
             <property name="password" value="123456" />
         </dataSource>
     </environment>
 </environments>
 <mappers>
     <mapper resource="com/icss/mapper/userMappper.xml" />
 </mappers>
</configuration>
```

注意：

（1）schema 版本要配置正确。

（2）environments 为数据库环境配置。

（3）读取系统配置信息和表的映射信息，然后创建 SqlSessionFactory 对象，这是一个复杂的操作过程，后面再跟踪分析这个过程。

8.1.3　从 SqlSessionFactory 获得 SqlSession

SqlSession 是 MyBatis 对数据库 Connection 的封装，使用 SqlSession 操作数据库可以先简单地把一个 SqlSession 看成是一个 Connection 对象。

```
public class BaseDao {
    private static SqlSessionFactory sqlSessionFactory;
    public SqlSession getSession() {
        return sqlSessionFactory.openSession();
    }
}
```

8.1.4　映射接口和映射文件

新建映射接口和映射文件，MyBatis 把所有 SQL 都放到了映射文件中，只需接口与映射文件对应即可。所有执行 SQL 的过程都由 MyBatis 框架自动执行。

```
public interface IUserMapper {
    public List<User> getAllUser() throws Exception;
}
```

映射文件的 namespace 与接口对应：

```
<!DOCTYPE mapper
    PUBLIC "-//MyBatis.org//DTD Mapper 3.0//EN"
    "http://MyBatis.org/dtd/MyBatis-3-mapper.dtd">
<mapper namespace="com.icss.mapper.IUserMapper">
    <select id="getAllUser" resultType="com.icss.entity.User">
        select * from tuser
    </select>
</mapper>
```

8.1.5　配置映射指向

在 myBatis.xml 中增加映射文件指向。创建 SqlSessionFactory 时需要加载 myBatis.xml，此时也会读取映射文件。

```
<mappers>
    <mapper resource="com/icss/mapper/userMappper.xml" />
</mappers>
```

8.1.6　Mapper 调用

在持久层代码中，通过 SqlSession 调用 Mapper 接口：

```
public class UserDaoMysql extends BaseDao implements IUserDao {
    public List<User> getAllUser() throws Exception {
        SqlSession session = this.getSession();
        IUserMapper mapper = session.getMapper(IUserMapper.class);
        return mapper.getAllUser();
    }
}
```

8.1.7　代码测试

编写 UI 层的测试代码（参见本书配套资源），调用业务逻辑对象的 getAllUser()方法，通过 MyBatis 框架访问数据库，读取所有用户信息。

8.1.8 Log4j 跟踪 MyBatis

项目中引入 Log4j 后，可以输出 MyBatis 执行的 SQL，这对于项目代码跟踪非常重要。
测试代码日志输出如下：

```
DEBUG - PooledDataSource forcefully closed/removed all connections.
DEBUG - Opening JDBC Connection
DEBUG - Created connection 21563224.
DEBUG - Setting autocommit to false on JDBC Connection
        [com.Mysql.cj.jdbc.ConnectionImpl@1490758]
DEBUG - ==> Preparing: select * from tuser
DEBUG - ==> Parameters:
DEBUG - <== Total: 7
```

8.2 MyBatis 原理分析

8.2.1 SqlSession 与 Connection

SqlSession 是对 java.sql.Connection 接口的封装。SqlSession 接口中的 getMapper()方法返
回映射接口，这是后面用得最多的方法。通过调用 getConfiguration()方法可以获取映射文件
的配置信息。SqlSession 接口定义如下：

```
public interface SqlSession extends Closeable {
    <T> T  selectOne(String statement);
    <E> List<E>  selectList(String statement);
    int  insert(String statement);
    int  update(String statement);
    int  delete(String statement);
    void  commit();
    void  rollback();
    void  close();
    <T> T  getMapper(Class<T> type);
    Connection  getConnection();
    Configuration  getConfiguration();
}
```

DefaultSqlSession 是 SqlSession 接口的实现类。Configuration 中包含所有映射文件和核
心配置文件的信息；Executor 接口封装了数据库的增删改查和事务控制操作；autoCommit
设置数据库的提交模式是自动提交还是手动提交。

```
public class DefaultSqlSession implements SqlSession {
    private final Configuration configuration;
        private final Executor executor;
        private final boolean autoCommit;
        private boolean dirty;
        private List<Cursor<?>> cursorList;
      public DefaultSqlSession(Configuration configuration, Executor executor) {
    }
}
```

BaseExcecutor 是 Executor 接口的实现类，它封装了对数据库 Connection 的管理。在
DefaultSqlSession 的构造器中传入 Executor 对象。

```
public abstract class BaseExecutor implements Executor {
    protected Transaction transaction;
        protected Executor wrapper;
    protected Configuration configuration;
    protected BaseExecutor(Configuration configuration, Transaction transaction){}
}
```

数据库的 Connection 对象从 dataSource 中获取，并用 Transaction 包装。

```
public class JdbcTransaction implements Transaction {
    protected Connection connection;
        protected DataSource dataSource;
        protected TransactionIsolationLevel level;
        protected boolean autoCommit;
    public JdbcTransaction(Connection connection) {  }
}
```

总结：SqlSession 的操作需要 Executor 对象，而 Executor 操作需要 Configuration 和 Transaction。Transaction 的底层是 Connection。因此可以说，SqlSession 就是依赖 Connection 对象的。一个 SqlSession 可以简单地看成：SqlSession = Connection + 配置信息。

8.2.2　SqlSession 的 getMapper

MyBatis 的代码非常简洁，一句 SqlSession::getMapper()就可以返回动态创建的接口实现对象，然后调用接口中的方法即可。如此简单高效的代码是如何实现的呢？下面通过断点跟踪的方式观察一下 getMapper()的底层实现机制。这个跟踪过程对于深入了解 MyBatis 非常重要。下面讲述操作步骤。

（1）调用 SqlSession::getMapper()，输入映射接口，返回映射接口的实现对象。

```
IUserMapper mapper = session.getMapper(IUserMapper.class);
```

根据输入的接口类型，返回接口实现对象，然后调用接口对象中的方法。这种操作模式非常简单高效。其底层调用 configuration.getMapper()来实现的。

```
public class DefaultSqlSession implements SqlSession {
    private final Configuration configuration;
        private final Executor executor;
    public <T> T getMapper(Class<T> type) {
            return configuration.getMapper(type, this);
    }
}
```

（2）观察 configuration::getMapper()方法。configuration 是 MyBatis 底层的重要实现类，它存储了从配置文件 myBatis.xml 和映射文件（如 userMapper.xml）中读取的大量信息。

断点观察 SqlSession-->>configuration -->>mappedStatements，可以看到映射文件中配置的 SQL，都存在 configuration 的 mappedStatements 属性中（见图 8-1）。

```
public class Configuration {
    protected final Map<String, MappedStatement> mappedStatements;
    protected final MapperRegistry mapperRegistry;
    public <T> T getMapper(Class<T> type, SqlSession sqlSession) {
        return mapperRegistry.getMapper(type, sqlSession);
        }
}
```

mappedStatements 中也存储了所有映射接口，见图 8-1。

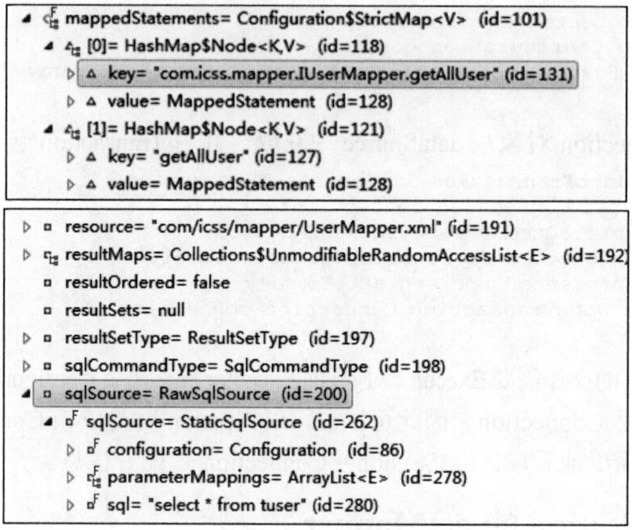

图 8-1　映射接口

（3）在 MapperRegistry 中的 knownMappers 里存储了所有映射接口与映射代理工厂（见图 8-2）。

```java
public class MapperRegistry {
    private final Configuration config;
        private final Map<Class<?>, MapperProxyFactory<?>> knownMappers;
    public <T> T getMapper(Class<T> type, SqlSession sqlSession) {
        return mapperProxyFactory.newInstance(sqlSession);
    }
}
```

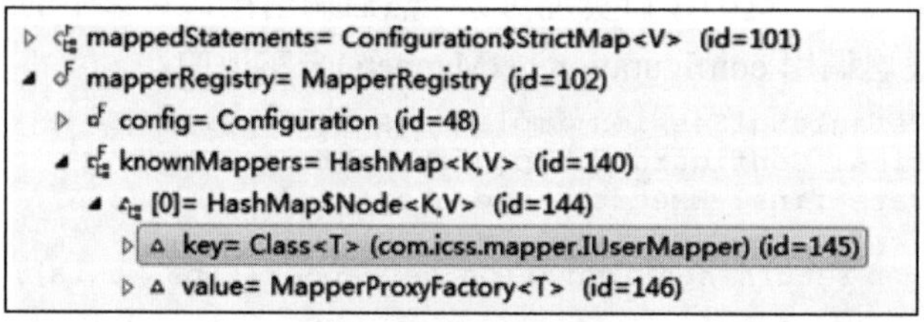

图 8-2　Mapper 对象

（4）使用 JDK 的动态代理类 Proxy，根据映射接口创建动态代理对象。

```java
public class MapperProxyFactory<T> {
    public MapperProxyFactory(Class<T> mapperInterface) {
        this.mapperInterface = mapperInterface;
    }
    public Class<T> getMapperInterface() {
        return mapperInterface;
    }
    protected T newInstance(MapperProxy<T> mapperProxy) {
        return (T) Proxy.newProxyInstance(mapperInterface.getClassLoader(),
                new Class[] { mapperInterface }, mapperProxy);
    }
    public T newInstance(SqlSession sqlSession) {
```

```
        final MapperProxy<T> mapperProxy =
            new MapperProxy<>(sqlSession, mapperInterface, methodCache);
        return newInstance(mapperProxy);
    }
}
```

（5）在 invoke() 中动态激活被代理的方法。

```
public class MapperProxy<T> implements InvocationHandler, Serializable {
    public Object invoke(Object proxy, Method method,
                         Object[] args) throws Throwable {
        if (Object.class.equals(method.getDeclaringClass())) {
            return method.invoke(this, args);
        } else if (method.isDefault()) {
        if (privateLookupInMethod == null) {
            return invokeDefaultMethodJava8(proxy, method, args);
        } else {
            return invokeDefaultMethodJava9(proxy, method, args);
        }
    }
}
```

总结：在 SqlSessionFactory 创建时读取映射文件，把所有配置在映射文件中的 SQL 都读取到 MapperRegistry 中并存储成 Map。mapperRegistry 中存储的是所有接口信息，mappedStatements 中存储的是接口中的映射方法与 SQL。当调用接口中的方法时，通过 JDK 的动态代理 Proxy 动态调用被代理对象的方法。

8.3 MyBatis 配置

参见 myBatis.xml，所有元素都配置在<configuration></configuration>根元素下。注意元素的配置顺序如下：properties>settings>typeAliases>typeHandlers>objectFactory>objectWrapperFactory>reflectorFactory > plugins > enviroments > databasesIdProvider > mappers。xml 是一个树状结构，很少有要求元素顺序的，但是 MyBatis 配置文件是特例，必须要严格按照上面提示的顺序配置元素。这里面很多元素可以省略，即可以使用默认配置。但是如果配置使用这些元素，顺序不能出错。

配置示例：

```
<?xml version="1.0" encoding="UTF-8" ?>
<!DOCTYPE configuration PUBLIC "-//MyBatis.org//DTD Config 3.0//EN"
    "http://MyBatis.org/dtd/MyBatis-3-config.dtd">
<configuration>
    <properties></properties>
    <settings></settings>
    <typeAliases></typeAliases>
    <typeHandlers></typeHandlers>
    <objectFactory></objectFactory>
    <plugins></plugins>
    <databaseIdProvider></databaseIdProvider>
    <environments default="development">
        <environment id="development">
        </environment>
    </environments>
```

```
    <mappers>
        <mapper resource="…" />
    </mappers>
</configuration>
```

8.3.1 properties 属性配置

在 myBatis.xml 中可以读取外部的 properties 文件，这样做的好处是可以在 properties 中配置大量备用信息，而 MyBatis 可根据 key 值选择使用部分内容。

示例如下：

（1）在 src 下新建 db.properties 配置文件。

```
driver=com.mysql.cj.jdbc.Driver
url=jdbc:Mysql://localhost:3306/staff?useSSL=false
username=root
password=123456
```

在 myBatis.xml 中使用<properties>引用外部属性文件后，可以使用\${key}调用配置文件中的键值：

```
<configuration>
<properties resource="db.properties">
</properties>
<environments default="development">
    <environment id="development">
        <transactionManager type="JDBC" />
        <dataSource type="POOLED">
            <property name="driver" value="${driver}" />
            <property name="url" value="${url}" />
            <property name="username" value="${username}" />
            <property name="password" value="${password}" />
        </dataSource>
    </environment>
</environments>
</configuration>
```

（2）在 myBatis.xml 中也可以直接设置对象的属性值，这样就可以省略属性文件。注意：db.properties 中的连接符号 "&" 在 xml 文件中用 "&" 表示。

```
<dataSource type="POOLED">
    <property name="driver" value="com.Mysql.cj.jdbc.Driver " />
    <property name="url"
            value="jdbc:Mysql://localhost:3306/staff?useSSL=false
            &amp serverTimezone=UTC " />
    <property name="username" value="root" />
    <property name="password" value="123456" />
</dataSource>
```

注意此处的<dataSource>原始解析时使用下面的类：

```
public class UnpooledDataSource implements DataSource {
    private String driver;
    private String url;
    private String username;
    private String password;
}
```

（3）properties 还可以用于 SqlSessionFactory 对象的构建：

```
SqlSessionFactory factory =
        sqlSessionFactoryBuilder.build(reader, props)
```

或

```
SqlSessionFactory factory =
    new SqlSessionFactoryBuilder.build(reader, environment, props)
```

8.3.2　settings 配置

1．setting 配置项列表

使用 settings 设置可以在运行时对 MyBatis 的行为进行调整，如果对属性特征不熟悉，尽量使用默认值。settings 可用配置项很多（见表 8-1），描述信息参见 MyBatis 官方文档。

表 8-1　settings 设置

settings	有　效　值	默　认　值
cacheEnabled	true | false	true
lazyLoadingEnabled	true | false	false
aggressiveLazyLoading	true | false	false (true in <=3.4.1)
multipleResultSetsEnabled	true | false	true
useColumnLabel	true | false	true
useGeneratedKeys	true | false	false
autoMappingBehavior	NONE, PARTIAL,FULL	PARTIAL
autoMappingUnknownColumn Behavior	NONE, WARNING,FAILING	NONE
defaultExecutorType	SIMPLE REUSE BATCH	SIMPLE
defaultStatementTimeout	Any positive integer	Not Set (null)
defaultFetchSize	Any positive integer	Not Set (null)
defaultResultSetType	FORWARD_ONLY | SCROLL_SENSITIVE | SCROLL_INSENSITIVE | DEFAULT(same behavior with 'Not Set')	Not Set (null)
safeRowBoundsEnabled	true | false	False
safeResultHandlerEnabled	true | false	True
mapUnderscoreToCamelCase	true | false	False
localCacheScope	SESSION | STATEMENT	SESSION
jdbcTypeForNull	JdbcType enumeration. Most common are: NULL, VARCHAR and OTHER	OTHER

续表

settings	有　效　值	默　认　值
lazyLoadTriggerMethods	A method name list separated by commas	equals,clone,hashCode,toString
defaultScriptingLanguage	A type alias or fully qualified class name	org.apache.ibatis.scripting.xmltags. XMLLanguage
defaultEnumTypeHandler	A type alias or fully qualified class name.	org.apache.ibatis.type. EnumTypeHandler
callSettersOnNulls	true | false	false
returninstanceforemptyrow	true | false	false
logPrefix	Any String	Not set
logImpl	SLF4J | LOG4J | LOG4J2| JDK_ LOGGING | COMMONS_LOGGING| STDOUT_LOGGING |NO_LOGGING	Not set
proxyFactory	CGLIB | JAVASSIST	JAVASSIST (MyBatis 3.3 or above)
vfsImpl	Fully qualified class names of custom VFS implementation separated by commas	Not set
useActualParamName	true | false	true
configurationFactory	A type alias or fully qualified class name	Not set

settings 使用示例：

```
<settings>
    <setting name="cacheEnabled" value="true" />
    <setting name="lazyLoadingEnabled" value="true" />
    <setting name="multipleResultSetsEnabled" value="true" />
    <setting name="useColumnLabel" value="true" />
    <setting name="useGeneratedKeys" value="false" />
    <setting name="autoMappingBehavior" value="PARTIAL" />
    <setting name="defaultExecutorType" value="SIMPLE" />
    <setting name="defaultStatementTimeout" value="25" />
    <setting name="defaultFetchSize" value="100" />
    <setting name="safeRowBoundsEnabled" value="false" />
    <setting name="mapUnderscoreToCamelCase" value="false" />
    <setting name="localCacheScope" value="SESSION" />
    <setting name="jdbcTypeForNull" value="OTHER" />
    <setting name="lazyLoadTriggerMethods"
            value="equals,clone,hashCode,toString" />
</settings>
```

2. 常用 settings 选项

settings 选项很多，绝大多数选项尽量选择默认值。注意：jdbcTypeForNull 设置推荐使用 NULL。在项目实践中，jdbcTypeForNull 使用默认值 OTHER，若配置不当对系统性能有很大影响（不同版本现象可能不同）。

```
<settings>
    <setting name="jdbcTypeForNull" value="NULL" />
</settings>
```

8.3.3　typeAliases 配置

类型别名（typeAliases）是 Java 类型名称的简写，它仅在 XML 配置文件中用于简化合格的 class 名字。

示例如下：

```
<typeAliases>
    <typeAlias alias="Author" type="domain.blog.Author" />
    <typeAlias alias="Blog" type="domain.blog.Blog" />
    <typeAlias alias="Comment" type="domain.blog.Comment" />
    <typeAlias alias="Post" type="domain.blog.Post" />
    <typeAlias alias="Section" type="domain.blog.Section" />
    <typeAlias alias="Tag" type="domain.blog.Tag" />
</typeAliases>
```

对于常用的 Java 类型，MyBatis 内置了与之对应的别名（见表 8-2）。这些别名都很简单，如果在映射文件中使用映射类型，需要"包名 + 类型"的全称，如 java.lang.Integer，别名则可直接使用（如用 int 替代 java.lang.Integer）。

表 8-2　Java 类型别名

别　　名	映 射 类 型	别　　名	映 射 类 型
_byte	byte	double	Double
_long	long	float	Float
_short	short	boolean	Boolean
_int	int	date	Date
_integer	int	decimal	BigDecimal
_double	double	bigdecimal	BigDecimal
_float	float	object	Object
_boolean	boolean	map	Map
string	String	hashmap	HashMap
byte	Byte	list	List
long	Long	arraylist	ArrayList
short	Short	collection	Collection
int	Integer	iterator	Iterator
integer	Integer		

下面了解一下别名的机制：断点跟踪观察 session-->> configuration-->>typeAliasRegistry（见图 8-3），这里注册了系统中的所有别名。前面的是系统定义的默认别名，后面的是开发人员自定义的别名。

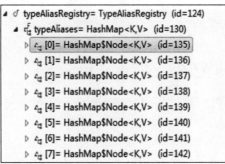

图 8-3   类型别名注册

8.3.4   typeHandlers

无论是 MyBatis 设置一个参数给 PreparedStatement，还是从 PreparedStatement 中返回 ResultSet，都要面临一个问题：Java 类型与 JDBC 类型之间的转换。

Java 类型面向的是 JVM，JDBC 类型面向的是各种关系型数据库，因此两者有很大的不同。

Java 类型与 JDBC 类型之间如何相互转换，是 ORM 框架中最重要的问题之一。

1. 默认类型映射器

表 8-3 为 MyBatis 的默认类型映射器。

表 8-3   MyBatis 的默认类型映射器

类型处理程序	Java 类型	JDBC 类型
BooleanTypeHandler	java.lang.Boolean,boolean	Any compatible BOOLEAN
ByteTypeHandler	java.lang.Byte, byte	Any compatible NUMERIC or BYTE
ShortTypeHandler	java.lang.Short, short	Any compatible NUMERIC or SMALLINT
IntegerTypeHandler	java.lang.Integer, int	Any compatible NUMERIC or INTEGER
LongTypeHandler	java.lang.Long, long	Any compatible NUMERIC or BIGINT
FloatTypeHandler	java.lang.Float, float	Any compatible NUMERIC or FLOAT
DoubleTypeHandler	java.lang.Double, double	Any compatible NUMERIC or DOUBLE
BigDecimalTypeHandler	java.math.BigDecimal	Any compatible NUMERIC or DECIMAL
StringTypeHandler	java.lang.String	CHAR, VARCHAR
ClobReaderTypeHandler	java.io.Reader	—
ClobTypeHandler	java.lang.String	CLOB, LONGVARCHAR
NStringTypeHandler	java.lang.String	NVARCHAR, NCHAR
NClobTypeHandler	java.lang.String	NCLOB
BlobInputStreamTypeHandler	java.io.InputStream	—
ByteArrayTypeHandler	byte[]	Any compatible byte stream type
BlobTypeHandler	byte[]	BLOB, LONGVARBINARY

续表

类型处理程序	Java 类型	JDBC 类型
DateTypeHandler	java.util.Date	TIMESTAMP
DateOnlyTypeHandler	java.util.Date	DATE
TimeOnlyTypeHandler	java.util.Date	TIME
SqlTimestampTypeHandler	java.sql.Timestamp	TIMESTAMP
SqlDateTypeHandler	java.sql.Date	DATE
SqlTimeTypeHandler	java.sql.Time	TIME
ObjectTypeHandler	Any	OTHER, or unspecified
EnumTypeHandler	Enumeration Type	VARCHAR any string compatible type, as the code is stored (not index)
EnumOrdinalTypeHandler	Enumeration Type	Any compatible NUMERIC or DOUBLE, as the position is stored (not the code itself).
SqlxmlTypeHandler	java.lang.String	SQLXML
InstantTypeHandler	java.time.Instant	TIMESTAMP
LocalDateTimeTypeHandler	java.time.LocalDateTime	TIMESTAMP
LocalDateTypeHandler	java.time.LocalDate	DATE
LocalTimeTypeHandler	java.time.LocalTime	TIME
OffsetDateTimeTypeHandler	java.time.OffsetDateTime	TIMESTAMP
OffsetTimeTypeHandler	java.time.OffsetTime	TIME
ZonedDateTimeTypeHandler	java.time.ZonedDateTime	TIMESTAMP
YearTypeHandler	java.time.Year	INTEGER
MonthTypeHandler	java.time.Month	INTEGER
YearMonthTypeHandler	java.time.YearMonth	VARCHAR or LONGVARCHAR
JapaneseDateTypeHandler	java.time.chrono.Japanese	DATE

注意：从 MyBatis 3.4.5 开始，默认支持 JSR-310 (Date and Time API)。

断点跟踪观察内存中的类型映射器：session-->>configuration-->>typeHandlerRegistry（见图 8-4）。

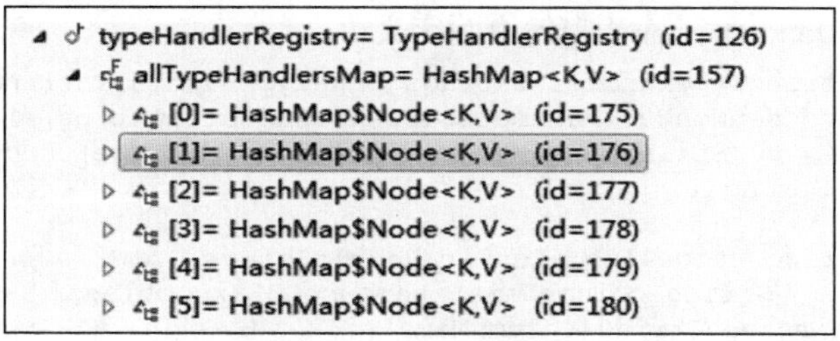

图 8-4　类型映射器

2. 自定义类型映射器

可以重写类型映射器，也可以创建自己的非标准类型映射器。需要实现 org.apache.ibatis. type.TypeHandler 接口，或继承类 org.apache.ibatis.type.BaseTypeHandler。

示例如下：

（1）定义 String 与 JdbcType.VARCHAR 之间的类型转换器。

```
@MappedJdbcTypes(JdbcType.VARCHAR)
public class ExampleTypeHandler extends BaseTypeHandler<String> {
    public void setNonNullParameter(PreparedStatement ps, int i,
                String parameter, JdbcType jdbcType)throws SQLException {
        ps.setString(i, parameter);
        Log.logger.info("ExampleTypeHandler-->>setNonNullParameter");
    }
    public String getNullableResult(ResultSet rs,
                String columnName) throws SQLException {
        Log.logger.info("ExampleTypeHandler-->>getNullableResult");
        return rs.getString(columnName);
    }
    public String getNullableResult(ResultSet rs,
                    int columnIndex) throws SQLException {
        return rs.getString(columnIndex);
    }
    public String getNullableResult(CallableStatement cs,
                    int columnIndex) throws SQLException {
        return cs.getString(columnIndex);
    }
}
```

注意：@MappedJdbcTypes 注解的自定义类型映射器在 ResultMaps 中是默认无效的，需要显示设置。

（2）在 myBatis.xml 中注册这个类型映射器。

```
<typeHandlers>
    <typeHandler handler="com.icss.handler.ExampleTypeHandler"/>
</typeHandlers>
```

如上示例重写了 java.lang.String 与 JDBC 类型 VARCHAR 之间的映射器，默认映射器是 StringTypeHandler。@MappedTypes 表明了映射的 JDBC 类型。

BaseTypeHandler<String>表明映射的 Java 类型是 String，因此 JDBC 的相关操作都是按照 String 处理的。

参见 StringTypeHandler 在 API 中的原始定义：

```
public class StringTypeHandler extends BaseTypeHandler<String> {
    public void setNonNullParameter(PreparedStatement ps, int i,
                String parameter, JdbcType jdbcType)throws SQLException {
        ps.setString(i, parameter);
    }
    public String getNullableResult(ResultSet rs,
                String columnName) throws SQLException {
        return rs.getString(columnName);
    }
    public String getNullableResult(ResultSet rs,
                    int columnIndex) throws SQLException {
        return rs.getString(columnIndex);
```

```
    }
    public String getNullableResult(CallableStatement cs,
            int columnIndex) throws SQLException {
        return cs.getString(columnIndex);
    }
}
```

（3）代码测试，基于前面的 MyBatis 入门示例测试自定义类型映射器的使用。

```
<mapper namespace="com.icss.mapper.IUserMapper">
    <select id="getAllUser" resultType="User">
        select * from tuser
    </select>
</mapper>
```

测试输出：

```
DEBUG - ==>  Preparing: select * from tuser
DEBUG - ==> Parameters:
INFO - ExampleTypeHandler-->>getNullableResult
INFO - ExampleTypeHandler-->>getNullableResult
INFO - ExampleTypeHandler-->>getNullableResult
INFO - ExampleTypeHandler-->>getNullableResult
INFO - ExampleTypeHandler-->>getNullableResult
INFO - ExampleTypeHandler-->>getNullableResult
DEBUG - <==      Total: 2
101000123
101000124
101000125
```

分析：查看日志，发现 getNullableResult(ResultSet rs, String columnName)方法被调用了 6 次，为什么？

解析：tuser 表有四个字段，分别是{uname,sno,pwd,role}，其中{uname,sno,pwd}这三个字段是 VARCHAR 类型。现在库中有 2 条记录、3 个 VARCHAR 字段，在读取每个 VARCHAR 字段转为 User 实体的 String 属性时，都会调用一次类型映射器的 getNullableResult()方法，因此 2×3=6 次输出。

8.3.5　objectFactory 配置

MyBatis 每次创建一个新的结果集对象时，都需要调用 ObjectFactory 实例。如果希望重写默认 ObjectFactory 的方法，可以自定义对象工厂，继承 DefaultObjectFactory。

ObjectFactory 接口非常简单，它包含两个 create 方法，一个用于处理默认构造，另一个用于处理带参构造。

```
public interface ObjectFactory {
    <T> T create(Class<T> type);
    <T> T create(Class<T> type,
        List<Class<?>> constructorArgTypes, List<Object> constructorArgs);
}
```

示例：创建自定义对象工厂。

（1）自定义对象工厂继承 DefaultObjectFactory。

```
public class ExampleObjectFactory extends DefaultObjectFactory {
    public <T> T create(Class<T> type) {
```

```
            Log.logger.info("默认构造:" + type.toString() );
            return super.create(type);
        }
        public <T> T create(Class<T> type, List<Class<?>> constructorArgTypes,
                      List<Object> constructorArgs) {
            Log.logger.info("带参构造:" + type.toString() );
            return super.create(type, constructorArgTypes, constructorArgs);
        }
        public void setProperties(Properties properties) {
            Log.logger.info("ExampleObjectFactory-->setProperties");
            super.setProperties(properties);
        }
        public <T> boolean isCollection(Class<T> type) {
            Log.logger.info("ExampleObjectFactory-->isCollection");
            return Collection.class.isAssignableFrom(type);
        }
    }
```

（2）在 myBatis.xml 中注册自定义的 objectFactory。

```
<objectFactory type="com.icss.factory.ExampleObjectFactory"/>
```

（3）测试（仍然使用 8.1 节的用户查询测试代码）。

```
<mapper namespace="com.icss.mapper.IUserMapper">
    <select id="getAllUser" resultType="User">
        select * from tuser
    </select>
</mapper>
```

测试结果：

```
DEBUG - ==>  Preparing: select * from tuser
DEBUG - ==> Parameters:
INFO - 默认构造:interface java.util.List
INFO - 带参构造: interface java.util.List
INFO - 默认构造:class com.icss.entity.User
INFO - 带参构造: class com.icss.entity.User
INFO - 类型转换-->>getNullableResult
INFO - 类型转换-->>getNullableResult
INFO - 类型转换-->>getNullableResult
INFO - 默认构造:class com.icss.entity.User
INFO - 带参构造: class com.icss.entity.User
INFO - 类型转换-->>getNullableResult
INFO - 类型转换-->>getNullableResult
INFO - 类型转换-->>getNullableResult
DEBUG - <==  Total: 2
101000123
101000124
```

分析：查询所有用户，先要创建一个集合对象，这时先调用一次 ExampleObjectFactory 的默认构造，两条用户记录需要调用两次 ExampleObjectFactory 的默认构造。在 ExampleObjectFactory 的默认构造中又会调用父类 DefaultObjectFactory 的带参构造，因此每次构造都会输出两次 create 方法。

```
public class DefaultObjectFactory
            implements ObjectFactory, Serializable {
```

```
        @Override
        public <T> T create(Class<T> type) {
                return create(type, null, null);
        }
}
```

8.3.6　plugins 拦截器

默认情况下，MyBatis 允许 plug-ins 拦截器拦截如下类型的方法：

- Executor (update, query, flushStatements, commit, rollback, getTransaction, close, isClosed)。
- ParameterHandler (getParameterObject, setParameters)。
- ResultSetHandler (handleResultSets, handleOutputParameters)。
- StatementHandler (prepare, parameterize, batch, update, query)。

示例：自定义拦截器，过滤映射方法。

（1）实现 Interceptor 接口。

```
@Intercepts({ @Signature(type = Executor.class, method = "query",
                args = { MappedStatement.class,
                Object.class ,RowBounds.class,ResultHandler.class}) })
public class ExamplePlugin implements Interceptor {
    public Object intercept(Invocation invocation) throws Throwable {
        Log.logger.info("自定义拦截器-预处理...");
        Object returnObject = invocation.proceed();
        Log.logger.info("自定义拦截器-后置处理...");
        return returnObject;
    }
}
```

（2）在 myBatis.xml 中配置自定义拦截器。

```
<plugins>
    <plugin interceptor="com.icss.plugin.ExamplePlugin"></plugin>
</plugins>
```

（3）测试，继续使用 8.1 节的用户查询测试代码。

```
<mapper namespace="com.icss.mapper.IUserMapper">
    <select id="getAllUser" resultType="User">
        select * from tuser
    </select>
</mapper>
```

测试结果：

```
INFO - 自定义拦截器-预处理...
DEBUG - Opening JDBC Connection
DEBUG - Created connection 2081658.
DEBUG - Setting autocommit to false on JDBC Connection
DEBUG - ==>  Preparing: select * from tuser
DEBUG - ==> Parameters:
DEBUG - <==  Total: 2
INFO - 自定义拦截器-后置处理...
101000123
101000124
```

8.3.7　环境配置

1. 多环境配置

MyBatis 允许同时配置多个环境，如可以同时配置开发、测试、生产三个环境。MyBatis 同时还可以对多个不同类型的数据库进行操作。

注意：虽然可以同时配置多个环境，但是对于一个 SqlSessionFactory 实例，只能选择一个环境使用。因此，如果想同时连接两个数据库，必须要创建两个 SqlSessionFactory。

示例：同时连接员工库和书城库。

（1）db.properties 配置。

```
driver=com.mysql.cj.jdbc.Driver
url=jdbc:mysql://localhost:3306/staff?useSSL=false
url2=jdbc:mysql://localhost:3306/book?useSSL=false
username=root
password=123456
```

（2）myBatis.xml 配置。

```xml
<environments default="development">
    <environment id="development">
        <transactionManager type="JDBC" />
        <dataSource type="UNPOOLED">
            <property name="driver" value="${driver}" />
            <property name="url" value="${url}" />
            <property name="username" value="${username}" />
            <property name="password" value="${password}" />
        </dataSource>
    </environment>
    <environment id="development2">
        <transactionManager type="JDBC" />
        <dataSource type="POOLED">
            <property name="driver" value="${driver}" />
            <property name="url" value="${url2}" />
            <property name="username" value="${username}" />
            <property name="password" value="${password}" />
            <property name="poolMaximumActiveConnections" value="50"/>
            <property name="poolMaximumIdleConnections" value="5"/>
        </dataSource>
    </environment>
</environments>
```

（3）分别传入不同环境 development 或 development2，创建不同的 SqlSessionFactory。

```java
public class BaseDao {
    private static SqlSessionFactory sqlSessionFactory;
    static {
        try {
            String resource = "myBatis.xml";
            InputStream inputStream = Resources.getResourceAsStream(resource);
            sqlSessionFactory = new
                SqlSessionFactoryBuilder().build(inputStream,"development");
        } catch (Exception e) {}
    }
}
```

（4）相同的映射代码传入 environment 的 id 不同，可以从不同的数据库提取数据（书城与员工库的 tuser 表结构相同）。

```
<mapper namespace="com.icss.mapper.IUserMapper">
    <select id="getAllUser" resultType="User">
        select * from tuser
    </select>
</mapper>
```

总结：通过环境设置 MyBatis 可以同时支持多个不同的数据库，如 Oracle 和 MySQL，这在项目实践中非常重要（要注意不同数据库的数据表结构应该相同）。

2. transactionManager

这里有以下两种事务管理类型可选。

- JDBC：依赖于从 dataSource 返回的 Connection 对象，使用 JDBC 管理事务。
- MANAGED：由 Java EE 容器管理事务（如 CMT）。

注意：如果使用 Spring 整合 MyBatis，无须配置 TransactionManager，因为 Spring 会用自己的事务环境替代 MyBatis 的配置。

示例如下：

```
<environment id="development">
    <transactionManager type="JDBC" />
    <dataSource type="UNPOOLED">
        <property name="driver" value="${driver}" />
        <property name="url" value="${url}" />
        <property name="username" value="${username}" />
        <property name="password" value="${password}" />
    </dataSource>
</environment>
```

3. dataSource

使用标准数据源接口 javax.sql.DataSource 配置数据库的 JDBC 连接：

```
<environment id="development">
    <transactionManager type="JDBC" />
    <dataSource type="UNPOOLED">
        <property name="driver" value="${driver}" />
        <property name="url" value="${url}" />
        <property name="username" value="${username}" />
        <property name="password" value="${password}" />
    </dataSource>
</environment>
```

此处的 <dataSource>，底层会使用 javax.sql.DataSource 接口：

```
public interface DataSource  extends CommonDataSource, Wrapper {
    Connection getConnection() throws SQLException;
    Connection getConnection(String username, String password)
                              throws SQLException;
}
```

这里有三种数据源类型可选。

1）UNPOOLED 数据源

默认使用 UnpooledDataSource 对象，采用非池化的方式访问数据库。

```
public class UnpooledDataSource implements DataSource {
      private String driver;
      private String url;
      private String username;
      private String password;
      private Integer defaultTransactionIsolationLevel;
      private Integer defaultNetworkTimeout;
}
```

UnpooledDataSource 实现了 DataSource 接口，表示没有使用连接池的数据源。

UNPOOLED 模式的每次请求，都需要打开、关闭一次数据库 connection。对于性能要求不高的系统，这个模式是个不错的选择。

UnpooledDataSource 基本属性信息如下。

- driver：JDBC 驱动。
- url：连接数据库的 JDBC 地址。
- username：数据库用户名。
- password：数据库校验密码。
- defaultTransactionIsolationLevel：默认事务隔离级别。
- defaultNetworkTimeout：等候数据库操作完成的倒计时，毫秒计。

配置示例：

```
<environment id="development">
      <transactionManager type="JDBC" />
      <dataSource type="UNPOOLED">
            <property name="driver" value="${driver}" />
            <property name="url" value="${url}" />
            <property name="username" value="${username}" />
            <property name="password" value="${password}" />
      </dataSource>
</environment>
```

2）POOLED 数据源

采用 MyBatis 数据库连接池配置，可以优化性能，这是 MyBatis 推荐的 Web 项目首选。默认使用 PooledDataSource 对象访问数据库连接池。

```
public class PooledDataSource implements DataSource {
      protected int poolMaximumActiveConnections = 10;
      protected int poolMaximumIdleConnections = 5;
      protected int poolMaximumCheckoutTime = 20000;
      protected int poolTimeToWait = 20000;
      protected int poolMaximumLocalBadConnectionTolerance = 3;
}
```

除了 UNPOOLED 模式的几个属性外，PooledDataSource 还增加了如下属性设置。

- poolMaximumActiveConnections：最大激活的数据库连接数。
- poolMaximumIdleConnections：最大空闲连接数。
- poolMaximumCheckoutTime：最大退出时间，默认为 20s。
- poolTimeToWait：等待从池子获取数据库连接的时间，默认为 20s。
- poolMaximumLocalBadConnectionTolerance：当一个线程获得了一个坏的 connection，

它仍然有机会再次获取一个新的 connection，最大重试时间为这个配置项，默认值为 3。

- poolPingQuery：发出 ping 请求，校验连接池是否可以返回有效连接。
- poolPingEnabled：打开或关闭 poolPingQuery 的功能，默认为 false。
- poolPingConnectionsNotUsedFor：为了避免无必要的 ping 请求的优化设置。默认值为 0，即当 poolPingEnabled 为 true 时，每次请求 connection 都需要 ping。

配置示例：

```
<environment id="development">
    <transactionManager type="JDBC" />
    <dataSource type="POOLED">
        <property name="driver" value="${driver}" />
        <property name="url" value="${url}" />
        <property name="username" value="${username}" />
        <property name="password" value="${password}" />
    </dataSource>
</environment>
```

3）JNDI 数据源

JNDI 是 Java 平台访问资源的一种统一接口，可以使用 JNDI 访问文件系统、数据库、MOM（消息中间件）、EJB 等。

从 JNDI 中提取数据库的 Connection，与使用 JDBC 获取数据库连接方式不同，它需要创建 InitialContext 对象，然后调用 lookup()找到数据源 DataSource，示例如下：

```
InitialContext context = new InitialContext();
DataSource ds = (DataSource)context.lookup(strJNDIName);
Connection con = ds.getConnection();
```

使用容器管理的数据源，如部署 EJB 的应用服务器，它只有以下两个属性配置。

- initial_context：从 InitialContext 中查找 context。
- data_source：数据源实例的 context 路径。

JNDI 数据源配置示例：

（1）新建 Web 项目，部署在 Tomcat 10.1 上。Tomcat 10.1 内置了 dbcp 数据库连接池。注意，需要把 MySQL 的驱动包复制到 Tomcat 的 lib 目录下，访问数据库并池化是 Tomcat 的职责，我们的 Web 站点只是调用 Tomcat 建好的连接池。

（2）在 Web 项目的 META-INF 下，新建 context.xml。

```
<Context>
    <Resource name="jdbc/StaffJndi" auth="Container"
        type="javax.sql.DataSource" username="root"
        password="123456"  driverClassName="com.Mysql.cj.jdbc.Driver"
            url="jdbc:Mysql://localhost:3306/staff?useSSL=false"
            maxActive="100" maxIdle="30" maxWait="10000"/>
</Context>
```

（3）在 myBatis.xml 中配置 JNDI。

```
<environments default="development">
    <environment id="development">
        <transactionManager type="JDBC" />
```

```
    <dataSource type="JNDI">
        <property name="data_source" value="java:comp/env/jdbc/StaffJndi"/>
    </dataSource>
</environment>
</environments>
```

（4）创建 SqlSessionFctory，此处创建的 SqlSessionFctory 是通过默认环境 development 获取的。SqlSessionFctory 工厂中会使用配置信息从 JNDI 中创建 InitialContext，并 lookup 到 DataSource。

```
String resource = "myBatis.xml";
InputStream inputStream = Resources.getResourceAsStream(resource);
SqlSessionFactory sqlSessionFactory =
                new SqlSessionFactoryBuilder().build(inputStream);
```

（5）默认使用 JndiDataSourceFactory 创建 DataSource，<dataSource type="JNDI">的实现类是 JndiDataSourceFactory。

```
public class JndiDataSourceFactory implements DataSourceFactory {
    public static final String INITIAL_CONTEXT = "initial_context";
    public static final String DATA_SOURCE = "data_source";
    public static final String ENV_PREFIX = "env.";
    private DataSource dataSource;
}
```

4）使用第三方数据源

通过实现 org.apache.ibatis.datasource.DataSourceFactory 接口，可以使用第三方数据源，参考 UnpooledDataSourceFactory、JndiDataSourceFactory 的实现：

```
public class UnpooledDataSourceFactory
                    implements DataSourceFactory {}
public class JndiDataSourceFactory
                    implements DataSourceFactory {}
```

c3p0 是用途最广的第三方数据库连接池，下面演示一下如何在 MyBatis 项目中使用 c3p0 搭建数据库连接池。

（1）导入 c3p0 和 mysql 包。

```
<dependency>
    <groupId>com.mchange</groupId>
    <artifactId>c3p0</artifactId>
    <version>0.9.5.5</version>
</dependency>
<dependency>
    <groupId>mysql</groupId>
    <artifactId>mysql-connector-java</artifactId>
    <version>8.0.27</version>
</dependency>
```

（2）自定义 C3P0DataSourceFactory 类，继承 UnpooledDataSourceFactory，这间接实现了 DataSourceFactory 接口。

```
public class C3P0DataSourceFactory extends UnpooledDataSourceFactory {
    public C3P0DataSourceFactory() {
        this.dataSource = new ComboPooledDataSource();
    }
}
```

（3）在 myBatis.xml 中配置 C3P0DataSourceFactory，前面的 db.properties 配置不变。

```
<environment id="development">
    <transactionManager type="JDBC" />
    <dataSource type="com.icss.factory.C3P0DataSourceFactory">
        <property name="driverClass" value="${driver}" />
        <property name="jdbcUrl" value="${url}" />
        <property name="user" value="${username}" />
        <property name="password" value="${password}" />
        <property name="initialPoolSize" value="5"/>
        <property name="maxPoolSize" value="20"/>
        <property name="minPoolSize" value="5"/>
    </dataSource>
</environment>
```

（4）调用 c3p0 配置的环境创建 SqlSessionFactory。

```
String resource = "myBatis.xml";
InputStream inputStream = Resources.getResourceAsStream(resource);
SqlSessionFactory sqlSessionFactory = new
        SqlSessionFactoryBuilder().build(inputStream,"development");
```

8.3.8　databaseIdProvider

databaseIdProvider 元素主要是为了支持不同厂商的数据库，即同时支持多个数据库。

```
<databaseIdProvider type="DB_VENDOR">
    <property name="MySQL" value="Mysql"/>
    <property name="Oracle" value="Oracle" />
</databaseIdProvider>
```

传统支持多数据库的做法是生成多套映射文件，然后设置使用哪一套映射。这个做法的缺陷是：多套映射文件中，如果某个接口的实现在不同映射中是一样的，就会产生很多冗余配置。如果代码变动，则需要同时修改多套文件。这给开发额外增加了很大的工作量。

MyBatis 使用 databaseIdProvider，完美解决了这个问题，它只需要一套映射配置文件即可。

示例：查询用户列表，同时支持 Oracle 和 MySQL。

（1）myBatis.xml 中配置如下。

```
<environments default="development">
    <environment id="developmentMysql">
        <transactionManager type="JDBC" />
        <dataSource type="POOLED">
            <property name="driver" value="${driver}" />
            <property name="url" value="${url}" />
            <property name="username" value="${username}" />
            <property name="password" value="${password}" />
        </dataSource>
    </environment>
    <environment id="developmentOracle">
        <transactionManager type="JDBC" />
        <dataSource type="POOLED">
            <property name="driver" value="${driver2}" />
            <property name="url" value="${url2}" />
            <property name="username" value="${username2}" />
            <property name="password" value="${password2}" />
```

```
                <property name="poolMaximumActiveConnections" value="50" />
            </dataSource>
        </environment>
</environments>
<databaseIdProvider type="DB_VENDOR">
        <property name="MySQL" value="Mysql"/>
        <property name="Oracle" value="Oracle" />
</databaseIdProvider>
```

（2）db.properties 的配置如下。

```
driver=com.mysql.cj.jdbc.Driver
url=jdbc:mysql://localhost:3306/staff?useSSL=false
password=123456
driver2=Oracle.jdbc.driver.OracleDriver
url2=jdbc:Oracle:thin:@10.3.35.211:1521:orcl
username2=staff
password2=123456
```

（3）创建 SqlSessionFactory 时，指明使用哪个数据库的环境。

```
String resource = "myBatis.xml";
InputStream inputStream = Resources.getResourceAsStream(resource);
SqlSessionFactory sqlSessionFactory =
        new SqlSessionFactoryBuilder().build(inputStream,"developmentMysql");
```

（4）同一个 Mapper 接口在不同数据库中的实现不同。在同一个映射文件中，同时配置一个接口的多个不同实现。

```
<mapper namespace="com.icss.mapper.IUserMapper">
        <select id="getAllUser" resultType="User" databaseId="Mysql">
            select uname from tuser
        </select>
        <select id="getAllUser" resultType="User" databaseId="Oracle">
            select * from tuser
        </select>
</mapper>
```

总结：MyBatis 的上述代码实现非常漂亮，没有产生任何冗余。如果是 Hibernate 框架，会采用同一个接口两个实现类的方式，相同的代码通常会抽取到公用类中，可这又会造成实现类太多的问题。比较而言，还是 MyBatis 的这个实现方案更完美。

8.3.9 Mappers 配置

<mapper>元素用于配置 SQL 映射文件的路径位置，可以使用以下多种配置格式。

● 使用 classpath 相对路径：

```
<mappers>
        <mapper resource="org/myBatis/builder/AuthorMapper.xml" />
        <mapper resource="org/myBatis/builder/BlogMapper.xml" />
        <mapper resource="org/myBatis/builder/PostMapper.xml" />
</mappers>
```

● 使用 URL 全路径：

```
<mappers>
        <mapper url="file:///var/mappers/AuthorMapper.xml" />
        <mapper url="file:///var/mappers/BlogMapper.xml" />
```

```
        <mapper url="file:///var/mappers/PostMapper.xml" />
</mappers>
```

● 注册映射接口：

```
<mappers>
        <mapper class="org.myBatis.builder.AuthorMapper"/>
        <mapper class="org.myBatis.builder.BlogMapper"/>
        <mapper class="org.myBatis.builder.PostMapper"/>
</mappers>
```

● 注册指定包内的所有接口：

```
<mappers>
        <package name="org.myBatis.builder"/>
</mappers>
```

8.4　Mapper 映射 XML 文件

使用 XML 映射文件配置 SQL 语句，与传统的 JDBC 代码相比，可以节省超过 50%的代码量，极大地简化了开发工作。

在 Mapper 映射文件中可以使用如下元素。

● cache：给指定的 namespace 配置缓存。
● cache-ref：从另外一个 namespace 引用缓存。
● resultMap：描述如何从数据库中加载结果集，是最为复杂、有用的元素。
● parameterMap：已作废。
● sql：定义可重用的 SQL 代码块。
● insert：插入声明。
● update：更新声明。
● delete：删除声明。
● select：查询声明。

8.4.1　mapper 元素

在 myBaits.xml 文件中配置映射文件的位置：

```
<mappers>
        <mapper resource="com/icss/mapper/userMappper.xml" />
</mappers>
```

SQL 映射文件的根元素<mapper>唯一的属性 namespace 与映射接口对应。需要注意 schema 配置不能出错。

示例：映射文件 userMapper.xml 根元素配置如下。

```
<?xml version="1.0" encoding="UTF-8"?>
<!DOCTYPE mapper
    PUBLIC "-//myBatis.org//DTD Mapper 3.0//EN"
    "http://myBatis.org/dtd/myBatis-3-mapper.dtd">
<mapper namespace="com.icss.mapper.IUserMapper"></mapper>
```

8.4.2 select 元素

在 MyBatis 中查询是应用最多的操作，一次 insert、update 或 delete，可能对应多次查询操作。<select>元素用于查询配置，示例如下：

```
<select id="selectPerson" parameterType="int"
    parameterMap="deprecated" resultType="hashmap"
    resultMap="personResultMap" flushCache="false" useCache="true"
    timeout="10" fetchSize="256" statementType="PREPARED"
    resultSetType="FORWARD_ONLY">
</select>
```

1. select 元素属性

select 元素可以使用如表 8-4 所示的属性。

表 8-4　select 元素属性

属　　性	描　　述
id	在当前 namespace 中，必须是唯一识别符。它与映射接口中的某个方法名对应
parameterType	从接口中传入的类名或别名，此参数可选。因为 TypeHandler 可以根据实际的接口参数进行推测
parameterMap	已废弃
resultType	返回结果的类名或别名。如果返回集合，此处只需要写集合中的元素类型，而不是集合自身
resultMap	对于外部 resultMap 的引用，返回值选择 resultType 或 resultMap，不能同时用两个
flushCache	默认为 false。若设置为 true，每次查询会引发本地 cache 和二级 cache 的刷新
useCache	设置为 true，将引发结果集被缓存到二级 cache 中。默认为 true
timeout	等候数据库返回结果的最长时间，超时抛出异常。默认 unset，即依赖数据库驱动的设置项
fetchSize	暗示驱动批量返回结果数据。默认是 unset
statementType	可选 STATEMENT、PREPARED 或 CALLABLE，指示 MyBatis 使用 Statement、PreparedStatement 或 CallableStatement。默认使用的是 PREPARED
resultSetType	可选 FORWARD_ONLY、SCROLL_SENSITIVE、SCROLL_INSENSITIVE、DEFAULT，默认为 unset
databaseId	与 databaseIdProvider 中配置的数据库对应
resultOrdered	应用于嵌套查询的结果集设置，默认值为 false
resultSets	应用于多结果集查询

2. 案例：用户登录传参

下面通过示例演示<select>元素的使用，完成用户登录。

（1）定义 Mapper 接口。

```
public interface IUserMapper {
    public User login(@Param("sno")String sno,
        @Param("pwd") String pwd) throws Exception;
}
```

（2）映射 SQL 实现，映射文件中，使用"#{参数名}"的形式接收参数。在映射接口中，必须使用@Param()声明参数。

```
<select id="login" resultType="User" >
    select * from tuser where sno=#{sno} and pwd=#{pwd}
</select>
```

（3）测试并观察 SQL 输出。UI 调用登录代码结果输出如下：

```
DEBUG - Opening JDBC Connection
DEBUG - Checked out connection 8199481 from pool.
DEBUG - ==> Preparing: select * from tuser where sno=? and pwd=?
DEBUG - ==> Parameters: 101000123(String), 123456(String)
DEBUG - <==      Total: 1
101000123 登录成功
```

8.4.3　insert、update 和 delete 元素

insert、update 和 delete 元素属性有很多相似之处，本节对其进行统一说明。

元素属性示例：

```
<insert id="insertAuthor"
        parameterType="domain.blog.Author"
        flushCache="true"
        statementType="PREPARED"
        keyProperty=""
        keyColumn=""
        useGeneratedKeys=""
        timeout="20">
<update id="updateAuthor"
        parameterType="domain.blog.Author"
        flushCache="true"
        statementType="PREPARED"
        timeout="20">
<delete id="deleteAuthor"
        parameterType="domain.blog.Author"
        flushCache="true"
        statementType="PREPARED"
        timeout="20">
```

插入、更新、删除的 SQL 示例：

```
<insert id="insertAuthor">
    insert into Author (id,username,password,email,bio)
    values (#{id},#{username},#{password},#{email},#{bio})
</insert>
<update id="updateAuthor">
    update Author set username = #{username},password = #{password},
    email = #{email},bio = #{bio} where id = #{id}
</update>
<delete id="deleteAuthor">
    delete from Author where id = #{id}
</delete>
```

1. insert、update 和 delete 元素属性

insert、update 和 delete 的属性基本一致，见表 8-5。

表8-5　insert、update、delete 元素属性

属　　性	描　　述
id	在当前 namespace 中，必须是唯一识别符。它与映射接口中的某个方法名对应
parameterType	从接口中传入的类名或别名，此参数可选。因为 TypeHandler 可以根据实际的接口参数进行推测
parameterMap	已废弃
flushCache	默认为 true。若设置为 true，每次查询会引发本地 cache 和二级 cache 的刷新
timeout	等候数据库返回结果的最长时间，超时抛出异常。默认 unset，即依赖数据库驱动的设置项
statementType	可选 STATEMENT、PREPARED 或 CALLABLE,指示 MyBatis 使用 Statement、PreparedStatement 或 CallableStatement。默认使用的是 PREPARED
databaseId	与 databaseIdProvider 中配置的数据库对应
useGeneratedKeys	仅对 insert 和 update 有效，告诉 MyBatis 使用 JDBC getGeneratedKeys 方法返回数据库自增长主键值。默认为 false
keyProperty	仅对 insert 和 update 有效，识别一个 property 与数据库自增长主键对应
keyColumn	设置表中的某个列的名字与自增长主键对应

注意：这里着重说一下 statementType，默认情况使用的是 PreparedStatement，这是一个预编译的声明，会提高 SQL 的运行效率。但是在开发实践中，经常会遇到 update、delete、insert 操作执行了，系统没有任何错误提示，但是数据库却找不到执行结果的问题。这是由预编译导致的缓存造成的。这时修改 statementType 为 Statement，把参数当成字符串传入即可。参见“#{}”与“${}”的使用区别说明。

2. 案例：修改用户密码

使用<update>元素，完成修改密码的功能的操作步骤如下。

（1）定义 Mapper 接口。

```
public interface IUserMapper {
    public void updatePassword(@Param("sno")String sno,
                    @Param("pwd")String newPwd) throws Exception;
}
```

（2）配置映射 SQL。

```
<mapper namespace="com.icss.mapper.IUserMapper">
    <update id="updatePassword">
        update tuser set pwd=#{pwd} where sno=#{sno}
    </update>
</mapper>
```

（3）代码测试。UI 调用修改密码接口，测试结果如下：

```
DEBUG - Opening JDBC Connection
DEBUG - Checked out connection 2050339061 from pool.
DEBUG - ==>  Preparing: update tuser set pwd=? where sno=?
DEBUG - ==> Parameters: 123456(String), 101000123(String)
DEBUG - <==    Updates: 1
101000123 密码修改完毕
```

（4）注意：SqlSessionFactory 的 openSession()应设置自动提交模式为 true，否则密码修改不会成功。

```java
public class BaseDao {
    private static SqlSessionFactory sqlSessionFactory;
    public SqlSession getSession() {
        return  sqlSessionFactory.openSession(true);
    }
}
```

8.4.4　项目案例：新增员工

本节继续使用 StaffUser 系统完成新增员工的操作。新增员工的同时增加一个默认用户，在逻辑层使用事务保证员工和用户同时添加成功。

1. 事务封装

SqlSessionFactory::openSession(true)为自动提交模式，openSession(false)即开启了编程式事务模式。这个封装模式，与前面直接封装数据库 Connection 非常相似。

```java
public class BaseDao {
    private static SqlSessionFactory sqlSessionFactory;
    protected SqlSession session;
    public SqlSession getSession() {
        return session;
    }
    public void setSession(SqlSession session) {
        this.session = session;
    }
    static {
        try {
            String resource = "myBatis.xml";
            InputStream inputStream = Resources.getResourceAsStream(resource);
            sqlSessionFactory = new SqlSessionFactoryBuilder()
                            .build(inputStream,"developmentMysql");
        } catch (Exception e) {}
    }
    public void  openSession(){
        if(session == null ) {
            session = sqlSessionFactory.openSession(true);
        }
    }
    public void closeSession() {
        if(session != null) {
            session.close();
        }
    }
    public void beginTransaction() {
        session = sqlSessionFactory.openSession(false);
    }
    public void commit() {
        if(session != null) {
            session.commit();
        }
    }
    public void rollback() {
        if(session !=null) {
```

```
                    session.rollback();
                }
            }
    }
```

2. Mapper 映射接口设计

持久层接口与 Mapper 层接口，有时一致，有时并不一致。一个持久层的 DAO 方法可能会调用多个 Mapper 接口中的方法。

```java
public interface IStaffDao{
    public void addStaff(Staff staff) throws Exception;
}
public interface IUserDao{
    public void addUser(User user) throws Exception;
}
```

每个 Mapper 接口对应一条 SQL，持久层的每个方法可能调用多个 Mapper 方法。有时持久层会对 Mapper 返回内容进行处理，这也会导致两个接口不一致。

```java
public interface IStaffMapper {
    public void addStaff(Staff staff) throws Exception;
}
public interface IUserMapper {
    public void addUser(User user) throws Exception;
}
```

3. 映射 SQL

```xml
<mapper namespace="com.icss.mapper.IStaffMapper">
    <insert id="addStaff" parameterType="com.icss.entity.Staff">
        insert into tstaff
            values(#{sno},#{name},#{birthday},#{address},#{tel})
    </insert>
</mapper>
<mapper namespace="com.icss.mapper.IUserMapper">
    <insert id="addUser" parameterType="com.icss.entity.User">
            insert into tuser
                values(#{uname},#{sno},#{pwd},#{role})
    </insert>
</mapper>
```

4. 逻辑层事务控制

SqlSession 是对 Connection 的包装，因此事务控制的关键是多个持久层方法必须使用同一个 SqlSession 对象。

```java
public void addStaffUser(Staff staff) throws Exception {
    StaffDao staffDao = new StaffDao();
    UserDao userDao = new UserDao();
    User user = new User();
    user.setSno(staff.getSno());
    user.setUname(staff.getSno());
    user.setPwd("123456");
    user.setRole(IRole.COMMON_USER);
    try {
        staffDao.beginTransaction();
        staffDao.addStaff(staff);
        userDao.setSession(staffDao.getSession());  //session 重用
        userDao.addUser(user);
```

```
            staffDao.commit();
        } catch (Exception e) {
            staffDao.rollback();
            throw e;
        }finally {
            staffDao.closeSession();
        }
    }
```

5. 代码测试

事务代码必须要测试正常提交和异常回滚两种情况。尤其是异常测试，只有异常数据可以回滚，才能说明事务控制是正确的。

（1）正常提交测试。

```
public static void main(String[] args) throws Exception{
    … //详细代码参见本书配套资源
    IStaff biz = new StaffBiz();
    biz.addStaffUser(staff);
    System.out.println(staff.getSno() + "创建成功...");
}
```

测试结果如下：

```
DEBUG - Setting autocommit to false on JDBC Connection
DEBUG - ==>  Preparing: insert into tstaff(sno,name,birthday,address,tel)
            values(?,?,?,?,?)
DEBUG - ==> Parameters: 101000135(String), rose(String), 1995-10-01,
            北京朝阳区建国门(String), 1352245466221(String)
DEBUG - <==    Updates: 1
DEBUG - ==>  Preparing: insert into tuser values(?,?,?,?)
DEBUG - ==> Parameters: 101000135(String), 101000135(String),
                        123456(String), 2(Integer)
DEBUG - <==    Updates: 1
DEBUG - Committing JDBC Connection
DEBUG - Resetting autocommit to true on JDBC Connection
DEBUG - Closing JDBC Connection
DEBUG - Returned connection 4792741 to pool.
101000135 创建成功...
```

（2）异常回滚测试。

```
public void addUser(User user) throws Exception {
    this.openSession();
    IUserMapper mapper = this.session.getMapper(IUserMapper.class);
    mapper.addUser(user);
    throw new RuntimeException("异常测试 ...");
}
```

测试结果如下：

```
DEBUG - Setting autocommit to false on JDBC Connection
DEBUG - ==> Preparing: insert into tstaff(sno,name,birthday,
                        address,tel) values(?,?,?,?,?)
DEBUG - ==> Parameters: 101000136(String), rose(String), 1995-10-01,
                        北京朝阳区建国门(String), 1352245466221(String)
DEBUG - <== Updates: 1
DEBUG - ==> Preparing: insert into tuser values(?,?,?,?)
DEBUG - ==> Parameters: 101000136(String), 101000136(String),
                        123456(String), 2(Integer)
```

```
DEBUG - <== Updates: 1
DEBUG - Rolling back JDBC Connection
DEBUG - Resetting autocommit to true on JDBC Connection
java.lang.RuntimeException: 异常测试 ...
        at com.icss.dao.impl.UserDao.addUser(UserDao.java:18)
        at com.icss.biz.impl.StaffBiz.addStaffUser(StaffBiz.java:28)
        at com.icss.ui.TestAddStaff.main(TestAddStaff.java:25)
DEBUG - Closing JDBC Connection
DEBUG - Returned connection 4792741 to pool.
```

8.4.5 项目案例：员工打卡

员工系统记录员工每天的考勤打卡信息。对于考勤打卡表，主键 aid 只是用于做记录的唯一识别，没有业务含义，因此使用数据库的自增长设计。MySQL 使用 auto_increment，Oracle 使用 sequence 控制增长。在高并发系统采用数据库自身的自增长主键非常有用。

1. 表设计

（1）员工系统的 MySQL 表设计见图 8-5。

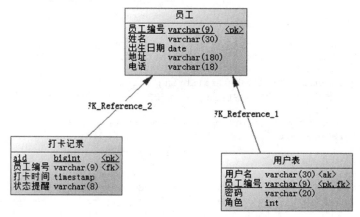

图 8-5　员工系统 MySQL 表设计

```
create table TCard (
    aid                 bigint not null AUTO_INCREMENT,
    sno                 varchar(9),
    ctime               timestamp not null,
    info                varchar(8),
    primary key (aid)
);
alter table TCard add constraint FK_Reference_ foreign key (sno)
                                references TStaff (sno);
```

打卡记录的主键 aid 采用自增长设计 auto_increment，打卡时间采用 timestamp 类型。

（2）员工系统 Oracle 表设计见图 8-6。

```
create sequence card_aid;
create table TCard (
    aid                 number(11) not null,
    sno                 varchar2(9),
    ctime               date not null,
    info                varchar2(8),
```

```
    primary key (aid)
);
alter table TCard add constraint FK_Reference_2 foreign key (sno) references TStaff
(sno);
```

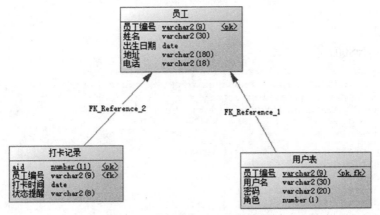

图 8-6　员工系统 Oracle 表设计

打卡记录的主键 aid 采用自增长设计 sequence。Oracle 字符类型使用 varchar2，整型使用 number。Oracle 中打卡时间使用 date 类型，虽然 Oracle 有 timestamp 类型，但是 timestamp 类型的精度太高，可以精确到秒后面 6 位小数，在这里用 date 类型就完全能满足要求了。

2. Mapper 接口设计

添加打卡记录，传入 Card 实体对象：

```java
public interface IStaff {
    public void addCard(Card card) throws Exception;
}
public interface IStaffDao extends IBaseDao{
    public void addCard(Card card) throws Exception;
}
public interface IStaffMapper {
    public void addCard(Card card) throws Exception;
}
```

3. 配置映射 SQL

（1）MySQL 的映射配置：

```xml
<mapper namespace="com.icss.mapper.IStaffMapper">
    <insert id="addCard" parameterType="Card"    databaseId="Mysql">
        insert into tcard(sno,ctime,info) values(#{sno},now(),#{info})
    </insert>
</mapper>
```

打卡时间采用 MySQL 的 now()函数。主键 aid 采用 auto_increment 自增长模式，aid 不用在 SQL 中出现。

（2）Oracle 的映射配置：

```xml
<mapper namespace="com.icss.mapper.IStaffMapper">
    <insert id="addCard" parameterType="Card" databaseId="Oracle">
        insert into tcard(aid,sno,ctime,info)
                values(card_aid.nextval,#{sno},sysdate,#{info})
```

```
    </insert>
</mapper>
```

打卡时间采用 Oracle 的 sysdate 函数。主键 aid 采用 sequence 自增长模式，card_aid.nextval
获取自增长 id。

4. 代码测试

（1）选择 MySQL 环境测试。

```
String resource = "myBatis.xml";
InputStream inputStream = Resources.getResourceAsStream(resource);
SqlSessionFactory sqlSessionFactory =
        new SqlSessionFactoryBuilder().build(inputStream,"developmentMysql");
```

代码测试：

```
public static void main(String[] args)throws Exception{
    IStaff biz = new StaffBiz();
    Card card = new Card();
    card.setCtime(new Date());
    card.setSno("101000125");
    card.setInfo("正常");
    biz.addCard(card);
}
```

测试结果如下：

```
DEBUG - Opening JDBC Connection
DEBUG - Checked out connection 4792741 from pool.
DEBUG - ==> Preparing: insert into tcard(sno,ctime,info) values(?,now(),?)
DEBUG - ==> Parameters: 101000125(String), 正常(String)
DEBUG - <== Updates: 1
DEBUG - Closing JDBC Connection [com.mysql.cj.jdbc.ConnectionImpl]
DEBUG - Returned connection 4792741 to pool.
```

（2）选择 Oracle 环境进行测试：

```
String resource = "myBatis.xml";
InputStream inputStream = Resources.getResourceAsStream(resource);
SqlSessionFactory sqlSessionFactory =
        new SqlSessionFactoryBuilder().build(inputStream,"developmentOracle");
```

测试代码不变，添加成功。

5. 返回自增长 ID

如果希望返回自增长 ID，如打卡后的自增长主键 aid，需要使用 useGeneratedKeys 属
性，下面讲述操作步骤。

（1）配置 SQL 映射。

```
<mapper namespace="com.icss.mapper.IStaffMapper">
  <insert id="addCard" parameterType="Card" databaseId="Mysql"
        keyColumn="aid" keyProperty="aid" useGeneratedKeys="true">
      insert into tcard(sno,ctime,info)values(#{sno},now(),#{info})
  </insert>
  <insert id="addCard" parameterType="Card" databaseId="Oracle"
        keyColumn="aid" keyProperty="aid" useGeneratedKeys="true">
      insert into tcard(aid,sno,ctime,info)
              values(card_aid.nextval,#{sno},sysdate,#{info})
  </insert>
</mapper>
```

（2）接收返回的自增长主键。

自增长主键会自动存到入参映射对象上，如本例的自增长主键会自动存储到 card 对象的 aid 属性上，通过 card.getAid() 即可取出。

```
public class StaffDao extends BaseDao implements IStaffDao{
    public void addCard(Card card) throws Exception {
        this.openSession();
        IStaffMapper mapper = this.session.getMapper(IStaffMapper.class);
        mapper.addCard(card);
        System.out.println("打卡成功, aid=" + card.getAid());
    }
}
```

8.4.6　参数处理

1. 基本类型参数传递

简单类型的参数在接口映射中需要使用 "@Param("参数名")" 声明。在 Mapper 文件中使用 "#{变量名}" 调用时，无须指定类型，由 MyBatis 自动识别。

示例如下：

```
public interface IUserMapper {
    public User login(@Param("sno")String sno,
                      @Param("pwd")String pwd) throws Exception;
}
<mapper namespace="com.icss.mapper.IUserMapper">
    <select id="login" resultType="com.icss.entity.User">
        select * from tuser where sno = #{sno} and pwd=#{pwd}
    </select>
</mapper>
```

2. 对象类型参数传递

对象类型的参数，如本例中的 User，无须使用 "@Param()" 声明。在映射 SQL 中直接使用 "#{属性名}" 调用，非常简单。示例如下：

```
public interface IUserMapper {
    public void addUser(User user) throws Exception;
}
<mapper namespace="com.icss.mapper.IUserMapper">
    <insert id="addUser" parameterType="com.icss.entity.User">
        insert into tuser values(#{uname},#{sno},#{pwd},#{role})
    </insert>
</mapper>
```

3. 指定参数类型

使用如下格式，可以指定参数类型：

```
#{property,javaType=int,jdbcType=NUMERIC}
```

当 MyBatis 自动匹配 TypeHandler 转换类型不符合预期时，可以手动指定某个参数的类型转换。单独使用 jdbcType 也可以。

示例如下：

```
<insert id="addCard" parameterType="Card" useGeneratedKeys="true"
                keyColumn="aid" keyProperty="aid" databaseId="Oracle">
```

```
        insert into tcard(aid,sno,ctime,info)
      values(card_aid.nextval,#{sno},#{ctime, jdbcType=TIMESTAMP},#{info})
    </insert>
```

还可以按如下格式，进一步指定类型映射器：

```
#{age,javaType=int,jdbcType=NUMERIC,typeHandler=MyTypeHandler}
```

示例如下：

```
<insert id="addCard" parameterType="Card" useGeneratedKeys="true"
              keyColumn="aid" keyProperty="aid" databaseId="Oracle">
      insert into tcard(aid,sno,ctime,info) values(card_aid.nextval,#{sno},
        #{ctime,typeHandler=org.apache.ibatis.type.DateTypeHandler},#{info})
</insert>
```

还可以在参数中指定 number 类型的精度：

```
#{height,javaType=double,jdbcType=NUMERIC,numericScale=2}
```

对于值可能为 null 的列，常用 jdbcType 属性设置，防止出错：

```
#{middleInitial,jdbcType=VARCHAR}
```

4. #{}与${}

默认情况下，使用"#{}"语法，MyBatis 会把传入的值设置给 PreparedStatement 的参数占位符"?"。有时传入的参数，我们不希望去替换 PreparedStatement 的"?"，如"order by ${columnName}"列的名字是变量，即按照传入的列名排序。

这种情况可以采用如下方案："${...}"表示字符串替代。

示例 1：查询所有用户，按照输入的列名排序。

```
public interface IUserMapper {
    public List<User> getAllUser(@Param("columnName")String columnName)
                          throws Exception;
}
<mapper namespace="com.icss.mapper.IUserMapper">
    <select id="getAllUser" resultType="com.icss.entity.User">
        select * from tuser order by ${columnName}
    </select>
</mapper>
```

代码测试：

```
public static void main(String[] args) {
    IUser iu = new UserBiz();
    List<User> users = iu.getAllUser();
}
```

测试结果如下：

```
DEBUG - Opening JDBC Connection
DEBUG - Created connection 25545510.
DEBUG - ==> Preparing: select * from tuser order by uname
DEBUG - ==> Parameters:
DEBUG - <== Total: 13
```

示例 2：密码修改。

（1）使用 PreparedStatement 模式。如下代码，使用"#{}"会替换 PreparedStatement 中的"?"，正常情况下都能正确更新密码。但是由于 PreparedStatement 的预编译机制，少数情况SQL不会被执行。即使提示update成功，数据库也不会发生变化。这时就可以采用Statement模式解决。

```
public interface IUserMapper {
    public void updatePassword(@Param("sno")String sno,
                        @Param("newPwd")String newPwd)throws Exception;
}
<mapper namespace="com.icss.mapper.IUserMapper">
    <update id="updatePassword">
        update tuser set pwd=#{newPwd} where sno=#{sno}
    </update>
</mapper>
```

代码测试：

```
public static void main(String[] args)throws Exception{
    IUser biz = new UserBiz();
    biz.updatePassword("101000123", "12345");
    System.out.println("密码修改完毕...");
}
```

测试结果如下：

```
DEBUG - Opening JDBC Connection
DEBUG - Created connection 7526964.
DEBUG - ==> Executing: update tuser set pwd = 12345 where sno='101000123'
密码修改完毕...
```

（2）使用 Statement 模式。Statement 不是预编译模式，不会产生更新不成功的现象。

```
public interface IUserMapper {
    public void updatePassword2(@Param("strWhere")String strWhere)
                            throws Exception;
}
<mapper namespace="com.icss.mapper.IUserMapper">
    <update id="updatePassword2" statementType="STATEMENT" >
        update tuser set pwd = ${strWhere}
    </update>
</mapper>
```

持久层调用 Mapper 接口如下：

```
public void updatePassword(String sno, String newPwd) throws Exception {
    SqlSession session = this.getSession();
    IUserMapper mapper = session.getMapper(IUserMapper.class);
    String strWhere = newPwd + " where sno='" + sno + "'";
    mapper.updatePassword2(strWhere);
}
```

8.4.7　ResultMap

ResultMap 元素是 MyBatis 映射文件中最为重要、功能最强大的元素。使用 JDBC 查询并返回 ResultSet，是最为常用的数据库操作。ResultMap 的设计简化了映射文件中编写复杂SQL 的操作。

1. 列名与属性名映射

<ResultMap>作为 JDBC 查询的 ResultSet 与映射实体之间的有效衔接，可以解决表中列

的名字与实体中属性名不一致的问题。

示例如下：

实体类属性如下。

```
public class User {
    private int id;
    private String username;
    private String hashedPassword;
}
```

表的列名如下。

```
user_id, user_name. hashed_password
```

映射接口如下。

```
public interface IUserMapper {
    public User selectUsers(@Param("id")String id);
}
```

映射文件配置的传统方案通过别名转换的方式，让列名与实体的属性名匹配。

```
<select id="selectUsers" resultType="User">
    select user_id as "id",
        user_name as "userName",
        hashed_password as "hashedPassword"
        from some_table where id = #{id}
</select>
```

也可使用 ResultMap 解决列名与属性名的映射问题。

```
<mapper namespace="com.icss.mapper.IUserMapper">
    <resultMap id="userResultMap" type="User">
        <id property="id" column="user_id" />
        <result property="username" column="user_name"/>
        <result property="password" column="hashed_password"/>
    </resultMap>
    <select id="selectUsers" resultMap="userResultMap">
        select user_id, user_name, hashed_password
        from some_table where id = #{id}
    </select>
</mapper>
```

2. 数据类型适配

当 MyBatis 默认选择的 typeHandler 不能满足要求时，可以使用<ResultMap>进行 Java 类型与 JDBC 类型之间的适配。

示例：

```
<resultMap id="userResultMap" type="User">
    <id property="id" column="user_id"
                javaType="int" jdbcType="INTEGER"/>
    <result property="username" column="user_name"
                javaType="String" jdbcType="VARCHAR"/>
    <result property="password" column="hashed_password"
                javaType="String" jdbcType="VARCHAR"/>
</resultMap>
```

注意：resultMap 的子元素 id 表示唯一识别的属性或字段，如主键；result 子元素对应普通列和属性；id 的设置可以帮助 MyBatis 优化性能，如在 cache 中就可以用 id 识别。

3. ResultMap 解决复杂查询

ORM 映射中的难点就是复杂 SQL 的映射问题。Hibernate 在映射文件中配置实体与表的对应关系，HQL 查询结果按照映射配置自动填充到实体对象中，配合 Hibernate 懒加载机制，多数复杂 SQL 都可以完成得很漂亮。MyBatis 没有表与实体之间的映射配置文件，它只有接口与 SQL 之间的映射配置。因此要建立实体与表之间的映射关系，就需要使用额外的 resultMap 配置了。

1）博客项目示例

博客系统简介：一个博客有主题、唯一 id、内容等，每个博客有一个唯一的作者，还有多个 post（邮寄）对象。

示例如下：

（1）配置 resultMap，配置中使用的元素含义后面逐一讲解。

```xml
<resultMap id="detailedBlogResultMap" type="Blog">
    <constructor>
        <idArg column="blog_id" javaType="int" />
    </constructor>
    <result property="title" column="blog_title" />
    <association property="author" javaType="Author">
        <id property="id" column="author_id" />
        <result property="username" column="author_username" />
        <result property="password" column="author_password" />
        <result property="email" column="author_email" />
        <result property="bio" column="author_bio" />
        <result property="favouriteSection"
            column="author_favourite_section" />
    </association>
    <collection property="posts" ofType="Post">
        <id property="id" column="post_id" />
        <result property="subject" column="post_subject" />
        <association property="author" javaType="Author" />
        <collection property="comments" ofType="Comment">
            <id property="id" column="comment_id" />
        </collection>
        <collection property="tags" ofType="Tag">
            <id property="id" column="tag_id" />
        </collection>
        <discriminator javaType="int" column="draft">
            <case value="1" resultType="DraftPost" />
        </discriminator>
    </collection>
</resultMap>
```

（2）配置 SQL 映射。

```xml
<select id="selectBlogDetails" resultMap="detailedBlogResultMap">
    select
    B.id as blog_id,
    B.title as blog_title,
    B.author_id as blog_author_id,
    A.id as author_id,
    A.username as author_username,
    A.password as author_password,
    A.email as
```

```
        author_email,
        A.bio as author_bio,
        A.favourite_section as
        author_favourite_section,
        P.id as post_id,
        P.blog_id as post_blog_id,
        P.author_id as post_author_id,
        P.created_on as post_created_on,
        P.section as post_section,
        P.subject as post_subject,
        P.draft as draft,
        P.body as post_body,
        C.id as comment_id,
        C.post_id as comment_post_id,
        C.name as comment_name,
        C.comment as comment_text,
        T.id as tag_id,
        T.name as tag_name
        from Blog B
        left outer join Author A on B.author_id =
        A.id
        left outer join Post P on B.id = P.blog_id
        left outer join Comment
        C on P.id = C.post_id
        left outer join Post_Tag PT on PT.post_id = P.id
        left outer join Tag T on PT.tag_id = T.id
        where B.id = #{id}
</select>
```

（3）定义实体类代码：

```java
public class Blog {
        private int id;
        private String title;
        private Author author;
        private List<Post> posts;
        public Blog(int id, String title, Author author, List<Post> posts) {
        }
}
public class Author implements Serializable {
        protected int id;
        protected String username;
        protected String password;
        protected String email;
        protected String bio;
        protected Section favouriteSection;
}
public class Post {
        private int id;
        private Author author;
        private Blog blog;
        private Date createdOn;
        private Section section;
        private String subject;
        private String body;
        private List<Comment> comments;
        private List<Tag> tags;
}
```

2）构造器

constructor 是 resultMap 的子元素，constructor 表示注入结果集到 Blog 的构造器中。构造器参数如下。

- idArg：id 参数，标识结果集中的唯一识别列，注入构造器中，用于性能优化。
- arg：普通参数。

示例如下：

```
public class User {
    public User(Integer id, String username, int age) {
        ...
    }
        ...
}
<constructor>
    <idArg column="id" javaType="int"/>
    <arg column="username" javaType="String"/>
    <arg column="age" javaType="_int" />
</constructor>
```

3）关联器

association 是 resultMap 的子元素，association 通常用于表示 resultMap 映射实体与子对象是一对一的关系。博客项目示例中，一个 Blog 下对应一个 Author 对象。

示例如下：

```
<association property="author" javaType="Author">
<id property="id" column="author_id"/>
<result property="username" column="author_username"/>
</association>
```

4）集合

collection 是 resultMap 的子元素，collection 表示 resultMap 映射实体，与子对象是一对多的关系。博客项目示例中，一个 Blog 下有多个 Post。

```
public class Blog {
        private int id;
        private String title;
        private Author author;
        private List<Post> posts;
}
<collection property="posts" ofType="Post">
        <id property="id" column="post_id"/>
        <result property="subject" column="post_subject"/>
        <association property="author" javaType="Author"/>
</collection>
```

8.4.8　项目案例：员工打卡记录查询

本节介绍一个多表联合查询的案例，见图 8-7，下面分别采用两种方案实现这个查询。

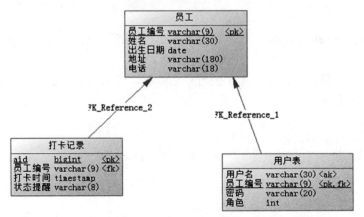

图 8-7　员工打卡表设计

1. DTO 方案

DTO 是 Data Transfer Object 的简写，类似于实体，作用是跨层传输数据。下面使用 DTO 作为联合查询的返回结果，传递数据。

（1）三个表联合查询的结果写入 DTO 类 StaffCard 中，用于跨层传输数据。

```java
public class StaffCard {
    private  String sno;
    private String name ;     //员工姓名
    private String uname;     //用户名
    private Date ctime;
    private String info;
}
```

（2）定义查询接口。

```java
public interface IStaff {
    public List<StaffCard> getStaffCards(String sno) throws Exception;
}
public interface IStaffDao extends IBaseDao{
    public List<StaffCard> getStaffCards(String sno) throws Exception;
}
public interface IStaffMapper {
    public List<StaffCard> getStaffCards(@Param("sno")String sno)
                                    throws Exception;
}
```

（3）配置映射 SQL，多表查询的结果通过 resultType 直接映射到 DTO 上。

```xml
<select id="getStaffCards" resultType="StaffCard">
  select c.ctime,c.info,s.sno,s.name,u.uname from tcard c ,tstaff s,
  tuser u  where c.sno=s.sno and u.sno=s.sno and s.sno=#{sno}
</select>
```

（4）代码测试。

```java
public static void main(String[] args)throws Exception{
    IStaff biz = new StaffBiz();
    List<StaffCard> cards =  biz.getStaffCards("101000123");
    for(StaffCard sc : cards) {
        System.out.println(sc.getSno() + "," + sc.getCtime() + "," + sc.getInfo());
    }
}
```

测试结果如下：

```
DEBUG - Opening JDBC Connection
DEBUG - Checked out connection 4792741 from pool.
DEBUG - ==> Preparing: select c.ctime,c.info,s.sno,s.name,u.uname
     from tcard c ,tstaff s,tuser u where c.sno=s.sno and u.sno=s.sno and s.sno=?
DEBUG - ==> Parameters: 101000123(String)
DEBUG - <== Total: 3
DEBUG - Closing JDBC Connection
DEBUG - Returned connection 4792741 to pool.
101000123,Tue Jan 14 22:20:38 CST 2020,正常
101000123,Tue Jan 14 22:21:10 CST 2020,正常
101000123,Tue Jan 14 22:21:15 CST 2020,正常
```

2. ResultMap 方案

映射层的返回结果为 ResultMap，通过 ResultMap 映射实体间的对象关系，查询结果会自动填充多个实体对象。下面讲述操作步骤。

（1）定义 Staff 实体和其他实体对象之间的关系。一个员工对应一个 User 对象，对应多次打卡记录。

```java
public class Staff {
    private String sno;
    private String name ;
    private Date birthday;
    private String address;
    private String tel;
    private User user;
    private List<Card> cards;
}
```

（2）定义查询接口，返回 Staff 集合。

```java
public interface IStaff {
    public List<Staff> getStaffCards2(@Param("sno")String sno);
}
public interface IStaffMapper {
    public List<Staff> getStaffCards2(@Param("sno")String sno);
}
```

（3）配置映射 SQL，使用 ResultMap 指明联合查询的结果与实体的对应关系。实体间的关系与表之间的关系类似，也存在一对一、一对多的关系。

```xml
<resultMap type="Staff" id="staffCardResultMap">
    <id property="sno" column="sno"/>
    <result property="name" column="name"/>
    <association property="user" javaType="User">
        <result property="uname" column="uname"/>
    </association>
    <collection property="cards" ofType="Card">
        <result property="ctime" column="ctime" />
        <result property="info" column="info"/>
    </collection>
</resultMap>
<select id="getStaffCards2" resultMap="staffCardResultMap">
    select c.ctime,c.info,s.sno,s.name,u.uname from tcard c ,tstaff s,
        tuser u  where c.sno=s.sno and u.sno=s.sno and s.sno=#{sno}
</select>
```

（4）代码测试。测试结果如下：

```
DEBUG - Checked out connection 4792741 from pool.
DEBUG - ==>  Preparing: select c.ctime,c.info,s.sno,s.name,u.uname
from tcard c ,tstaff s,tuser u where c.sno=s.sno and u.sno=s.sno and s.sno=?
DEBUG - ==> Parameters: 101000123(String)
DEBUG - <==  Total: 2
DEBUG - Closing JDBC Connection [com.Mysql.cj.jdbc.ConnectionImpl@4921a5]
DEBUG - Returned connection 4792741 to pool.
101000123,101000123,tom
101000123
Tue Jan 14 22:20:38 CST 2020,正常
Tue Jan 14 22:21:10 CST 2020,正常
```

总结：多表联合查询的结果采用 DTO 方案接收，优点是简单明了，缺点是如果系统中存在大量联合查询，会产生很多 DTO，这增加了程序的复杂度。采用 resultMap 是 MyBatis 官方推荐方案，优点是不会产生多余的类，缺点是需要配置 resultMap 和实体关系等很多内容，操作比较复杂。与 Hibernate 的多表联合查询方案相比，MyBatis 的实现方案明显不如 Hibernate 的 HQL 方案完美。

8.4.9　缓存

缓存（cache）的作用是在内存中存储常用数据，这样可避免多次数据库查找，从而提高系统性能。默认情况下，基于 MyBatis 的 SqlSession 的本地缓存是可用状态。缓存分为一级缓存和二级缓存，数据存储在不同类型的缓存中，存续时间和作用域是不一样的。

一级缓存只在 SqlSession 的生命周期内有效。二级缓存的生命周期是 SqlSessionFactory，即它可以跨 SqlSession。但是二级缓存的使用基于某个 SQL 映射文件。

1. 二级缓存

开启或关闭二级缓存是否可用，需要在 myBatis.xml 中配置，系统默认值为 true。

```
<settings>
        <setting name="cacheEnabled" value="true"/>
</settings>
```

要想使全局有效的二级缓存可用，还需要在 SQL 映射文件中增加如下配置：

```
<cache/>
```

这个配置项将产生如下默认影响：

（1）映射文件中的所有 select 查询结果将被缓存。

（2）映射文件中的所有 insert、update 和 delete 操作结果将刷新缓存。

（3）采用 LRU 原则移除缓存中近期未用的数据。

（4）缓存不做定时刷新。

（5）缓存最多存储 1024 个对象引用。

（6）缓存是可以同时读写的，即并发读写都有安全风险。

可以不使用默认参数，自己配置二级缓存参数，示例：采用先进先出原则移除数据；60s 刷新一次；存储 512 个引用；不允许并发修改的参数设置如下。

```
<cache eviction="FIFO" flushInterval="60000" size="512" readOnly="true" />
```

数据移除策略有如下几个选项，默认是 LRU。

- LRU：Least Recently Used，近期一直未用的首先移除。
- FIFO：First In First Out，按照先进先出的原则移除。
- SOFT：Soft Reference，基于垃圾回收器的软引用原则。
- WEAK：Weak Reference，基于垃圾回收器的弱引用原则。

2. 定制自己的缓存

可以定制自己的缓存，使用时声明即可：

```
<cache type="com.domain.something.MyCustomCache"/>
```

定制自己的缓存的步骤如下。

（1）必须实现 org.apache.ibatis.cache.Cache 接口。

```
public interface Cache {
    String  getId();
    void    putObject(Object key, Object value);
    Object  getObject(Object key);
    Object  removeObject(Object key);
    void    clear();
    int     getSize();
}
```

（2）实现类的构造器中必须要传入一个字符型的唯一 id。

MyBatis 已实现的缓存类写法如下：

```
public class BlockingCache implements Cache {
    private long timeout;
    private final Cache delegate;
    private final ConcurrentHashMap<Object, ReentrantLock> locks;
}
public class FifoCache implements Cache {
    private final Cache delegate;
    private final Deque<Object> keyList;
    private int size;
}
public class LoggingCache implements Cache {
    private final Log log;
    private final Cache delegate;
    protected int requests = 0;
    protected int hits = 0;
}
```

3. cache-ref

可以在某个 namespace 下的映射文件中，引用其他映射文件中定义好的二级缓存。使用 cache-ref 引用其他 namespace 中的缓存：

```
<cache-ref namespace="com.someone.application.data.SomeMapper"/>
```

4. 案例：一级缓存测试

测试 1：连续 3 次调用 getAllUser()方法，观察输入结果。发现 SQL 语句"select * from tuser"只执行了一次，确认后面的两次查询是从缓存中提取的数据。

```
public void getAllUser() throws Exception {
    this.openSession();
    IUserMapper mapper = session.getMapper(IUserMapper.class);
    mapper.getAllUser();
    mapper.getAllUser();
    mapper.getAllUser();
}
```

测试结果：

```
DEBUG - Checked out connection 4792741 from pool.
DEBUG - ==>  Preparing: select * from tuser
DEBUG - ==> Parameters:
DEBUG - <==  Total: 13
```

测试 2：用户登录前，提取所有用户信息，测试发现登录操作并没有使用缓存。

```
public User login(String sno, String pwd) throws Exception {
    this.openSession();
    IUserMapper mapper = this.session.getMapper(IUserMapper.class);
    mapper.getAllUser();
    User user = mapper.login(sno, pwd);
    return user;
}
```

测试结果：

```
DEBUG - Checked out connection 4792741 from pool.
DEBUG - ==> Preparing: select * from tuser
DEBUG - ==> Parameters:
DEBUG - <== Total: 13
DEBUG - ==> Preparing: select * from tuser where sno = ? and pwd=?
DEBUG - ==> Parameters: 101000123(String), 123(String)
DEBUG - <== Total: 1
DEBUG - Closing JDBC Connection
```

测试 3：多次调用 getUser()，但是参数不同。

```
public void getAllUser() throws Exception {
    this.openSession();
    IUserMapper mapper = session.getMapper(IUserMapper.class);
    mapper.getAllUser();
    mapper.getUser("101000123");
    mapper.getUser("101000124");
    mapper.getUser("101000123");
}
```

测试结果：

```
DEBUG - Checked out connection 4792741 from pool.
DEBUG - ==> Preparing: select * from tuser
DEBUG - ==> Parameters:
DEBUG - <== Total: 13
DEBUG - ==> Preparing: select * from tuser where sno=?
DEBUG - ==> Parameters: 101000123(String)
DEBUG - <== Total: 1
DEBUG - ==> Preparing: select * from tuser where sno=?
DEBUG - ==> Parameters: 101000124(String)
DEBUG - <== Total: 1
```

总结：测试发现，同一个查询语句，只有参数相同才会使用一级缓存。

5. ehCache

ehCache 是一个成熟的第三方缓存框架。

Hibernate 也有一级缓存和二级缓存。Hibernate 的一级缓存基于 Hibernate 的 session。它的 HQL 的增删改查操作，都会影响一级缓存。Hibernate 的二级缓存基于 HibernateSessionFactory，其底层实现是 ehCache 框架。由于 Hibernate 框架的懒加载机制，缓存对于 Hibernate 框架非常重要。

MyBatis 使用 ehCache 的操作步骤如下。

（1）导包：导入 ehcache-core.jar 和 myBatis-ehcache.jar。

（2）在 classpath 下编写 ehcache.xml。

```
<ehcache xmlns:xsi="http://www.w3.org/2001/XMLSchema-instance"
    xsi:noNamespaceSchemaLocation="../config/ehcache.xsd">
    <defaultCache maxElementsInMemory="1000" maxElementsOnDisk="10000000"
        eternal="false" overflowToDisk="false" timeToIdleSeconds="120"
        timeToLiveSeconds="120" diskExpiryThreadIntervalSeconds="120"
        memoryStoreEvictionPolicy="LRU">
    </defaultCache>
</ehcache>
```

（3）在 **Mapper** 文件中配置 ehCache。

```
<cache type="org.MyBatis.caches.ehcache.EhcacheCache">
    <property name="timeToIdleSeconds" value="3600" />
    <property name="timeToLiveSeconds" value="3600" />
    <property name="maxEntriesLocalHeap" value="1000" />
    <property name="maxEntriesLocalDisk" value="10000000" />
    <property name="memoryStoreEvictionPolicy" value="LRU" />
</cache>
```

总结：MyBatis 的缓存功能受到的约束很多，不算很实用；二级缓存功能可以用 Redis 替代，性能更优。

8.5　动态 SQL

在映射 SQL 声明中使用动态 SQL 语法，可以极大地提高 MyBatis 框架的灵活性。

主要使用下面几个元素实现动态 SQL：

- if。
- choose (when, otherwise)。
- trim (where, set)。
- foreach。

8.5.1　判断：if

1. if 语法

<if>元素用于在 SQL 声明中做条件判断。在多条件查询的场景下，经常使用<if>做条件判断。

示例如下：

```
public interface IBlogMapper {
    public Blog findActiveBlogWithTitleLike(@Param("title")String title);
}
<select id="findActiveBlogWithTitleLike" resultType="Blog">
    SELECT * FROM BLOG WHERE state = 'ACTIVE'
    <if test="title != null">
        AND title like #{title}
    </if>
</select>
```

多条件查询场景示例：

```
<select id="findActiveBlogLike" resultType="Blog">
    SELECT * FROM BLOG WHERE state = 'ACTIVE'
    <if test="title != null">
        AND title like #{title}
    </if>
    <if test="author != null and author.name != null">
        AND author_name like #{author.name}
    </if>
</select>
```

2. 案例：模糊查询用户

模糊查询是最为常见的查询场景。下面示例中，使用模糊查询查找与输入编号匹配的用户信息。下面讲述操作步骤。

（1）定义映射接口。

```
public interface IUserMapper {
    /**
     * 模糊查询符合编号条件的所有用户信息
     */
    public List<User> getAllUser(@Param("sno")String sno);
}
```

（2）配置映射 SQL。

在 XML 中，字符串连接只能使用 concat 函数，不能使用 JDK 中的加号做字符连接。

```
<select id="getAllUser" resultType="User">
    select * from tuser where 1=1
    <if test="sno != null">
        and sno like concat(concat('%',#{sno}),'%')
    </if>
</select>
```

（3）代码测试。

```
public static void main(String[] args) {
    IUser biz = new UserBiz();
    List<User> allUser = biz.getAllUser("101000");
    for(User u : allUser) {
        System.out.println(u.getUname() + "," + u.getPwd() + "," + u.getRole());
    }
}
```

测试结果如下：

```
DEBUG - Checked out connection 4792741 from pool.
```

```
DEBUG - ==> Preparing: select * from tuser where 1=1
                         and sno like concat(concat('%',?),'%')
DEBUG - ==> Parameters: 101000(String)
DEBUG - <== Total: 7
```

8.5.2　分支：choose, when

1. 分支语法

如果想使用多个选项中的一个，可以使用 choose 元素进行选择。如下示例中，多个条件满足其一后，即不再匹配后面的条件。

示例如下：

```
<select id="findActiveBlogLike" resultType="Blog">
    SELECT * FROM BLOG WHERE state = 'ACTIVE'
    <choose>
        <when test="title != null">
            AND title like #{title}
        </when>
        <when test="author != null and author.name != null">
            AND author_name like #{author.name}
        </when>
        <otherwise>
            AND featured = 1
        </otherwise>
    </choose>
</select>
```

2. 案例：多条件模糊查询用户

使用员工系统的员工编号或用户名进行模糊查询。如果员工编号不为空，就使用员工编号进行模糊查询；如果员工编号为空，但用户名不为空，就使用用户名进行模糊查询。

（1）定义映射接口。

```
public interface IUserMapper {
    public List<User> getAllUser(@Param("sno")String sno,
                                 @Param("uname")String uname);
}
```

（2）配置映射 SQL。

```
<select id="getAllUser" resultType="User" >
    select * from tuser where 1=1
    <choose>
        <when test="sno != null and sno!=''">
            and sno like concat(concat('%',#{sno}),'%')
        </when>
        <when test="uname!=null and uname!=''">
            and uname like concat(concat('%',#{uname}),'%')
        </when>
    </choose>
</select>
```

（3）代码测试，sno 不为空。

```
public static void main(String[] args) {
    IUser biz = new UserBiz();
    List<User> allUser = biz.getAllUser("101000",null);
```

```
for(User u : allUser) {
    System.out.println(u.getUname() + "," + u.getPwd() + "," + u.getRole());
}
}
```

测试结果：

```
DEBUG - Checked out connection 4792741 from pool.
DEBUG - ==> Preparing: select * from tuser where 1=1
                and sno like concat(concat('%',?),'%')
DEBUG - ==> Parameters: 101000(String)
DEBUG - <== Total: 7
```

（4）测试 sno 为空，用户名不为空。

```
public static void main(String[] args) {
    IUser biz = new UserBiz();
    List<User> allUser = biz.getAllUser("","101000");
    for(User u : allUser) {
        System.out.println(u.getUname() + "," + u.getPwd() + "," + u.getRole());
    }
}
```

测试结果：

```
DEBUG - Opening JDBC Connection
DEBUG - Checked out connection 4792741 from pool.
DEBUG - ==> Preparing: select * from tuser where 1=1
                and uname like concat(concat('%',?),'%')
DEBUG - ==> Parameters: 101000(String)
DEBUG - <== Total: 7
```

8.5.3　循环：foreach

1. foreach 语法

foreach 元素的属性主要有 item、index、open、separator、close、collection。

- item：集合中元素的别名，该参数为必选。
- index：在 list 和数组中 index 是元素的序号，在 map 中 index 是元素的 key，该参数可选。
- open：foreach 代码的开始符号，一般和"close=")""合用，该参数可选。
- separator：元素之间的分隔符，例如在 in()时，"separator=","" 会自动在元素中间用","隔开，避免手动输入逗号导致 SQL 错误。
- close：foreach 代码的关闭符号，一般和"open="(""合用，该参数可选。
- collection：Mapper 接口中的集合参数，List 对象默认用"list"代替作为键，数组对象用"array"代替作为键，Map 对象没有默认的键，可以使用"@Param("")"自己指定。

示例 1：in 语句查询。

```
public List<Post> selectPostIn(Collection<String> list);
<select id="selectPostIn" resultType="domain.blog.Post">
    SELECT * FROM POST P WHERE ID in
    <foreach item="item" index="index" collection="list" open="("
        separator="," close=")">
        #{item}
```

```
        </foreach>
    </select>
```

注意：接口方法的入参任何 Iterable 类型均可，如 List、Set、Queue、Collection，也可以传入 Map 或 Array 对象作为参数。

示例 2：批量插入数据。

```
<insert id="insertAuthor" useGeneratedKeys="true" keyProperty="id">
    insert into Author (username, password, email, bio) values
    <foreach item="item" collection="list" separator=",">
        (#{item.username}, #{item.password}, #{item.email}, #{item.bio})
    </foreach>
</insert>
```

2. 案例：用户查询

使用 in 语句查询用户列表中所有用户的详细信息。

（1）定义映射接口。

```
public interface IUserMapper {
    public List<User> getAllUser(List<String> snos);
}
```

（2）配置映射 SQL。

```
<select id="getAllUser" resultType="User">
    select * from tuser where sno in
    <foreach item="u" index="index" collection="list" open="("
        separator="," close=")">
        #{u}
    </foreach>
</select>
```

（3）代码测试。

```
public static void main(String[] args) {
    IUser biz = new UserBiz();
    List<String> snos = new ArrayList<>();
    snos.add("101000124");
    snos.add("101000125");
    List<User> allUser = biz.getAllUser(snos);
    for(User u : allUser) {
        System.out.println(u.getUname() + "," + u.getPwd() + "," + u.getRole());
    }
}
```

测试结果：

```
DEBUG - Checked out connection 4792741 from pool.
DEBUG - ==> Preparing: select * from tuser where sno in ( ? , ? )
DEBUG - ==> Parameters: 101000124(String), 101000125(String)
DEBUG - <== Total: 2
```

第9章

Spring 整合 MyBatis

第 8 章使用 MyBatis 实现了员工系统的持久层代码（参见本书配套资源），本章用 Spring 整合 MyBatis，实现员工系统的业务功能。同时参考第 5 章 Spring 整合 JDBC 的方案，比较两种方案的异同。

本章项目所有代码参见附件中的 StaffMyBatisSpring 源码包。

9.1 整合资料下载

Spring 整合 MyBatis 的资料从 GitHub 上下载，操作如下：

（1）进入 GitHub，搜索 MyBatis，从 myBatis/spring 入口链接进入。

（2）myBatis-spring-2.x 支持 Spring Framework 5+，采用的是 Spring Framework 6+，因此选择 myBatis-spring-3.x。

9.2 导包

在 MyBatis 实现员工系统的基础上，导入 Spring 相关包、Spring 整合包。注意避免包冲突。由于 Spring 6.x 的核心包已经包含了 cglib，而 MyBatis 3.5.x 也依赖 cglib，因此整合后需要检查 cglib 是否冲突。

```
<dependency>
    <groupId>org.mybatis</groupId>
    <artifactId>mybatis</artifactId>
    <version>3.5.11</version>
</dependency>
<dependency>
    <groupId>org.springframework</groupId>
    <artifactId>spring-jdbc</artifactId>
    <version>6.0.3</version>
</dependency>
<dependency>
    <groupId>org.mybatis</groupId>
    <artifactId>mybatis-spring</artifactId>
    <version>3.0.1</version>
</dependency>
```

9.3　Spring 配置文件

在项目的 src 下新建 beans.xml，配置信息如下。

1. 配置 schema

配置 tx 命名空间，用于事务管理：

```
<beans xmlns="http://www.springframework.org/schema/Beans"
  xmlns:xsi="http://www.w3.org/2001/XMLSchema-instance"
  xmlns:tx="http://www.springframework.org/schema/tx"
  xmlns:context="http://www.springframework.org/schema/context"
      xsi:schemaLocation="http://www.springframework.org/schema/Beans
      https://www.springframework.org/schema/Beans/spring-Beans.xsd
      http://www.springframework.org/schema/tx
      https://www.springframework.org/schema/tx/spring-tx.xsd
      http://www.springframework.org/schema/context
          https://www.springframework.org/schema/context/spring-context.xsd">
</beans>
```

2. 数据源管理

Spring 整合 MyBatis，首先要接管 MyBatis 的数据源。

```
<bean id="dataSource"
    class="org.springframework.jdbc.datasource.DriverManagerDataSource">
    <property name="driverClassName" value="com.Mysql.cj.jdbc.Driver"/>
    <property name="url"value="jdbc:mysql://localhost:3306/staff?useSSL=false
            &amp;serverTimezone=UTC&amp;allowPublicKeyRetrieval=true" />
    <property name="username" value="root" />
    <property name="password" value="123456" />
</bean>
```

删除原来在 myBatis.xml 中的数据库环境配置：

```
<environments default="developmentMysql">
    <environment id="developmentMysql">
        <transactionManager type="JDBC" />
        <dataSource type="POOLED">
            <property name="driver" value="${driver}" />
            <property name="url" value="${url}" />
            <property name="username" value="${username}" />
            <property name="password" value="${password}" />
        </dataSource>
    </environment>
</environments>
```

3. SqlSessionFactoryBean

Spring 使用 SqlSessionFactoryBean 接管 MyBatis 的 SqlSessionFactory 的创建。

```
<bean id="sqlSessionFactory" class="org.myBatis.spring.SqlSessionFactoryBean">
    <property name="configLocation" value="classpath:myBatis.xml" />
    <property name="dataSource" ref="dataSource" />
</bean>
```

4. 配置组件扫描

```
<context:annotation-config />
<context:component-scan base-package="com.icss.biz" />
<context:component-scan base-package="com.icss.dao" />
```

5. 配置事务管理器

Spring 整合 MyBatis 与 Spring 整合 JDBC，使用相同的事务管理器。

```
<tx:annotation-driven transaction-manager="txManager" />
<bean id="txManager"
    class="org.springframework.jdbc.datasource.DataSourceTransactionManager">
    <property name="dataSource" ref="dataSource" />
</bean>
```

6. 配置 Mapper 扫描

配置 Mapper 接口所在位置，用于扫描注入。

```
<bean class="org.MyBatis.spring.mapper.MapperScannerConfigurer">
    <property name="basePackage" value="com.icss.mapper" />
</bean>
```

9.4　配置 Bean 和依赖注入

服务层依赖持久层对象，持久层依赖 Mapper。在实际项目开发中，有人不使用持久层，让服务层直接依赖 Mapper 对象，这样做也可以。

（1）服务层依赖持久层对象。

```
@Service("staffBiz")
public class StaffBiz implements IStaff{
    @Autowired
    private IStaffDao staffDao;
    @Autowired
    private IUserDao userDao;
}
@Service("userBiz")
public class UserBiz implements IUser {
    @Autowired
    private IUserDao userDao;
}
```

（2）持久层依赖 Mapper 对象。

```
@Repository("staffDao")
public class StaffDaoMysql extends BaseDao implements IStaffDao{
    @Autowired
    private IStaffMapper mapper;
}
@Repository("userDao")
public class UserDaoMysql extends BaseDao implements IUserDao {
    @Autowired
    private IUserMapper mapper;
}
```

9.5　声明性事务

Spring 整合 MyBatis 使用的事务管理器，与 Spring 整合 JDBC 使用的事务管理器相同，但是@Transactional 注解的使用方式有所不同。

使用事务管理，需要注意只读事务和写操作事务的区别。

9.5.1　只读事务

用户登录操作需要数据库操作，但不需要事务。

测试：用户查询不需要事务，即先不配置@Transactional(readOnly=true)，观察数据库连接是否可以释放。

```
@Service("userBiz")
public class UserBiz implements IUser {
    @Autowired
    private IUserDao userDao;
    public User login(String sno, String pwd) throws Exception {}
}
```

测试代码：

```
public static void main(String[] args)throws Exception{
    IUser u = (IUser)SpringFactory.getBean("userBiz");
    User user = u.login("101000123", "12345");
}
```

测试结果：

```
DEBUG - Creating a new SqlSession
DEBUG - Creating new JDBC DriverManager Connection
DEBUG - JDBC Connection will not be managed by Spring
DEBUG - ==> Preparing: select * from tuser where sno = ? and pwd=?
DEBUG - ==> Parameters: 101000123(String), 12345(String)
DEBUG - <== Total: 1
DEBUG - Closing non transactional SqlSession
DEBUG - Returning JDBC Connection to DataSource
登录成功，身份是 2
```

总结：Spring 整合 MyBatis 与 Spring 整合 JDBC 不同。查询方法不需要使用@Transactional(readOnly=true)，不会造成数据库连接不关闭的现象。若使用了@Transactional(readOnly=true)，不但会带来好处，反而会影响性能。

9.5.2　写操作事务管理

测试 1：使用声明性事务实现添加员工与用户操作。

```
@Service("staffBiz")
public class StaffBiz implements IStaff{
    @Autowired
    private IStaffDao staffDao;
    @Autowired
    private IUserDao userDao;
    @Transactional(rollbackFor=Throwable.class)
    public void addStaffUser(Staff staff) throws Exception {
        User user = new User();
        user.setSno(staff.getSno());
        user.setUname(staff.getName());
        user.setRole(2);
        user.setPwd("1234");
        staffDao.addStaff(staff);
```

```
            userDao.addUser(user);
        }
    }
```

测试结果：

```
DEBUG - Creating new transaction with name
                [com.icss.biz.impl.StaffBiz.addStaffUser]
DEBUG - Creating a new SqlSession
DEBUG - ==> Preparing: insert into tstaff values(?,?,?,?,?)
DEBUG - ==> Parameters: 121000135(String), tom4(String), 1995-10-01,
            北京朝阳区建国门(String), 13522454666(String)
DEBUG - <== Updates: 1
DEBUG - Releasing transactional SqlSession
DEBUG - Fetched SqlSession from current transaction
DEBUG - ==> Preparing: insert into tuser values(?,?,?,?)
DEBUG - ==> Parameters: tom4(String), 121000135(String), 1234(String), 2(Integer)
DEBUG - <== Updates: 1
DEBUG - Releasing transactional SqlSession
DEBUG - Committing JDBC transaction on Connection
DEBUG - Releasing JDBC Connection after transaction
121000135创建成功...
```

测试 2：异常回滚。添加员工成功，添加用户时主动抛出异常，查看员工数据是否回滚了。

```
@Repository("userDao")
public class UserDaoMysql extends BaseDao implements IUserDao {
    @Autowired
    private IUserMapper mapper;
    @Override
    public void addUser(User user) throws Exception {
        mapper.addUser(user);
        throw new RuntimeException("异常测试...");
    }
}
```

测试结果：

```
DEBUG - Creating a new SqlSession
DEBUG - JDBC Connection  will be managed by Spring
DEBUG - ==> Preparing: insert into tstaff values(?,?,?,?,?)
DEBUG - ==> Parameters: 121000136(String), tom4(String), 1995-10-01,
            北京朝阳区建国门(String), 13522454666(String)
DEBUG - <== Updates: 1
DEBUG - Releasing transactional SqlSession
DEBUG - Fetched SqlSession from current transaction
DEBUG - ==> Preparing: insert into tuser values(?,?,?,?)
DEBUG - ==> Parameters: tom4(String), 121000136(String), 1234(String), 2(Integer)
DEBUG - <== Updates: 1
DEBUG - Releasing transactional SqlSession
DEBUG - Rolling back JDBC transaction on Connection
DEBUG - Releasing JDBC Connection  after transaction
java.lang.RuntimeException: 异常测试...
    at com.icss.dao.impl.UserDaoMysql.addUser(UserDaoMysql.java:20)
    at com.icss.biz.impl.StaffBiz.addStaffUser(StaffBiz.java:35)
```

总结：Spring 整合 MyBatis 与 Spring 整合 JDBC 的配置方法基本一致，只是持久层的实现代码有所区别。

第 10 章

当当书城 SSM 整合

第 5 章实现了当当书城的 Spring 整合 JDBC 操作，第 7 章实现了当当书城的 Spring MVC 替代 Servlet 操作。本章引入 MyBatis 框架实现当当书城的持久层，同时实现 Spring MVC + Spring + MyBaits 三个框架的整合应用。

本章项目所有代码参见附件中的 DangSSM 源码包。

10.1 搭建 SSM 整合环境

10.1.1 导包

在 7.1 节 DangSpringmvc 项目基础上，增加 mybatis 和 mybatis-spring 整合包。pom.xml 的主要配置信息如下：

```
<dependency>
    <groupId>org.mybatis</groupId>
    <artifactId>mybatis</artifactId>
    <version>3.5.11</version>
</dependency>
<dependency>
    <groupId>org.mybatis</groupId>
    <artifactId>mybatis-spring</artifactId>
    <version>3.0.1</version>
</dependency>
```

10.1.2 配置 myBatis.xml

在 MyBatis 核心配置文件 myBatis.xml 中，关于数据源管理部分会被 Spring 接管，其他配置项继续保留。

```
<settings>
    <setting name="jdbcTypeForNull" value="NULL" />
</settings>
<typeAliases>
    <typeAlias alias="Book" type="com.icss.entity.Book" />
    <typeAlias alias="MBook" type="com.icss.dto.MBook" />
    <typeAlias alias="User" type="com.icss.entity.User" />
    <typeAlias alias="category" type="com.icss.entity.Category" />
```

```
        <typeAlias alias="Order" type="com.icss.entity.Order" />
        <typeAlias alias="OrderInfo" type="com.icss.entity.OrderInfo" />
    </typeAliases>
    <mappers>
        <mapper resource="com/icss/mapper/userMapper.xml" />
        <mapper resource="com/icss/mapper/bookMapper.xml" />
    </mappers>
```

10.1.3　配置 beans.xml

在第 7 章的当当书城项目整合中，在 web.xml 中配置了 spring-mvc.xml 和 beans.xml 两个 Spring 核心文件的加载方式。本章需要使用 MyBatis 替换 JDBC，同时实现 Spring 整合 MyBatis 框架。因此，spring-mvc.xml 中的配置信息无须变动，beans.xml 中需要做出调整。下面讲述操作步骤。

（1）配置数据源，替代 myBatis.xml 中的数据源。

```
<bean id="dataSource"
      class="org.springframework.jdbc.datasource.DriverManagerDataSource">
<property name="driverClassName" value="com.mysql.cj.jdbc.Driver" />
    <property name="url" value="jdbc:mysql://localhost:3306/bk?useSSL=false
&amp;serverTimezone=Asia/Shanghai&amp;allowPublicKeyRetrieval=true" />
  <property name="username" value="root" />
  <property name="password" value="123456" />
</bean>
```

（2）配置事务管理器，Spring 整合 MyBatis 与 Spring 整合 JDBC 使用的事务管理器相同。

```
<bean id="txManager"
      class="org.springframework.jdbc.datasource.DataSourceTransactionManager">
        <property name="dataSource" ref="dataSource" />
  </bean>
<tx:annotation-driven transaction-manager="txManager" />
```

（3）配置业务 Bean 和持久层 Bean 的扫描位置。

```
    context:component-scan base-package="com.icss.biz"/>
<context:component-scan base-package="com.icss.dao"/>
```

（4）配置 Spring 整合 MyBatis 需要的数据库连接工厂。

```
<bean id="sqlSessionFactory" class="org.mybatis.spring.SqlSessionFactoryBean">
    <property name="configLocation" value="classpath:myBatis.xml" />
    <property name="dataSource" ref="dataSource" />
</bean>
```

（5）配置 MyBatis 的 Mapper 扫描。

```
<bean class="org.mybatis.spring.mapper.MapperScannerConfigurer">
    <property name="basePackage" value="com.icss.mapper" />
</bean>
```

10.1.4　Mapper 接口与映射文件

每个 Mapper 接口对应一个 Mapper 映射文件，下面讲述操作步骤。

（1）在包 com.icss.mapper 下，分别定义 IBookMapper 和 IUserMapper 接口。

```
public interface IBookMapper {}
```

```
public interface IUserMapper {}
```

（2）在包 com.icss.mapper 下，新建 userMapper.xml 和 bookMapper.xml。

（3）在 myBatis.xml 中配置映射文件的路径。

```
<mappers>
    <mapper resource="com/icss/mapper/UserMapper.xml" />
    <mapper resource="com/icss/mapper/BookMapper.xml" />
</mappers>
```

（4）在 Mapper 文件中配置映射文件与接口的对应关系。

```
<mapper namespace="com.icss.mapper.IUserMapper"></mapper>
<mapper namespace="com.icss.mapper.IBookMapper"></mapper>
```

10.1.5　持久层依赖注入 Mapper

持久层 DAO 对象需要依赖 Mapper 对象，因此可以直接 Autowired 注入。

```
@Repository
public class BookDao extends BaseDao{
    @Autowired
    private IBookMapper bookMapper;
}
@Repository
public class UserDao extends BaseDao{
    @Autowired
    private IUserMapper userMapper;
}
```

10.2　MyBatis 映射实现

本节讲解 Mapper 映射实现和持久层调用 Mapper 的实现。

10.2.1　主页推荐图书

当当书城主页推荐图书（见图 5-2），持久层代码实现如下：

（1）在 IBookMapper 接口中定义提取主页推荐图书的方法。

```
public interface IBookMapper {
  public List<MBook> getAllMainBook() throws Exception;
}
```

（2）在 bookMapper.xml 中配置读取推荐图书的 SQL。

```
<select id="getAllMainBook" resultType="MBook">
    select b.isbn,b.bname,b.price,b.pic,m.dno,m.rtime
              from tbook b,TBookMain m where b.isbn=m.isbn order by m.dno desc
</select>
```

（3）在 BookDao 中调用 Mapper。

```
public List<MBook> getAllMainBook() throws Exception {
    return bookMapper.getAllMainBook();
}
```

10.2.2　图书详情

参考图 5-3，图书详情页的代码实现如下：

（1）在 IBookMapper 接口中定义提取图书详情的接口。

```
public interface IBookMapper {
    public Book getBookInfo(@Param("isbn") String isbn) throws Exception;;
}
```

（2）在 bookMapper.xml 中配置读取图书详情的 SQL。

```
<select id="getBookInfo" resultType="Book">
    select isbn,cid,bname,author,press,pdate,price,pic
    from tbook where isbn=#{isbn}
</select>
```

（3）在 BookDao 中调用 Mapper。

```
public Book getBookInfo(String isbn) throws Exception {
    return bookMapper.getBookInfo(isbn);
}
```

10.2.3　用户管理

用户登录需要数据库操作（见图 5-4）。用户退出清除 Session，没有数据库操作。因此 MyBatis 映射只涉及用户登录操作。

（1）在 IUserMapper 接口中定义登录方法。

```
public interface IUserMapper {
    public User login(@Param("uname")String uname,
    @Param("pwd")String pwd)throws Exception;
}
```

（2）在 userMappper.xml 中配置映射 SQL。

```
    <select id="login" resultType="User">
    select * from tuser where uname=#{uname} and pwd=#{pwd}
</select>
```

（3）在 UserDao 中调用 Mapper。

```
    public User login(String uname,String pwd) throws Exception{
    return userMapper.login(uname, pwd);
}
```

10.2.4　购物车

参考图 5-5，当当书城的购物车是存在 Session 中的，为了节省 Session 占用内存的数量，购物车的数据结构为 Map<String,Integer>，即只存储图书主键 isbn 与图书购买数量。显示购物车中的图书详情，只能使用一条 SQL 从数据库中提取（考虑性能，不能多次提取）。

（1）在接口 IBookMapper 中定义读取购物车中图书信息的方法（注意参数 isbns 不需要使用@Param 注解）。

```
public interface IBookMapper {
    /**
```

```
*  根据购物车中的isbn，提取所有图书详情
*@param isbns 样式'is01','is02','is03'
*/
public List<Book> getBookList(String isbns) throws Exception;
}
```

（2）在 bookMapper.xml 中配置映射 SQL。

```
<select id="getBookList" resultType="Book">
        select * from tbook where isbn in( ${isbns} )
</select>
```

（3）在 BookDao 中调用 Mapper。

```
public List<Book> getShopBooks(String isbns) throws Exception {
    String[] szISBN = isbns.split("-");
    String newIsbns = "";
    for(int i=0;i<szISBN.length;i++) {
        if(i==0) {
            newIsbns = "'" + szISBN[i] + "'";
        }else {
            newIsbns = newIsbns + ",'" + szISBN[i] + "'";
        }
    }
    return bookMapper.getBookList(newIsbns);
}
```

10.2.5　用户付款

用户付款（见图 5-6 和图 5-7）操作，需要涉及多张表和多步操作，分别是账户扣款、生成订单、添加订单明细、更新图书库存数量等。

1. 更新用户账户金额

调用 IUserMapper 的 updateUserAccount()更新指定用户的账户金额，实现扣款操作。考虑代码重用性，用户充值操作也使用相同的接口。下面讲述操作步骤。

（1）在 IUserMapper 中定义扣款方法。

```
public interface IUserMapper {
    public void pay(@Param("uname")String uname,
            @Param("money") double money) throws Exception;
}
```

（2）在 userMapper.xml 中配置扣款 SQL。

```
<update id="pay">
    update tuser set account = account - #{money}  where uname=#{uname}
</update>
```

（3）在 UserDao 中调用扣款的 Mapper。

```
    public void pay(String uname,double money) throws Exception{
    Log.logger.info("用户付款: uname=" + uname + ",money=" + money );
    userMapper.pay(uname, money);
}
```

2. 订单与订单明细

用户付款成功会生成订单，同时会循环添加多条订单明细。每条订单明细的增加，又会

触发图书数量的更新。

下面讲述操作步骤。

（1）在 IUserMapper 中定义生成订单和订单明细的方法。

```java
public interface IUserMapper {
    public void createOrder(Order order) throws Exception;
    public void createOrderDetail(OrderInfo info) throws Exception;
}
```

（2）在 userMapper.xml 中配置 SQL。

```xml
<insert id="createOrder" parameterType="Order">
    insert into torder values(#{orderNo},#{uname},#{payTime},#{allMoney})
</insert>
<insert id="createOrderDetail" parameterType="OrderInfo">
    insert into TOrderInfo(orderno,isbn,num,rprice)
                          values(#{orderNo},#{isbn},#{num},#{rprice})
</insert>
```

（3）在 UserDao 中调用生成订单和订单明细的 Mapper。

```java
    public void createOrder(Order order) throws Exception {
      userMapper.createOrder(order);
}
public void createOrderDetail(OrderInfo info) throws Exception{
    userMapper.createOrderDetail(info);
}
```

3. 减库存

在 IBookMapper 中定义减库存的方法，在 bookMapper.xml 中配置减库存的 SQL，在 BookDao 中调用减库存的 Mapper 接口。

```java
public void minusBookNum(String isbn,int num) throws Exception{
    Log.logger.info("扣库存: isbn=" + isbn + ",num=" + num);
}
```

4. 付款逻辑控制

在 UserBiz 中使用声明性事务分别调用 UserDao 和 BookDao 中的方法，实现完整的付款业务。

```java
@Transactional(rollbackFor = Throwable.class)
  public String payMoney(String uname,double allMoney,
            Map<String,Integer> car) throws Exception {
      //1. 生成订单编号
      String orderNo = OrderUtil.createNewOrderNo();
      //2. 扣款
      userDao.pay(uname, allMoney);
      //3. 向订单表写入数据
      Order order = new Order();
      order.setOrderNo(orderNo);
      order.setAllMoney(allMoney);
      order.setPayTime(new Date());
      order.setUname(uname);
      userDao.createOrder(order);
      //4. 写入订单明细
      for(Map.Entry<String,Integer> entry : car.entrySet()) {
          OrderInfo info = new OrderInfo();
```

```
                info.setIsbn(entry.getKey());
                info.setNum(entry.getValue());
                info.setOrderNo(orderNo);
                Book bk = bkBiz.getBookInfo(entry.getKey());
                info.setRprice(bk.getPrice());     //暂时没设置优惠策略
                userDao.createOrderDetail(info);
                //5.减库存
                bookDao.minusBookNum(entry.getKey(), entry.getValue());
        }
        return orderNo;
}
```

10.2.6　图书上架

图书上架（见图 5-9）是管理员在书城后台进行的操作。图书上架涉及的图书封面字节流上传与文本数据的提交不同。在数据库中，图书封面存储的是图片在图片服务器上的相对路径，因此在映射层的代码并没有特殊的地方。

（1）在 IBookMapper 中定义添加图书的接口。

```
public interface IBookMapper {
        public void addBook(Book book) throws Exception;
}
```

（2）在 bookMapper.xml 中配置添加图书的 SQL。

```
<insert id="addBook" parameterType="Book">
        insert into tbook values(#{isbn},#{cid},
    #{bname},#{author},#{press},#{pdate},#{price},#{pic})
</insert>
```

（3）在 BookDao 中调用 Mapper。

```
public void addBook(Book book) throws Exception{
    bookMapper.addBook(book);
}
```